普通高等教育软件工程专业“十二五”规划教材

操作系统原理

主　编　王迤冉

副主编　史军勇

科学出版社

北　京

内 容 简 介

本书密切联系当今操作系统发展现状，结合操作系统教学实践经验，参考国内外相关文献资料，重点阐述和分析了操作系统的主要特点和基本工作原理。全书共分为9章，第1章介绍了操作系统的作用、发展、特征和功能；第2章叙述了进程及进程控制，并介绍了线程；第3章叙述了进程同步、临界区管理、信号量机制和进程通信，重点论述了信号量机制解决典型同步问题的方法；第4章叙述了处理机调度模型、调度算法、实时调度和死锁；第5章叙述了存储器管理机制，包括连续内存分配方式、离散内存分配方式及虚拟存储器；第6章叙述了设备管理目标、设备控制方式、缓冲技术、设备驱动程序、设备分配以及磁盘设备管理；第7章叙述了文件、文件逻辑结构、文件物理结构、目录管理、文件共享与安全、数据一致性控制；第8章叙述了操作系统提供的各种形式接口，如：脱机用户接口、联机用户接口、图形化用户界面和系统调用；第9章介绍了常见操作系统，如：MS-DOS、Windows、UNIX、Linux等。

本书可作为计算机专业、信息管理专业、通信专业的本科生或专科生教材，也可以作为计算机领域相关研究人员的参考书。

图书在版编目(CIP)数据

操作系统原理 / 王迤冉主编. —北京：科学出版社，2013.7
普通高等教育软件工程专业“十二五”规划教材
ISBN 978-7-03-037557-5

Ⅰ. ①操… Ⅱ. ①王… Ⅲ. ①操作系统 Ⅳ. ①TP316

中国版本图书馆CIP数据核字(2013)第110073号

责任编辑：于海云 / 责任校对：郭瑞芝
责任印制：徐晓晨 / 封面设计：迷底书装

科学出版社出版
北京东黄城根北街16号
邮政编码：100717
http://www.sciencep.com
北京京华虎彩印刷有限公司印刷
科学出版社发行 各地新华书店经销
*
2013年7月第 一 版 开本：787×1092 1/16
2016年7月第二次印刷 印张：16
字数：420 000

定价：49.00元

(如有印装质量问题，我社负责调换)

普通高等教育软件工程专业“十二五”规划教材

编　委　会

前　言

操作系统是计算机系统的重要组成部分，它负责控制和管理计算机系统的各种资源，合理地组织工作流程，并为用户提供各种操作接口。操作系统课程是计算机专业的主干必修课，它在计算机知识体系结构中有着极其重要的地位和作用，是一门理论性和实践性都较强的课程，不但高等院校计算机相关专业学生学习它，而且从事计算机行业的其他相关从业人员也需要深入了解它。

随着国家对高等教育“十二五”规划的开展，应用型人才培养是目前高校人才培养的发展方向。为了更好地加大计算机各个专业应用型人才培养的力度，使学生能够深入学习和透彻理解操作系统的基本工作原理，一本适用的操作系统教材显得十分重要。本书根据多年来操作系统教学实践经验，参考国内外近几年出版的教材和文献，并结合计算机科研开发工作对操作系统教学的要求，注意到当前我国计算机教育、研究开发、应用实践的现实情况编写而成。本教材既致力于传统操作系统基本概念、基本技术、基本方法的阐述，又着眼于学科知识体系的系统性、先进性和实用性。本教材总共包括 9 章内容，第 1 章概述了操作系统的形成、类型、特征和功能；第 2 章介绍了进程的描述与控制，以及线程的概念；第 3 章详细阐述了进程的同步与通信；第 4 章讲述了处理机调度和死锁；第 5 章介绍存储管理的功能和实现方法；第 6 章介绍设备管理；第 7 章介绍文件管理；第 8 章介绍操作系统接口方面的知识；第 9 章介绍一些常见的操作系统。

本书由王迤冉任主编，史军勇任副主编。第 1、4 章由周口师范学院王迤冉编写，第 5 章由郑州航空工业管理学院史军勇编写，第 2、3 章由河南大学孙琳编写，第 6、7 章由平顶山学院王建玺编写，第 8、9 章由周口师范学院李纲编写。本书在编写过程中得到了河南省计算机学会软件工程专业委员会和科学出版社的大力支持。本书中有些章节还引用了参考文献中列出的国内外著作的一些内容，谨此向各位作者致以衷心的感谢和深深的敬意！

本教材既可作为计算机及相关专业教材，也可作为从事计算机工作的工程技术人员的参考书。

由于编者水平有限，时间又很紧，疏漏之处在所难免，恳求广大读者批评指正，并及时反馈用书信息。编者的电子邮箱为 zkwangyiran@163.com。

编　者

2013 年 4 月

目　　录

第 1 章　绪　　论

内容提要：

本章主要讲述以下内容：①操作系统的定义、地位和作用；②操作系统的形成与发展过程；③七类常见的操作系统；④操作系统的特征；⑤操作系统的功能。

学习目标：

了解操作系统的地位和作用，理解操作系统的定义；了解操作系统的形成和发展过程，掌握操作系统的三种基本类型及特点；理解脱机输入/输出技术、多道程序设计技术；掌握操作系统的基本特征和主要功能。

一个完整的计算机系统是由硬件系统和软件系统两大部分组成的。操作系统（Operating System，OS）是所有软件中最基础、最核心的部分，它为用户执行程序提供更加方便和有效的环境。从资源管理的角度来看，操作系统对整个计算机系统内的所有资源进行管理和调度，优化资源的利用，协调系统内的各种活动，处理可能出现的各种问题。

1.1　操作系统概述

1.1.1　计算机系统的组成

计算机系统包括硬件系统和软件系统。硬件系统是组成计算机系统的各种物理设备的总称，是看得见、摸得着的实体部分。软件系统是为了运行、管理和维护计算机而编制的各种程序、数据和文档的总称。它们的区分犹如把一个人分成躯体和思想一样，躯体是硬件，思想则是软件。硬件系统和软件系统密不可分，它们的有机结合才构成一个完整的计算机系统。

1. 计算机硬件系统

虽然现在的计算机系统从性能指标、运算速度、工作方式、应用领域和价格等方面与当时的相比发生很大变化，但是体系结构基本上仍沿用冯•诺依曼体系结构，采用存储程序和顺序执行的工作原理。冯•诺依曼体系结构的计算机主要由运算器、控制器、存储器、输入设备和输出设备组成，其中运算器和控制器集成在一片大规模或超大规模集成电路上，称为中央处理器（Central Processing Unit，CPU）。这五大功能部件相互配合，协同工作。

1）处理器

CPU 是一台计算机的运算核心和控制核心，它从内存中提取指令并执行它们。每种型号 CPU 的指令集都是专用的。CPU 内部都包含若干寄存器，其中一类是通用寄存器，用来存放关键变量和中间结果；另一类是专用寄存器，用来存放一些特殊的数据，比如程序计数器（Program Counter，PC）和程序状态字（Program Status Word，PSW）。程序计数器中保存下面要提取指令的内存地址。程序状态字用来存放两类信息：一类是体现当前指令执行结果的各种状态信息，称为状态标志，如有无进位(CF 位)，有无溢出(OF 位)，结果正负(SF 位)，结果是否为零(ZF 位)，奇偶标志位(PF 位)等；另一类是存放控制信息，称为控制状态，如允许中断(IF 位)，跟踪标志(TF 位)，方向标志(DF 位)等。

一般的计算机系统都提供核心态和用户态两种处理器执行状态。核心态也称为特权态或管态，当处理系统程序时，CPU 会转为核心态。CPU 在核心态下可以执行指令系统的全集，包括普通用户程序中不能使用的特权指令，从而能对所有寄存器和内存进行访问，以及启动 I/O 操作等。用户态也称为目态或常态，是用户程序执行时机器所处的状态。在此状态下禁止使用特权指令，不能直接取用系统资源，改变机器状态，并且只允许用户程序访问自己的存储区域。从核心态到用户态的转换可以通过修改程序状态字来实现，而用户态程序无法直接控制 CPU 状态的转换。从用户态转换为核心态的唯一途径就是中断。计算机系统提供两种状态的目的就是为了保护系统程序，防止受到用户程序的损害。

2）存储器

存储器是计算机系统的主要部件之一。按照存取速度、存储容量和成本将存储器划分为一个典型的层次结构，如图 1-1 所示。

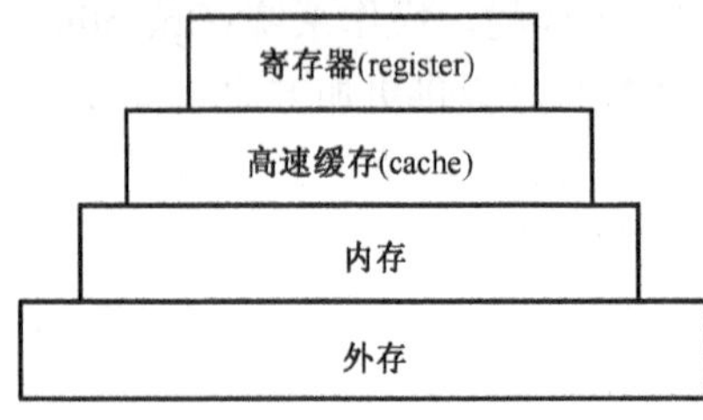

图 1-1　典型的存储器层次结构

在图 1-1 中，顶层是 CPU 内部寄存器，其速度与 CPU 一样快，所以存取它们没有延迟，但是它们的成本高，容量小，通常都小于 1KB。

下面一层是高速缓存(cache)，它们大多由硬件控制。高速缓存的速度很快，它们放在 CPU 内部或者非常靠近 CPU 的地方。当程序需要读取具体信息时，高速缓存硬件首先查看信息是否在 cache 中，如果在其中，就直接使用；如果不在，就从内存中查找并获取该信息，并把信息放入 cache 中，以备以后再次使用。但 cache 成本很高，容量较小，一般小于 2MB。

第三层是内存，它是存储系统的主要部件，也称为随机存取存储器。CPU 可以直接存取内存及寄存器和 cache 中的信息，但是不能直接存取磁盘等外存上的数据。因此，机器执行的指令及所用的数据必须预先存放在内存及 cache 和寄存器中。但是，内存中存放的信息是易变的，当机器电源被关闭后，内存中的信息就全部丢失了。

最底层是外存，包括磁盘、光盘和移动存储设备。外存记录的数据可以持久保存，而且根据需要可以随时更换。外存容量很大，现在常用的磁盘容量为 300GB ~ 2TB，价格低廉。外存中数据的存取速度低于内存。

3）输入/输出设备

输入/输出设备也称为 I/O 设备，它是人机交互的工具，通常由控制器和设备本身两部分组成。

设备控制器是 I/O 设备的电子部分，它协调和控制一台或多台 I/O 设备的操作，实现设备操作与整个系统操作的同步。在小型机和微型机上，往往以印刷电路卡的形式插入计算机中。很多控制器可以管理 2 台、4 台甚至 8 台同样的设备。设备控制器本身有一些缓冲区和一组专用的寄存器，负责在外部设备和本地缓冲区之间移动数据。

设备本身的对外接口较简单，实际上它们隐藏在控制器的后面。因而，操作系统常常是和设备控制器打交道，而不是与设备直接作用。设备的种类很多，因此设备控制器的类别也很多，需要不同的软件来控制它们。这些向设备控制器发送命令并接收其回答信息的软件称为设备驱动程序。不同操作系统上的不同控制器对应不同的设备驱动程序。计算机系统常常把设备驱动程序以核心态的方式来运行。

4）总线

在计算机系统中，为了简化硬件电路设计、简化系统结构，常用一组线路，配置以适当的接口电路与各部件和外围设备连接，这组共用的连接电路称为总线。按照总线上传输信息的种类，可将总线划分为数据总线、地址总线和控制总线三部分。

数据总线用于CPU与内存或I/O设备之间的数据传递，它的宽度取决于CPU的字长。数据总线是双向总线，两个方向都能传送数据。

地址总线用于传送存储单元或I/O接口的地址信息，信息传送是单向的。它的位数决定了计算机内存空间的范围大小，即CPU能够管辖的内存数量。

控制总线用于传送控制器的各种控制信息，它的位数由CPU的字长决定。

在计算机系统中有多个设备要向总线发信号时，在传送数据之前，先要监听总线是否有空闲，空闲时才能占用总线，使用之后要释放总线。

2. 计算机软件系统

在计算机软件系统中，软件通常分为系统软件和应用软件两大类，但是这两类软件的界限并不十分明显。系统软件是指控制计算机的运行、管理计算机的各种资源并为应用软件提供支持和服务的一类软件。系统软件通常包括操作系统、语言处理程序和各种实用程序。应用软件是指利用计算机的软、硬件资源为某一专门的应用目的而开发的软件，常见的应用软件有办公软件、图形图像处理软件等。

1.1.2 操作系统的地位和作用

1. 操作系统的地位

操作系统是一种系统软件，它是配置在计算机硬件之上的第一层软件。它在计算机系统中占据特别重要的地位，是整个计算机系统的控制管理中心。其他系统软件如汇编程序、编译程序等，以及各种应用软件都将依赖于操作系统的支持，取得它的服务。操作系统对它们既具有支配权力，又为其运行构造必备的环境。操作系统在计算机系统的位置如图1-2所示。

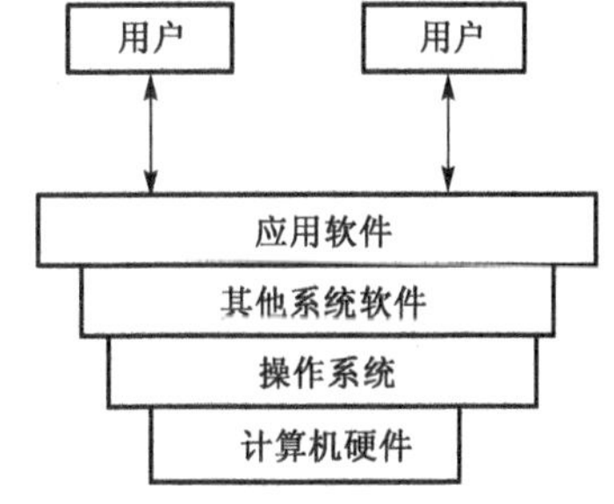

图1-2　计算机系统的层次结构

没有任何软件支持的计算机称为裸机。操作系统是裸机之上的第一层软件，它只在核心态模式下运行，受硬件保护，与硬件关系尤为密切。它不仅对硬件资源直接实施控制、管理，而且其他很多功能的完成也是与硬件动作配合起来实现的。通过图1-2可以看出，在裸机上每加一层软件后，计算机系统的功能变得更加强大，用户使用起来更加方便。通常把经过软件扩充后的计算机称为虚拟机。

2. 操作系统的作用

操作系统在计算机系统中起三个方面的作用。

1）操作系统作为用户接口和公共服务程序

操作系统作为用户接口是指OS处于用户与计算机硬件系统之间，用户通过OS来使用计算机系统。或者说，用户在OS帮助下，能够方便、快捷、安全、可靠地操纵计算机硬件和运行自己的程序。从内部看，操作系统对计算机硬件进行了改造和扩充，为应用程序提供强有力的支持；从外部看，操作系统提供友好的人机接口，使得用户能够方便、可靠、安全和高效地使用硬件和运行应用程序。同时，用户可以通过“系统调用”使用操作系统提供的各种公共服务，无需了解软硬件本身的细节。所以操作系统可以看做是友善的用户接口和各种公共服务的提供者。

2）操作系统作为资源的管理者和控制者

在计算机系统中，能够分配给用户使用的各种软硬件设施总称为资源。资源包括两大类：硬件资源和软件资源。其中硬件资源有处理器、存储器、外部设备等；软件资源则分为程序和数据等。为了使应用程序能够正常运转，操作系统必须为其分配足够的资源；为了使系统效率能够提高，操作系统必须支持多道程序设计，合理调度和分配各种资源，充分发挥并行部件的性能，使它最大限度地重叠操作和保持忙碌。

作为资源的管理者，操作系统要对资源进行研究，找出各种资源的共性和个性，有序地管理计算机中的软硬件资源，记录资源的使用情况，确定资源分配策略，实施资源的分配和回收，满足用户对资源的需求，提供机制来协调应用程序对资源的使用冲突，研究资源利用的统一方法，为用户提供简单、有效的资源使用手段，在满足应用程序需求的前提下，最大限度地实现各种资源的共享，提高资源利用率，从而提高计算机系统的效率。

3）操作系统实现了计算机资源的抽象

资源抽象是指通过创建软件来屏蔽硬件资源的物理特性和接口细节，简化对硬件资源的操作、控制和使用，即不考虑物理细节而对资源执行操作。资源抽象用于处理系统的复杂性，重点解决资源的易用性。资源抽象软件对内封装实现细节，对外提供应用接口，这意味着用户不必了解更多的硬件知识，只需通过软件接口即可使用和操作物理资源。例如，为了方便用户使用I/O设备，在裸机上覆盖一层I/O设备管理软件，由该软件实现对设备操作的细节，并向上提供一组操作命令。用户可以利用操作命令进行数据的输入输出，而无需关心I/O设备是如何实现的。这里，I/O管理软件实现了对设备的抽象。

1.1.3 操作系统的定义

根据操作系统的地位和作用，可以这样理解它的定义。

(1) 操作系统是系统软件，由一整套程序组成。

(2) 它的基本职能是控制和管理计算机系统内的各种资源，合理地组织工作流程。

(3) 它提供众多服务，方便用户使用，扩充硬件功能。

通常可以这样定义操作系统：操作系统是控制和管理计算机系统中的各种硬件和软件资源，合理地组织计算机工作流程，并为用户使用计算机提供方便的一种系统软件。

1.2 操作系统的形成与发展

操作系统是建立在计算机硬件之上的第一层软件，它的形成和发展与计算机系统结构的演变有着密切的联系。操作系统的发展与硬件系统的发展相互促进、相互影响。一方面，为了方便而有效地使用硬件，导致操作系统的产生；另一方面，为了有利于构造操作系统，硬件也经历了不断改进的过程。此外，由于操作系统可以为上层软件及用户提供友好的界面，它的演变必然反映出上层软件及用户对操作系统的使用要求。

操作系统经历了从无到有、从功能简单到功能完备的演变过程，并且尚处于进一步的发展之中。

1.2.1 操作系统的产生

计算机操作系统在从无到有的过程中经历了以下几个阶段。

1. 人工操作阶段

从计算机诞生到 20 世纪 50 年代中期的计算机属于第一代计算机，它由主机运控部件、主存、输入设备如读卡机、输出设备如穿孔机和控制台组成。机器速度慢、规模小、外设少，操作系统尚未出现。由程序员采用手工方式直接控制和使用计算机硬件。程序员使用机器语言编程，并将事先准备好的程序和数据穿孔在纸带或卡片上，从纸带或卡片输入机将程序和数据输入计算机。然后，启动计算机运行，程序员可以通过控制台上的按钮、开关操纵和控制程序。运行完毕后，取走计算输出的结果，才轮到下一个用户使用计算机。

这种人工操作方式有以下两方面的缺点：

(1) 用户独占全机。此时，计算机及其全部资源只能由上机用户独占。

(2) CPU 等待人工操作。当用户进行装带、卸带等人工操作时，CPU 及内存等资源是空闲的。这种人工操作方式严重降低了计算机资源的利用率。

2. 批处理阶段

为了减少人工操作所花的时间，提高资源利用率，人们首先为机器配备专门的操作员，程序员不再直接操作机器，减少操作失误。然后利用计算机系统中的软件来代替操作员的部分工作，产生了最早的批处理操作系统。

批处理的基本思想是：设计一个常驻主存的程序，称为监督程序。操作员有选择地把若干用户作业合成一批，安装在输入设备上，并启动监督程序。然后由监督程序自动控制这批作业运行。监督程序首先把第一道作业调入主存，并启动该作业。一道作业运行结束后，再把下一道作业调入主存启动运行。待一批作业全部处理结束后，操作员则把作业运行结果一起交给用户。按照这种方式处理作业，各作业间的转换以及运行完全由监督程序自动控制，从而减少部分人工干预，有效地缩短了作业运行前的准备。

早期的批处理分为联机批处理和脱机批处理两种方式。

1) 联机批处理

在联机批处理系统中，慢速的输入输出设备和主机相连，作业的输入，调入内存以及结果输出都是在 CPU 的直接控制下进行的。

用户上机前，需向机房的操作员提交程序、数据和一个作业说明书，它们提供用户标识、用户想使用的编译程序以及所需的系统资源等基本信息。 这些资料必须变成穿孔信息(例如，穿成卡片的形式)，由操作员有选择地把各用户提交的一批作业装到输入设备上(若输入设备是读卡机，则该批作业是一叠卡片)，然后由监督程序控制送到磁带上。之后，监督程序自动输入第一个作业的说明记录，若系统资源能满足其要求，则将该作业的程序、数据调入主存，并从磁带上调入所需要的编译程序。编译程序将用户源程序翻译成目标代码，然后由连接装配程序把编译后的目标代码及所需的子程序装配成一个可执行的程序，接着启动执行。计算完成后输出该作业的计算结果。一个作业处理完毕后，监督程序又可以自动地调下一个作业处理。重复上述过程，直到该批作业全部处理完毕。

这种联机处理方式解决了作业自动转换问题，从而减少了作业建立和人工操作的时间。但是在作业的输入和执行结果的输出过程中，CPU 仍处于停止等待状态，CPU 的时间仍有很大的浪费，于是慢速的输入输出设备与快速的 CPU 之间形成了一对矛盾。如果把输入输出工作直接交给一个价格便宜的专用机去做，就能充分发挥主机的效率，为此出现了脱机批处理。

2）脱机批处理

脱机批处理是增加一台不与主机直接相连而专门用于与输入输出设备打交道的卫星机。卫星机又称为外围计算机，它不与主机直接连接，只与外部设备打交道。其工作过程是：卫星机负责把读卡机上的作业逐个转输到输入磁带机上，当主机需要输入作业时，就把输入磁带机与主机连上。主机从输入磁带机上调入作业并运行，计算完成后，输出结果转到输出磁带机上，再由卫星机负责把输出磁带机上的信息在打印机上进行输出。由于程序和数据的输入输出是在外围计算机的控制下完成的，或者说是在脱离主机的情况下进行的，故称为脱机输入输出。在这样的系统中，主机和卫星机可以并行操作，二者分工明确，可以充分发挥主机的高速计算能力，因此脱机批处理与联机批处理相比大大提高了系统的处理能力。

3. 执行系统阶段

批处理较手动前进了一大步，使整个计算机系统的处理能力得以提高。但也存在一些缺点，如磁带机需人工拆卸，这样既麻烦又容易出错，另一个重要的问题是系统的保护问题。在进行批处理的过程中，所涉及的监督程序、系统程序和用户程序之间是一种互相调用的关系。对于用户程序没有进行任何检查，若目标程序执行了一条非法停机指令，机器就会错误地停止运行。此时，只有操作员能进行干预，在控制台上按启动按钮后程序才会重新启动运行。另一种情况是，如果一个程序进入死循环，系统就会踏步不前，更严重的是无法防止用户程序破坏监督程序和系统程序的事件发生。

20 世纪 60 年代初期，硬件获得了两方面的进展，一是通道的引入，二是中断技术的出现，这两项重大成果导致操作系统进入执行系统阶段。

通道又称为 I/O 处理机，它有自己的指令系统和运控部件，与处理机共享内存资源，是一种专用处理机。它能控制一台或多台外设工作，负责外部设备和主存之间的信息传输。它一旦被启动就能独立于 CPU 运行，这样可使 CPU 和通道并行操作，而且 CPU 和各种外部设备也能并行操作。当输入输出操作完成时，向处理机发出中断请求。这样，作业由读卡机到磁带机的传输以及由磁带机到打印机的传输均可由通道完成，这种既非联机方式，也非脱机方式的情况，称为“假脱机”。通道取代了卫星机，也免去了手动装卸磁带机的麻烦。

所谓中断，是指当主机接收到外部信号时，马上停止原来的工作，转去处理这一事件，处理完毕之后，主机又回到原来的断点继续工作。

借助于通道和中断技术，I/O 的工作可在主机控制下完成。这时，原有监督程序的功能扩大了，它不仅要负责调度作业自动地运行，而且还要提供 I/O 控制功能。这个发展了的监督程序常驻主存，称为执行系统。执行系统阶段是操作系统的初级阶段，它为操作系统的最终形成奠定了基础。

1.2.2 操作系统的完善

操作系统从形成到完善经历了以下几个主要发展过程。

1. 多道批处理系统

执行系统出现不久，人们发现在内存中同时放多道作业是有利的。当一道作业因为等待I/O传输完成而暂时不能运行时，系统可以将处理机资源分配给另一个可以运行的程序，如此便产生了多道批处理系统。多道批处理的出现是操作系统发展史上一个革命性的变革，它将多道程序设计的概念引入操作系统中。多道程序设计与传统的单道程序设计相比具有本质的差别，它的引入在理论及实践方面给操作系统带来了许多新的研究课题。

2. 分时系统

多道批处理操作系统虽然提高了系统效率，但是用户是以脱机方式使用计算机的。对于作业在处理过程中出现的错误，程序员不能对其及时进行修改，必须等待批处理结果输出后才能从输出报告中得知错误所在，并对其进行修改，然后再次提交批处理作业，如此可能需要反复多次，使得作业的处理周期比较长。

为了达到联机操作的目的，出现了分时系统。分时系统由一台主机和若干与其相连的终端所构成，用户可以在终端上输入和运行其程序，系统采用对话的方式为各终端上的用户服务，便于程序的动态修改和调试，缩短了程序的处理周期。由于多个终端用户可以同时使用同一系统，因而分时系统也是以多道程序设计为基础的。

3. 实时系统

虽然多道批处理系统和分时系统能够获得较佳的资源利用率和快速响应时间，使得计算机的应用范围日益扩大，但是它们难以满足实时控制和实时信息处理的需要，于是便产生了实时系统。实时系统在工业自动化控制、航班订票等方面应用广泛。

多道批处理系统、分时系统和实时系统是传统操作系统的三大类别，它们为通用操作系统的最终形成做好了必要的准备。

4. 通用操作系统

为了进一步提高计算机系统的应用能力和使用效率，人们将多道批处理、分时和实时功能结合在一起，形成了通用操作系统。例如，将批处理和分时相结合，构成分时批处理系统。在保障分时用户的前提下，没有分时的用户可进行批量作业的处理。通常把分时任务称为前台作业，批处理作业称为后台作业。

从20世纪60年代后期开始，国际上开始研制大型通用操作系统，试图达到功能齐全、可适应性强和操作方式变化多样的目标。但是这些系统庞大，不仅付出巨大的代价，而且过于复杂，在解决其可靠性、可维护性等方面都遇到很大困难。

至此，操作系统已形成并日渐完善。

1.2.3 操作系统的发展

随着大规模集成电路技术的飞速发展，掀起了计算机大发展的浪潮。一方面迎来了个人计算机的时代，同时又向计算机网络、分布式处理、巨型机和智能化方向发展。计算机操作系统也有了进一步的发展，出现了单用户操作系统、网络操作系统、分布式操作系统、嵌入式系统等。

1.3 操作系统的分类

按照操作系统的功能，可将操作系统分成以下几类：多道批处理系统、分时系统、实时系统、单用户操作系统、网络操作系统、分布式操作系统和嵌入式系统等。下面分别对这些系统做简单介绍。

1.3.1 多道批处理系统

早期的批处理系统中只有一道作业在主存，系统资源的利用率仍然不高。为了提高资源利用率和系统吞吐量，在 20 世纪 60 年代中期引入了多道程序设计技术，形成多道批处理系统。

1. 多道程序设计

早期的批处理系统因为每次只调用一个用户作业程序进入主存并运行，故称为单道批处理系统，其主要特征如下：

(1) 自动性。在顺利的情况下，磁带上的一批作业能自动地、逐个作业依次运行而无需人工干预。

(2) 顺序性。磁带上的各道作业是顺序地进入主存的，各道作业完成的顺序与它们进入主存的顺序之间在正常情况下应当完全相同，亦即先调入主存的作业先完成。

(3) 单道性。主存中仅有一道程序并使之运行，即监督程序每次从磁带上只调入一道程序进入主存运行，仅当该程序完成或发生异常情况时才调入其后继程序进入主存运行。

图 1-3 所示说明了单道程序运行时的情况。图中说明用户程序首先在 CPU 上进行计算，当它需要进行 I/O 传输时，向监督程序提出请求，由监督程序提供服务并帮助启动相应的外部设备进行传输工作，这时 CPU 空闲等待。当外部设备传输结束时发出中断信号，由监督程序中负责中断处理的程序做处理，然后把控制权交给用户程序让其继续计算。

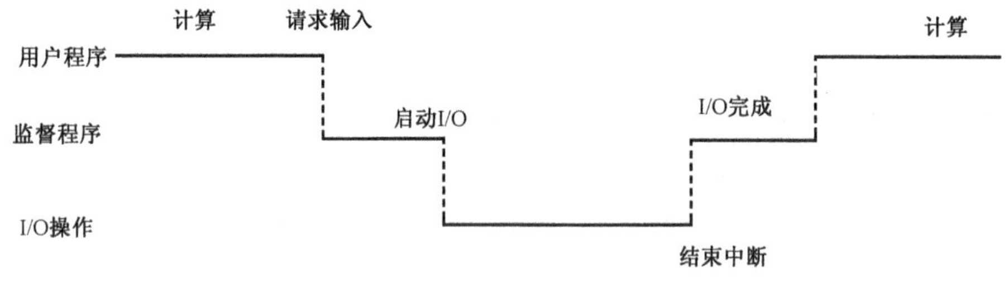

图 1-3 单道程序运行示例

从图 1-3 中可以看出，当外部设备进行传输工作时，CPU 处于空闲等待状态；反之当 CPU 工作时，设备又无事可做。这说明计算机系统各部件的效能没有得到充分的发挥，其原因在于主存中只有一道程序。在计算机价格十分昂贵的 20 世纪 60 年代，提高设备的利用率是首要目标。为此，人们设想能否在系统中同时存放几道程序，这就引入了多道程序设计的概念。

多道程序设计是指允许多个作业(或程序)同时进入计算机系统的内存并启动交替计算的方法。也就是说，内存中多个相互独立的程序均处于开始和结束之间，从宏观上看是并行的，多道程序都处于运行过程中，但尚未结束；从微观上看是串行的，各道程序轮流占用 CPU，交替执行。引入多道程序设计技术，可以提高 CPU 的利用率，充分发挥计算机硬件部件的并行性。现代计算机系统都采用多道程序设计技术。

多道程序运行情况如图 1-4 所示。图示中用户程序 A 首先在处理器上运行，当它需要从输入设备输入新的数据而转入等待时，系统帮助它启动输入设备进行输入工作，并让用户程序 B 开始计算。程序 B 经过一段计算后，需要从输出设备输出一批数据，系统接受请求，并帮助启动输出设备工作。如果此时程序 A 的输入尚未结束，也无其他用户程序需要计算，处理器就处于空闲状态直到程序 A 在输入结束后重新运行。若程序 B 的输出工作结束时程序 A 仍在运行，则程序 B 继续等待直到程序 A 计算结束再次请求 I/O 操作，程序 B 才能占用处理器。

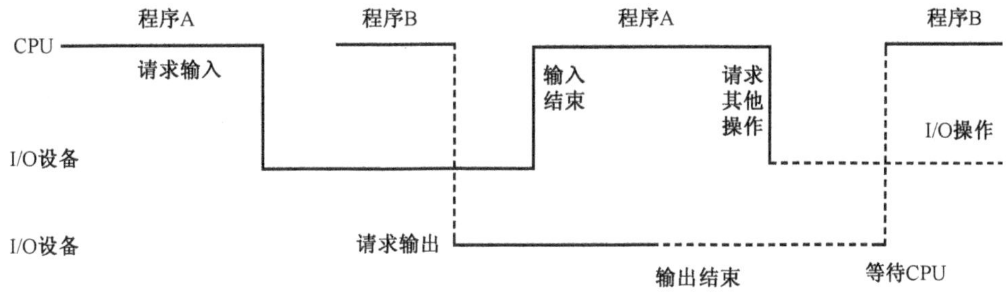

图 1-4　多道程序运行示例

操作系统中引入多道程序设计的优点：一是提高 CPU、主存和设备的利用率；二是提高系统的吞吐量，使单位时间内完成的作业数增加；三是充分发挥系统的并行性，设备与设备之间、设备与 CPU 之间均可并行工作。其主要缺点是延长作业的周转时间。

2. 多道批处理系统

在批处理系统中，采用多道程序设计技术就形成了多道批处理系统。在多道批处理方式下，交到机房的许多作业由操作员负责将其从输入设备转存到辅存设备(比如磁盘)上，形成一个作业队列而等待运行。当需要调入作业时，管理程序中有一个名为作业调度的程序负责对磁盘上的一批作业进行选择，将其中满足资源条件且符合调度原则的几个作业调入主存，让它们交替运行。当某个作业完成计算任务时，输出其结果，收回该作业占用的全部资源。然后根据主存和其他资源的情况，再调入一个或几个作业。这种处理方式的特点是在主存中总是同时存有几道程序，系统资源的利用率比较高。

要求计算机解决的问题是多种多样的，具有不同的特点。例如科学计算问题需要使用较多的 CPU 时间，因为它计算量较大；而数据处理问题的 I/O 量较大，则需较多地使用 I/O 设备。若在调入作业时能注意到不同作业的特点并能合理搭配，例如将计算量大的作业和 I/O 量大的作业搭配，系统资源的利用率会进一步提高。

多道批处理系统的优缺点如下：

(1) 资源利用率高。由于在主存中驻留了多道程序，它们共享资源，可保持资源处于忙碌状态，从而使各种资源得到充分利用。

(2) 系统吞吐量大。系统吞吐量是指系统在单位时间内所完成的总工作量。能提高系统吞吐量的主要原因是 CPU 和其他资源保持忙碌状态，并且仅当作业完成时或者运行不下去时才进行切换，系统开销小。

(3) 平均周转时间长。作业的周转时间是指从作业进入系统开始，直至其完成并退出系统为止所经历的时间。在批处理系统中，由于作业要排队，依次进行处理，因而作业的周转时间较长，通常是几个小时，甚至几天。

(4) 无交互能力。用户一旦把作业提交给系统后，直至作业完成，用户都不能与其作业进行交互，这对修改和调试程序是极不方便的。

1.3.2 分时系统

分时系统与多道批处理系统之间有着截然不同的性能差别，它能很好地将一台计算机提供给多个用户同时使用，提高计算机的利用率。它被经常应用于查询系统中，满足许多查询用户的需求。

1. 分时技术和分时系统

所谓分时技术就是把处理器的时间分成很短的时间片(如几百毫秒)，这些时间片轮流地分配给各联机作业使用。如果某个作业在分配给它的时间片用完之后，计算还未完成，该作业就暂时中断，等待下一时间片继续计算，此时处理器让给另一个作业使用。这样每个用户的各种要求都能得到快速响应，给每个用户的印象就像他独占一台计算机一样。

采用这种分时技术的系统称为分时系统。在该系统中一台计算机和许多终端设备连接，每个用户可以通过终端向系统发出各种控制命令，请求完成某项工作。而系统则分析从终端设备发来的命令，满足用户提出的要求，输出一些必要的信息，如给出提示信息、报告运行情况、输出计算结果等。用户根据系统提供的运行结果，向系统提出下一步请求，重复上述交互会话过程，直到用户完成预计的全部工作为止。

2. 分时系统的特征

分时系统具有如下四个基本特征：

1) 多路性

多路性允许在一台主机上同时连接多台联机终端，系统按分时原则为每个用户服务。宏观上是多个用户同时工作而共享系统资源，而微观上则是每个用户作业轮流运行一个时间片。它提高了资源利用率，从而促进了计算机更广泛的应用。

2) 独立性

独立性是指每个用户各占一个终端，彼此独立操作互不干扰。因此用户会感觉到就像他一人独占主机一样。

3) 及时性

及时性指用户的请求能在很短时间内获得响应，此时时间间隔是以人们所能接受的等待时间来确定的，通常为毫秒级。

4) 交互性

用户可通过终端与系统进行广泛的人机对话。其广泛性表现在，用户可以请求系统提供多方面的服务，如数据处理和资源共享等。

1.3.3 实时系统

1. 实时系统的引入

所谓“实时”就是表示及时的意思。实时系统是指系统能及时响应外部事件的请求，在规定的时间内完成对该事件的处理，并控制所有实时任务协调一致地运行。实时系统的一个重要特征就是对时间的严格限制和要求。在实时系统中，时间就是生命。实时系统的首要任务是调度一切可以利用的资源，完成实时控制任务，其次才注重提高计算机系统的使用效率。

实时系统有三种典型的应用形式，即过程控制系统、信息查询系统和事务处理系统。

1）过程控制系统

计算机用于工业生产的自动控制，它从被控过程中按时获得输入，例如工业控制过程中的温度、压力、流量等数据，然后算出能够保持该过程正常进行的响应，并控制相应的执行机构去实施这种响应。比如测得温度高于正常值，可降低供热的电压，使温度降低。这种操作不断循环反复，使被控过程始终按预期要求工作。在飞机飞行、导弹发射过程中的自动控制也是这样。

2）信息系统查询

该系统的主要特点就是配有大型文件系统或数据库，并具有向用户提供简单、方便、快速查询的能力，例如仓库管理系统和医护信息系统。当用户提出某种信息要求后，系统通过查找数据库获得有关信息，并立即回送给用户。整个响应过程在相当短的时间内完成。

3）事务处理系统

事务处理系统的特点是数据库中的数据随时都可能更新，用户和系统之间频繁地进行交互作用，例如火车售票系统。事务处理系统不仅应有实时性，且当多个用户使用该系统时，应能避免相互冲突，使各个用户感觉是单独使用该系统。

2. 实时系统与分时系统的比较

实时系统和分时系统相似但是并不完全一样，下面从几个方面对这两种系统加以比较。

1）多路性

实时事务处理系统也按分时原则为多个终端用户服务，实时过程控制系统的多路性则表现在系统周期性地对多路现场信息进行采集，对多个对象或多个执行机构进行控制。而分时系统中的多路性则与用户情况有关，时多时少。

2）独立性

实时事务处理系统中的每个终端用户在向实时系统提出服务请求时，是彼此独立地操作，互不干扰；而实时过程控制系统中，对信息的采集和对对象的控制也都是彼此互不干扰。

3）实时性

分时系统对响应时间的要求是以人们能够接受的等待时间为依据，其数量级通常规定为秒；而实时系统对响应时间一般有严格限制，它是以控制过程或信息处理过程所能接受的延迟来确定的，其数量级可达毫秒，甚至微秒级。事件处理必须在给定时限内完成，否则系统就失败。

4）交互性

实时系统虽然也具有交互性，但这里人与系统的交互仅限于访问系统中某些特定的专用服务程序。它不像分时系统那样能向终端用户提供数据处理和资源共享等服务。

5）可靠性

虽然分时系统也要求系统可靠，但实时系统对可靠性的要求更高。因为实时系统控制、管理的目标往往是重要的经济、军事、商业目标，而且立即进行现场处理，任何差错都可能带来巨大的经济损失，甚至引发灾难性后果。因此，在实时系统中必须采取相应的硬件和软件措施，提高系统的可靠性。

3. 实现方式

实时系统的实现方式可分为硬式和软式两种。

1）硬式实时系统

硬式实时系统保证关键任务按时完成。这样，从恢复保存的数据所用的时间到操作系统完成任何请求所花费的时间都规定好了。这样对时间的严格约束，支配着系统中各个设备的动作。因而，各种辅助存储器通常很少使用或不用，数据存放在短期存储器或只读存储器中。

2）软式实时系统

另一种方式是软式实时系统，它对时间限制稍弱一些。在这种系统中，关键的实时任务比其他任务具有更高的优先权，且在相应任务完成之前，它们一直保留着给定的优先权。在软式实时系统中，操作系统核心的延时要规定好，防止实时任务无限期地等待核心运行它。软实时系统可与其他类型的系统合在一起，如 UNIX 系统是分时系统，但可以具有实时功能。

1.3.4 单用户操作系统

单用户操作系统是为个人计算机所配置的操作系统。这类操作系统最主要的特点是单用户，即系统在同一段时间内仅为一个用户提供服务。早期的单用户操作系统以单任务为主要特征，由于一个用户独占整个计算机系统，操作系统资源管理的任务变得不重要，为用户提供友好的工作环境成了这类操作系统更主要的目标。现代的单用户操作系统，如 Windows，已经广泛支持多道程序设计和资源共享。由于单用户操作系统应用广泛，使用者大多不是计算机专业人员，所以一般更加注重用户的友好性和操作的方便性。

常见的单用户操作系统有 MS-DOS、CP/M、Windows 等。单用户操作系统的设计方法及实现可以采用多道批处理操作系统所使用的技术，如多进程、虚拟存储管理方式、层次结构文件系统等。

1.3.5 网络操作系统

用于实现网络通信和网络资源管理的操作系统称为网络操作系统。网络操作系统一般建立在各个主机的本地操作系统基础之上，其功能是实现网络通信、资源共享和保护，以及提供网络服务和网络接口等。在网络操作系统的作用下，对用户屏蔽了各个主机对同样资源所具有的不同存取方法。网络操作系统是用户与本地操作系统之间的接口，网络用户只有通过它才能获得网络所提供的各种服务。

相对于本地操作系统来讲，网络操作系统通常具有以下五种特性。

1）接口一致性

网络操作系统要为共享资源提供一个一致的接口，而不管其内部采用什么方法予以实现。这种一致性要求同样的资源具有同样的性质，也可要求具有同样的存取方法。例如一个用户可用同一命令来存取本地文件或远程文件。对于设备，可用一致的路径进行操作。

2）资源透明性

在很多情况下，用户不必知道他的操作需要哪些资源支持。网络操作系统能够实现对资源的最优选择。它了解整个网络系统中共享资源的状态和使用情况，能够根据用户的要求自动做出选择。这样既方便了用户使用，又提高了网络资源的利用率和网络吞吐量。

3）操作可靠性

网络操作系统利用硬件和软件资源在物理上分散的特点，实现可靠操作。它对全网的共享资源进行统一管理和调度。

4）处理自主性

网络操作系统是在各主机本地操作系统基础上进一步扩充，使之对所有主机提供一个通用接口。每台主机都具有独立处理的能力。

5）执行并行性

网络操作系统不仅实现本机上多道程序的并发执行，而且实现网络系统中各个工作站上进程执行的真正并行。可以通过远程命令在相应的工作站上完成指定的任务，而在本机上同时执行其他操作。

1.3.6 分布式操作系统

在以往的计算机系统中其处理和控制功能都高度集中在一台主机上，所有的任务都由主机处理，这样的系统称为集中式处理系统。而大量的实际应用要求具有分布处理能力的、完整的一体化系统。如在分布事务处理、分布数据处理、办公自动化系统等实际应用中，用户希望以统一的界面、标准的接口去使用系统的各种资源去实现所需要的各种操作，这就导致了分布式系统的出现。

一个分布式系统就是若干计算机的集合，这些计算机都有自己的局部存储器和外部设备。它们既可以相互独立工作，亦可合作工作。在这个系统中，各个计算机可以并行操作且有多个控制中心，即具有并行处理和分布控制的功能。分布式系统是一个一体化的系统，在整个系统中有一个全局的操作系统称为分布式操作系统，它负责全系统的资源分配和调度任务，划分信息、传输控制协调等工作，并为用户提供一个统一的界面、标准的接口。用户通过这一界面实现所需的操作和使用系统资源。至于操作定在哪一台计算机上执行或使用哪台计算机的资源则是系统的事，用户是不用知道的，也就是说系统对用户是透明的。

分布式系统的基础是计算机网络，因为计算机之间的通信是由网络来完成的，它和常规网络一样具有并行性、自主性等特点。但是它比常规网络又有进一步的发展，例如常规网络中的并行性仅仅意味着独立性，而分布式系统中的并行性还意味着合作，因在于分布式系统已不再仅仅是一个物理上的松散耦合系统，它同时又是一个逻辑上紧密耦合的系统。

分布式系统和计算机网络的区别在于前者具有多机合作和健壮性。多机合作是自动的任务分配和协调。而健壮性表现在，当系统中有一台甚至几台计算机或通路发生故障时，其余部分可自动重构成一个新的系统，该系统可以工作，甚至可以继续其失效部分的部分或全部工作，这叫做优美降级。当故障排除后，系统自动恢复到重构前的状态。这种优美降级和自动恢复就是系统的健壮性。人们研制分布式系统的根本出发点和原因就是它具有多机合作和健壮性。正是由于多机合作，系统才取得短的响应时间、高的吞吐量。正是由于健壮性，系统才获得了高可用性和高可靠性。

分布式系统是具有强大生命力的新生事物，许多学者及科学工作者目前还正在进行深入研究，还没开发出真正实用的系统。

1.3.7 嵌入式操作系统

嵌入式操作系统(Embedded Operating System，EOS)是指用于嵌入式系统的操作系统。嵌入式操作系统是一种用途广泛的系统软件，通常包括与硬件相关的底层驱动软件、系统内核、设备驱动接口、通信协议、图形界面、标准化浏览器等。嵌入式操作系统负责嵌入式系统的全部软、硬件资源的分配、任务调度，控制、协调并发活动。它必须体现其所在系统的特征，能够通过装卸某些模块来达到系统所要求的功能。目前在嵌入式领域广泛使用的操作系统有：嵌入式 Linux、Windows Embedded、VxWorks等，以及应用在智能手机和平板电脑的Android、iOS等。

嵌入式操作系统大多用于控制，因而具有实时特性。嵌入式操作系统与一般操作系统相比有比较明显的差别。

1）可裁减性

因为嵌入式操作系统的硬件配置和应用需求差别很大，要求系统必须具备比较好的适应性，即可裁减。在一些配置不同的环境中，能够通过加载或裁减不同的模块达到功能需求。

2）可移植性

在嵌入式开发中，存在多种多样的 CPU 和底层硬件环境，在设计时必须充分考虑，通过一种可移植方案来实现不同硬件平台的移植。

3）可扩展性

这里指很容易地在嵌入式操作系统上扩展新的功能。这样要求在进行嵌入式系统设计时，充分考虑功能之间的独立性，并为将来的扩展预留接口。

1.4 操作系统的特征

前面所讲的三种传统操作系统都各自有着自己的特征，如批处理系统具有能对多个作业成批处理的功能，以获得比较高的系统吞吐量，分时系统则允许用户和计算机之间进行人机交互的特征，实时系统具有实时特征，但是它们也都具有并发、共享、虚拟和异步这四个基本特征。其中，并发特征是操作系统最重要的特征，其他三个特征都是以并发特征为前提的。

1.4.1 并发性

1. 并行与并发

并行性和并发性是既相似又有区别的两个概念，并行性是指两个或多个事件在同一时刻发生；而并发性是指两个或多个事件在同一时间间隔内发生。在多道程序环境下，并发性是指在一段时间内宏观上有多个程序在同时运行，但在单处理机系统中，每一时刻却仅能有一道程序执行，故微观上这些程序只能是分时地交替执行。倘若在计算机系统中有多个处理机，则这些可以并发执行的程序便可被分配到多个处理机上，实现并行执行，即利用每个处理机来处理一个可并发执行的程序。这样，多个程序便可同时执行。 在实际运行中，操作系统如何使得多个程序并发执行呢？这需要引入进程和线程的概念。

2. 引入进程

通常程序是静态实体，可以被复制和删除。在多道程序系统中，它们是不能独立运行的，更不能和其他程序并发执行。在操作系统中引入进程的目的，就是为了使多个程序能并发执行。例如，在一个未引入进程的系统中，在属于同一个应用程序的计算程序和 I/O 程序之间，两者只能是顺序执行，即只有在计算程序执行告一段落后，才允许 I/O 程序执行；反之，在程序执行 I/O 操作时，计算程序也不能执行，这意味着处理机处于空闲状态。但在引入进程后，若分别为计算程序和 I/O 程序各建立一个进程，则这两个进程便可并发执行。由于在系统中具备使计算程序和 I/O 程序同时运行的硬件条件，因而可将系统中的 CPU 和 I/O 设备同时开动起来，实现并行工作，从而有效地提高了系统资源的利用率和系统吞吐量，并改善了系统的性能。引入进程的好处远不止于此，事实上可以在内存中存放多个用户程序，分别为它们建立进程后，这些进程可以并发执行，亦即实现前面所说的多道程序运行。这样便能极大地提高系统资源的利用率，增加系统的吞吐量。

为使多个程序能并发执行，系统必须分别为每个程序建立进程。简单说来，进程是指在系统中能独立运行并作为资源分配的基本单位，它是由一组机器指令、数据和堆栈等组成的，是一个能独立运行的活动实体。多个进程之间可以并发执行和交换信息。一个进程在运行时需要一定的资源，如 CPU、存储空间及 I/O 设备等。

操作系统中程序并发执行使得系统复杂化，导致在系统中必须增设新的功能模块，分别用于对处理机、内存、I/O 设备以及文件系统等资源进行管理，并控制系统中作业的运行。事实上，进程和并发是现代操作系统中最重要的基本概念，也是操作系统运行的基础。

3. 引入线程

长期以来，进程都是操作系统中可以拥有资源并作为独立运行的基本单位。当一个进程因故不能继续运行时，操作系统便调度另一个进程运行。由于进程拥有自己的资源，故使调度付出的开销比较大。直到 20 世纪 80 年代中期，人们才又提出比进程更小的单位——线程。

通常在一个进程中可以包含若干个线程，它们可以利用进程所拥有的资源。在引入线程的操作系统中，通常都是把进程作为分配资源的基本单位，而把线程作为独立运行和独立调度的基本单位。由于线程比进程更小，基本上不拥有系统资源，故对它的调度所付出的开销就会小得多，能更高效地提高系统内多个程序间并发执行的程度。因而近年来推出的通用操作系统都引入了线程，以便进一步提高系统的并发性，并把它视作现代操作系统的一个重要标志。

1.4.2 共享性

多道程序设计是现代操作系统所采用的基本技术，系统中相应地有多个进程竞争使用资源。这些资源是宝贵和稀有的，操作系统让众多进程共同使用资源，称为共享或资源复用。由于各种资源的属性不同，进程对资源的复用方式也不相同。目前，主要实现资源共享的方式有互斥共享和同时访问两种方式。

1. 互斥共享方式

系统中的某些资源，如打印机、磁带机，虽然它们可以提供给多个进程或线程使用，但为使所打印或记录的结果不致造成混淆，应规定在一段时间内只允许一个进程或线程访问该资源。为此，系统中应建立一种机制，以保证对这类资源的互斥访问。当一个进程 A 要访问某资源时，必须先提出请求。如果此时该资源空闲，系统便可将之分配给请求进程 A 使用。此后若再有其他进程也要访问该资源时，只要 A 未用完则必须等待。仅当 A 进程访问完并释放该资源后，才允许另一进程对该资源进行访问。

我们把这种资源共享方式称为互斥式共享，而把在一段时间内只允许一个进程访问的资源称为临界资源或独占资源。计算机系统中的大多数物理设备，以及某些软件中所用的栈、变量和表格，都属于临界资源，它们要求被互斥地共享。为此，在系统中必需配置某种机制来保证诸进程互斥地使用独占资源。

2. 同时访问方式

系统中还有另一类资源，允许在一段时间内由多个进程“同时”对它们进行访问。这里所谓的“同时”，在单处理机环境下往往是宏观上的，而在微观上，这些进程可能是交替地对该资源进行访问。典型的可供多个进程“同时”访问的资源是磁盘设备，一些用重入码编写的文件也可以被“同时”共享，即若干个用户同时访问该文件。

并发和共享是操作系统的两个最基本的特征，它们又互为存在条件。一方面，资源共享是以程序的并发执行为条件的，若系统不允许程序并发执行，自然不存在资源共享问题；另一方面，若系统不能对资源共享实施有效管理，协调好诸进程对共享资源的访问，也必然影响到程序并发执行的程度，甚至根本无法并发执行。

1.4.3 虚拟性

虚拟技术是指操作系统中一类有效的资源管理技术，其本质是对资源进行转化、模拟和整合，把一个物理资源转变成逻辑上的多个对应物，创建无须共享的多个独占资源的假象。虚拟技术的主要目标是解决物理资源数量不足的问题。在操作系统中利用两种方法实现虚拟技术，即时分复用技术和空分复用技术。计算机系统中可以被虚拟的物理资源包括处理机、存储器和设备。

1. 时分复用技术

时分复用，亦即分时使用方式，它最早用于电信业中。为了提高信道的利用率，人们利用时分复用方式，将一条物理信道虚拟为多条逻辑信道，将每条信道供一对用户通话。在计算机领域中，时分复用是指每个进程获得资源后会占用一段时间，多个进程则分时地共享这类资源。计算机系统广泛利用该技术来实现虚拟处理机、虚拟设备等，以提高资源的利用率。

1）虚拟处理机技术

在虚拟处理机技术中，利用多道程序设计技术，为每道程序建立一个进程，让多道程序并发地执行，以此来分时使用一台处理机。此时，虽然系统中只有一台处理机，但它却能同时为多个用户服务，使每个终端用户都认为是有一个处理机在专门为他服务。亦即，利用多道程序设计技术，把一台物理上的处理机虚拟为多台逻辑上的处理机，在每台逻辑处理机上运行一道程序。我们把用户所感觉到的处理机称为虚拟处理器。

2）虚拟设备技术

我们还可以通过虚拟设备技术，将一台物理I/O设备虚拟为多台逻辑上的I/O设备，并允许每个用户占用一台逻辑上的 I/O 设备，这样便可使原来仅允许在一段时间内由一个用户访问的设备(临界资源)，变为在一段时间内允许多个用户同时访问的共享设备。例如，原来的打印机属于临界资源，而通过虚拟设备技术，可以把它变为多台逻辑上的打印机，供多个用户“同时”打印。

2. 空分复用技术

早在 20 世纪初，电信业中就使用频分复用技术来提高信道的利用率。它是将一个频率范围非常宽的信道，划分成多个频率范围较窄的信道，其中的任何一个频带都只供一对用户通话。早期的频分复用只能将一条物理信道划分为十几条到几十条话路，后来又很快发展成上万条话路，每条话路也只供一对用户通话。之后，在计算机中也使用了空分复用技术来提高存储空间的利用率。

1）虚拟磁盘技术

通常在一台机器上只配置一台硬盘。我们可以通过虚拟磁盘技术将一台硬盘虚拟为多台虚拟磁盘，这样使用起来既方便又安全。虚拟磁盘技术也是采用了空分复用方式，即它将硬盘划分为若干个卷，例如 1、2 、3、4 四个卷，再通过安装程序将它们分别安装在 C、D 、E 、F 四个逻辑驱动器上。这样，机器上便有了四个虚拟磁盘。当用户要访问 D 盘中的内容时，系统便会访问卷 2 中的内容。

2）虚拟存储器技术

在单道程序环境下，处理机会有很多空闲时间，内存也会有很多空闲空间，显然，这会使处理机和内存的效率低下。如果说时分复用技术是利用处理机的空闲时间来运行其他的程序，使处理机的利用率得以提高，那么空分复用则是利用存储器的空闲空间来存放其他的程序，以提高内存的利用率。

但是，单纯的空分复用存储器只能提高内存的利用率，并不能实现在逻辑上扩大存储器容量的功能，必须引入虚拟存储技术才能达到此目的。而虚拟存储技术在本质上就是使内存分时复用。它可以使一道程序通过时分复用方式，在远小于它的内存空间中运行。例如，一个 100MB 的应用程序可以运行在 20MB 的内存空间。每次只把用户程序的一部分调入内存运行，这样便实现了用户程序的各个部分分时进入内存运行的功能。

应当着重指出，如果虚拟的实现是通过时分复用的方法来实现的，即对某一物理设备进行分时使用，设 N 是某物理设备所对应的虚拟的逻辑设备数，则每台虚拟设备的平均速度必然等于或低于物理设备速度的 $1/N$。类似地，如果是利用空分复用方法来实现虚拟，此时一台虚拟设备平均占用的空间必然也等于或低于物理设备所拥有空间的 $1/N$。

1.4.4 异步性

在多道程序环境下允许多个进程并发执行，但只有进程在获得所需的资源后方能执行。在单处理机环境下，由于系统中只有一台处理机，因而每次只允许一个进程执行，其余进程只能等待。当正在执行的进程提出某种资源要求时，如打印请求，而此时打印机正在为其他某进程打印，由于打印机属于临界资源，因此正在执行的进程必须等待，且放弃处理机，直到打印机空闲，并再次把处理机分配给该进程时，该进程方能继续执行。可见，由于资源等因素的限制，使进程的执行通常都不是“一气呵成”，而是以“停停走走”的方式运行。

内存中的每个进程在何时能获得处理机运行，何时又因提出某种资源请求而暂停，以及进程以怎样的速度向前推进，每道程序总共需多少时间才能完成，等等，这些都是不可预知的。由于各用户程序性能的不同，比如，有的侧重于计算而较少需要 I/O，而有的程序其计算少而 I/O 多，这样，很可能是先进入内存的作业后完成，而后进入内存的作业先完成。或者说，进程是以人们不可预知的速度向前推进，此即进程的异步性。尽管如此，但只要在操作系统中配置有完善的进程同步机制，且运行环境相同，作业经多次运行都会获得完全相同的结果。因此，异步运行方式是允许的，而且还是操作系统的一个重要特征。

1.5 操作系统的功能

操作系统的主要任务是为多道程序的运行提供良好的运行环境，以保证程序能有条不紊地、高效地运行，并能最大限度地提供系统中各种资源的利用率和方便用户的使用。为了完成此任务，操作系统必须使用三种基本的资源管理技术才能达到目标，它们分别是资源复用或资源共享技术、虚拟技术和资源抽象技术。资源共享和虚拟技术前面已经讲过，这里讨论一下资源抽象技术。

资源抽象技术用于处理系统的复杂性，解决资源的易用性。资源抽象软件对内封装实现细节，对外提供应用接口，使得用户不必了解更多的硬件知识，只通过软件接口即可使用和操作物理资源。操作系统中最基础和最重要的三种抽象是文件抽象、虚拟存储器抽象和进程抽象。操作系统为了管理方便，除了处理器和主存之外，将磁盘和其他外部设备资源都抽象为文件，如磁盘文件、光盘文件、打印机文件等，这些设备均在文件的概念下统一管理，不但减少了系统管理的开销，而且使得应用程序对数据和设备的操作有一致的接口，可以执行同一套系统调用。物理内存被抽象为虚拟内存后，进程可以获得一个硕大的连续地址空间，给每个进程造成一种假象，认为它正在独占和使用整个内存。实际上，虚拟存储器是把内存和磁盘统一进行管理实现的。进程可以看做是进入内存的当前运行程序在处理器上操作状态集的一个抽象，它是并发和并行操作的基础。

操作系统应该具有处理机管理、存储器管理、设备管理和文件管理的功能。为了方便用户使用操作系统，还须向用户提供方便的用户接口。

1.5.1 处理机管理功能

操作系统有两个重要的概念，即作业和进程。简言之，用户的计算任务称为作业；程序的执行过程称为进程。从传统意义上讲，进程是分配资源和在处理机上运行的基本单位。众所周知，计算机系统中最重要的资源是处理机，对它管理的优劣直接影响着整个系统的性能。所以对处理机的管理可归结为对进程的管理。在引入线程的操作系统中，也包含对线程的管理。处理机管理的主要功能是创建和撤销进程，对诸进程的运行进行协调，实现进程之间的信息交换，以及按照一定的算法把处理机分配给进程或作业。

1. 进程控制

在多道程序环境下，要使作业运行，必须先为它创建一个或几个进程并为之分配必要的资源。当进程运行结束时，要立即撤销该进程，以便及时回收该进程所占用的各类资源。进程控制的主要功能是为作业创建进程、撤销已结束的进程以及控制进程在运行过程中的状态转换。

2. 进程同步

为使多个进程能有条不紊地运行，系统中必须设置进程同步机制。进程同步的主要任务是为多个进程(含线程)的运行进行协调。有两种协调方式，一是进程互斥方式，这是指诸进程在对临界资源进行访问时，应采用互斥方式；二是进程同步方式，指在相互合作去完成共同任务的诸进程间，由同步机构对它们的执行次序加以协调。

3. 进程通信

在多道程序环境下，可由系统为一个应用程序建立多个进程。这些进程相互合作完成一个共同任务，而在这些相互合作的进程之间往往需要交换信息。当相互合作的进程处于同一计算机系统时，通常采用直接通信方式进行通信。当相互合作的进程处于不同的计算机系统中时，通常采用间接通信方式进行通信。

4. 作业和进程调度

一个作业通常经过两级调度才能在 CPU 上执行。首先是作业调度，然后是进程调度。作业调度的基本任务是从后备队列中按照一定的算法，选择出若干个作业，为它们分配运行所需的资源(首先是分配内存)。在将它们调入内存后，便分别为它们建立进程，使它们都成为可能获得处理机的就绪进程。并按照一定的算法将它们插入就绪队列。而进程调度的任务，则是从进程的就绪队列中选出一个新进程，把处理机分配给它，并为它设置运行现场，使进程投入执行。

1.5.2 存储管理功能

存储管理的主要任务是为多道程序的运行提供良好的环境，方便用户使用存储器，提高存储器的利用率以及能从逻辑上来扩充主存。为此存储管理应具有内存分配、地址映射、内存扩充和内存保护等功能。

1. 内存分配

内存分配的主要任务是为每道程序分配内存空间，使它们各得其所，提高存储器的利用率，以减少不可用的内存空间。在程序运行完后，应立即收回它所占有的内存空间。

操作系统在实现内存分配时，可采取静态和动态两种方式。在静态分配方式中，每个作业的内存空间是在作业装入时确定的。在作业装入后的整个运行期间，不允许该作业再申请新的内存空间，也不允许作业在内存中“移动”；在动态分配方式中，每个作业所要求的基本内存空间，也是在装入时确定的，但允许作业在运行过程中，继续申请新的附加内存空间，以适应程序和数据的动态增长，也允许作业在主存中“移动”。

2. 地址映射

一个应用程序经编译后，通常会形成若干个目标程序。这些目标程序再经过链接便形成了可装入程序。这些程序的地址都是从“0”开始的，程序中的其他地址都是相对于起始地址计算的；由这些地址所形成的地址范围称为“地址空间”，其中的地址称为“逻辑地址”或“相对地址”。此外，由内存中的一系列单元所限定的地址范围称为“内存空间”，其中的地址称为“物理地址”。在多道程序环境下，每道程序不可能都从“0”地址开始装入内存，这就致使地址空间内的逻辑地址和内存空间中的物理地址不相一致。为了使程序能正确运行，存储器管理必须提供地址映射功能，以将地址空间中的逻辑地址转换为内存空间中与之对应的物理地址。该功能应在硬件的支持下完成。

3. 内存扩充

由于物理内存的容量有限，它是非常宝贵的硬件资源，它不可能做得太大，因而难于满足用户的需要，这样势必影响到系统的性能。在存储管理中的主存扩充并非是增加物理主存的容量而是借助于虚拟存储技术，从逻辑上去扩充主存容量，使用户所感觉到的主存容量比实际主存容量大得多。换言之，它使主存容量比物理主存大得多，或者是让更多的用户程序能并发运行。这样既满足了用户的需要，改善了系统性能，又基本上不增加硬件投资。

4. 内存保护

内存保护的主要任务，是确保每道用户程序都只在自己的内存空间内运行，彼此互不干扰。为了确保每道程序都只在自己的内存区中运行，必须设置内存保护机制。一种比较简单的内存保护机制，是设置两个界限寄存器，分别用于存放正在执行程序的上界和下界。系统须对每条指令所要访问的地址进行检查，如果发生越界，便发出越界中断请求，以停止该程序的执行。

1.5.3 设备管理功能

设备管理的主要任务是，完成用户进程提出的 I/O 请求；为用户进程分配其所需的 I/O 设备；提高 CPU 和 I/O 设备的利用率；提高 I/O 速度；方便用户使用 I/O 设备。为实现上述任务，设备管理应具有缓冲管理、设备分配和设备处理，以及虚拟设备等功能。

1. 缓冲管理

CPU 运行的高速性和 I/O 低速性间的矛盾自计算机诞生时起便已存在。而随着 CPU 速度迅速、大幅度的提高，使得此矛盾更为突出，严重降低了 CPU 的利用率。如果在 I/O 设备和 CPU 之间引入缓冲，则可有效地缓和 CPU 和 I/O 设备速度不匹配的矛盾，提高 CPU 的利用率，进而提高系统吞吐量。因此，在现代计算机系统中，都毫无例外地在内存中设置了缓冲区，而且还可通过增加缓冲区容量的方法来改善系统的性能。

2. 设备分配

设备分配的基本任务是根据用户进程的 I/O 请求、系统的现有资源情况以及按照某种设备分配策略，为之分配其所需的设备。如果在 I/O 设备和 CPU 之间，还存在着设备控制器和 I/O 通道时，还须为分配出去的设备分配相应的控制器和通道。

3. 设备处理

设备处理程序又称为设备驱动程序。其基本任务是用于实现 CPU 和设备控制器之间的通信，即由 CPU 向设备控制器发出 I/O 命令，要求它完成指定的 I/O 操作；反之由 CPU 接收从控制器发来的中断请求，并给予迅速的响应和相应的处理。

1.5.4 文件管理功能

在现代计算机系统中总是把程序和数据以文件的形式存储在外存上，供所有的或指定的用户使用。为此在操作系统中必须配置文件管理机构。文件管理的主要任务是对用户文件和系统文件进行管理以方便用户使用并保证文件的安全性。为此文件管理应具有对文件存储空间的管理、目录管理、文件读写管理以及文件的共享与保护等功能。

1. 文件存储空间管理

为了方便用户的使用需要，由文件系统对诸多文件及文件的存储空间实施统一的管理。其主要任务是为每个文件分配必要的外存空间，提高外存的利用率，并能有助于提高文件系统的存取速度。

2. 目录管理

目录管理的主要任务是为每个文件建立其目录项，并对众多的目录项加以有效的组织，形成目录文件，以实现方便的按名存取，即用户只需提供文件名即可对该文件进行存取。其次目录管理还应能实现文件的共享，应能提供快速的目录查询手段以提高对文件的检索速度。

3. 文件读写管理和保护

文件读写管理的功能是根据用户的请求，从外存中读取数据，或将数据写入外存。在进行文件读(写)时，系统先根据用户给出的文件名去检索文件目录，从中获得文件在外存中的位置。然后，利用文件读(写)指针，对文件进行读(写)。一旦读(写)完成，便修改读(写)指针，为下一次读(写)做好准备。由于读和写操作不会同时进行，故可合用一个读/写指针。

文件保护是指为了防止系统中的文件被非法窃取和破坏，在文件系统中采取有效的保护措施，实施存取控制。

1.5.5 接口服务

为了方便用户使用操作系统，操作系统向用户提供了“用户与操作系统的接口”。该接口通常可分为两大类。一是用户接口，它是提供给用户使用的接口，用户可通过该接口取得操作系统的服务；二是程序接口，是用户程序取得操作系统服务的唯一途径。

1.6 典型例题讲解

1.6.1 单项选择题

【例 1.1】下列选择中，(　　)不是操作系统关心的主要问题。

A. 管理计算机裸机

B. 设计、提供用户程序与计算机硬件系统的界面

C. 管理计算机系统资源

D. 高级程序设计语言的编译器

解析：操作系统管理计算机系统中的软硬件资源，提供方便用户使用操作系统的接口，故本题答案是 D。

【例 1.2】配置了操作系统的计算机是一台比原来的物理计算机功能更强的计算机，这样一台计算机只是一台逻辑上的计算机，称为(　　) 计算机。

A. 并行　　B. 真实　　C. 虚拟　　D. 共享

解析：通常将覆盖了软件的机器称为扩充机器或虚拟机，故本题答案是 C。

【例 1.3】操作系统给程序员提供的接口是(　　)。

A. 进程　　B. 系统调用　　C. 库函数　　D. B 和 C

解析：操作系统提供给程序员的接口是系统调用，故本题答案是 B。

【例 1.4】所谓(　　)是指将一个以上的作业放入内存，并且同时处于运行状态，这些作业共享处理机的时间和外围设备等其他资源。

A．多重处理　　B．多道程序设计　　C．实时处理　　D．共同执行

解析：多道程序设计技术是指将多个作业存放在内存中，并共享处理机和其他资源。故本题答案是 B。

1.6.2 填空题

【例 1.5】现代操作系统的两个最基本特征是________和________。

解析：并发和共享是操作系统的两个最基本的特征，故本题答案是并发、共享。

【例 1.6】多道程序设计的特点是多道、_________和_________。

解析：多道程序设计是指，主存中多个相互独立的程序均处于开始和结束之间，从宏观上看是并行的，多道程序都处于运行过程中，但尚未结束；从微观上看是串行的，各道程序轮流占用 CPU，交替执行。故本题答案是宏观上并行、微观上串行。

1.6.3 综合题

【例 1.7】批处理、分时系统和实时系统各有什么特点？

解析：①批处理系统，操作人员将作业成批装入计算机并由计算机管理运行，在程序的运行期间，用户不能干预。批处理系统的特点是：资源利用率高、系统吞吐量大，平均周转时间长，无交互能力。

② 分时系统，不同的用户通过各自的终端以集合方式共同使用一台计算机，计算机以“分时”的方法轮流为每个用户服务。分时系统的特点是：多路性，交互性，及时性和独立性。

③ 实时系统，是指系统能及时响应外部事件的请求，在规定的时间内完成对该事件的处理，并控制所有实时任务协调一致地运行。实时系统的特点是：多路性、实时性、及时性、独立性和高可靠性。

【例 1.8】设内存中有三道程序 A、B、C，它们按 A 、B、C 的优先次序执行。它们的计算和 I/O 操作的时间如表 1-1 所示(单位：ms)。假设三道程序使用相同设备进行 I/O 操作，即程序以串行方式使用设备，试画出单道运行和多道运行的时间关系图(调度程序的执行时间忽略不计)。在两种情况下，完成这三道程序各要花多少时间？

表 1-1　三道程序的操作时间

程序 / 操作	A	B	C
计算	30	60	20
I/O	40	30	40
计算	10	10	20

解析：若采用单道方式运行这三道程序，则运行次序是 A、B、C。即程序 A 先进行 30ms 的计算，再完成 40ms 的 I/O 操作，最后进行 10ms 的计算。接下来程序 B 先进行 60ms 的计算，再完成 30ms 的 I/O 操作，最后再进行 10ms 的计算。然后程序 C 先进行 20ms 的计算，再完成 40ms 的 I/O 操作，最后再进行 20ms 的计算。至此，三道程序全部运行完毕。

若采用多道方式运行这三道程序，因系统按 A、B、C 的优先次序执行，则在运行过程中，无论使用 CPU 还是 I/O 设备，A 的优先级最高，B 的优先级次之，C 的优先级最低。即程序 A 先进行 30ms 的计算，再完成 40ms 的 I/O 操作(与此同时，程序 B 进行 40ms 的计算)，最后再进行 10ms 的计算(此时程序 B 等待，程序 B 的第一次计算已完成 40ms，还剩下 20ms)；接下来程序 B 先进行剩余 20ms 的计算，再完成 30ms 的 I/O 操作(与此同时，程序 C 进行 20ms 的计算，然后等待 I/O 设备)，最后再进行 10ms 的计算(此时程序 C 执行 I/O 操作 10ms，其 I/O 操作还需 30ms)；然后程序 C 先进行 30ms I/O 操作，最后再进行 20ms 的计算。至此，三道程序全部运行完毕。单道方式运行时，其程序运行时间关系图如图 1-5 所示，总运行时间为：

$$30+40+10+60+30+10+20+40+20 = 260ms$$

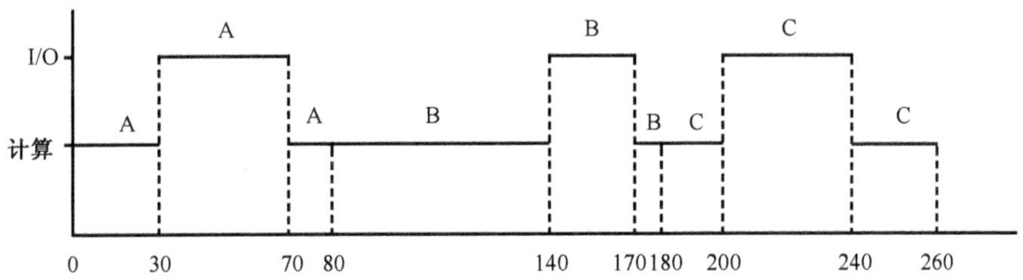

图 1-5　单道运行的时间关系图

多道方式运行时，其程序运行时间关系图如图 1-6 所示，总运行时间为：

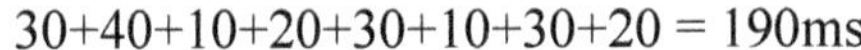

$$30+40+10+20+30+10+30+20 = 190ms$$

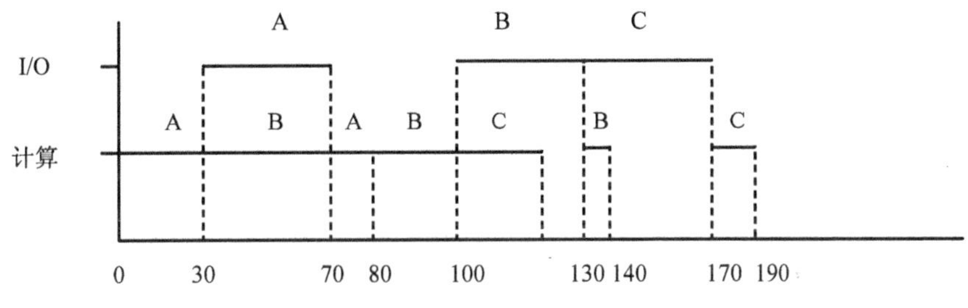

图 1-6　多道运行的时间关系图

1.7　本 章 小 结

在本章中，首先介绍了计算机系统的组成，其中包括硬件系统和软件系统。然后讲述操作系统在计算机系统的地位以及所起的作用。操作系统是一种系统软件，它是配置在计算机硬件之上的第一层软件。它在计算机系统中占据特别重要的地位，是整个计算机系统的控制管理中心。其他系统软件和各种应用软件都将依赖于操作系统的支持，取得它的服务。操作系统在计算机系统中起三个方面的作用：一是作为用户接口和公共服务程序；二是作为资源的管理者和控制者；三是实现了计算机资源的抽象。根据操作系统的地位和作用，给出了操作系统的定义。

其次，本章介绍了操作系统的形成和发展，简要说明了各个阶段操作系统的特点。其中介绍了联机批处理、脱机批处理、通道和中断等技术。按照操作系统的功能，将操作系统分成多道批处理系统、分时系统、实时系统、单用户操作系统、网络操作系统、分布式操作系统和嵌入式系统等几种类型。重点讲述了多道批处理系统、分时系统和实时系统三种基本类型。

本章着重介绍了多道程序设计。多道程序设计是指允许多个作业(或程序)同时进入计算机系统的主存并启动交替计算的方法。也就是说，主存中多个相互独立的程序均处于开始和结束之间，从宏观上看是并行的，多道程序都处于运行过程中，但尚未结束；从微观上看是串行的，各道程序轮流占用 CPU，交替执行。采用多道程序设计能改善 CPU 的利用率，提高主存和设备的利用率，充分发挥系统的并行性。

操作系统是一个大型复杂的并发系统，并发性、共享性、虚拟性和异步性是它的重要特征。其中，并发性和共享性又是两个最基本的特征，它们又是互为存在条件。并发和共享虽能改善资源利用率和提高系统效率，但使操作系统的实现复杂化。

最后，介绍了操作系统的功能。操作系统应该具有处理机管理、存储器管理、设备管理和文件管理的功能。为了方便用户使用操作系统，还须向用户提供方便的用户接口。为了达到此功能，操作系统必须使用三种基本的资源管理技术才能达到目标，它们分别是资源复用或资源共享技术、虚拟技术和资源抽象技术。这三种技术在后面的章节中都会有体现。

习　　题

一、单项选择题

1. 多道程序设计是指(　　)。

   A. 在实时系统中并发运行多个程序　　B. 在分布式系统中同一时刻运行多个程序

   C. 在一台处理机上同一时刻运行多个程序　　D. 在一台处理机上并发运行多个程序

2. 实时操作系统对可靠性和安全性的要求极高，它(　　)。

   A. 十分注意系统资源的利用率　　B. 不强调响应速度

   C. 不强求系统资源的利用率　　D. 不必向用户反馈信息

3. 在 OS 中，为实现多道程序设计需要有(　　)。

   A. 更大的内存　　B. 更快的 CPU　　C. 更快的外部设备　　D. 更先进的终端

4. 计算机中“通道”是一种(　　)。

   A. 内含存储器，但不含 CPU 的外部设备　　B. 不含存储器，只含 CPU 的外部设备

   C. 内含 CPU 和存储器的外部设备　　D. 不含存储器，也不含 CPU 的外部设备

5. 推动批处理系统形成和发展的主要动力是(　　)。

   A. 提高计算机系统的功能　　B. 提高系统资源利用率

   C. 方便用户　　D. 提高系统的运行速度

6. 操作系统的基本类型主要有(　　)。

   A. 批处理系统、分时系统和多任务系统　　B. 实时系统、批处理系统和分时系统

   C. 单用户系统、多用户系统和批处理系统　　D. 实时系统、分时系统和多用户系统

二、填空题

1. 操作系统向用户提供两类接口，一类是________，另一类是________。

2．在一个分时系统兼批处理的计算机操作系统中，如果有终端作业和批处理作业可以混合同时执行，则________作业应优先占用处理机。

3．实时系统有三种典型的应用形式，即________、信息查询系统和事务处理系统。

三、综合题

1．什么是操作系统？操作系统的基本特征是什么？

2．操作系统在计算机系统中起哪三个方面的作用？

3．什么是多道程序设计技术？多道程序设计的优点是什么？

4．简要说明实时系统与分时系统的区别。

5．操作系统的功能包括哪几部分？

6．在单 CPU 和两台 I/O 设备(I1、I2)的多道程序设计环境下，同时投入 3 个作业运行。其执行轨迹如下：

Job1: I2(30ms)，CPU(10ms)，I1(30ms)，CPU(10ms)，I2(20ms)

Job2: I1(20ms)，CPU(20ms)，I2(40ms)

Job3: CPU(30ms)，I1(20ms)，CPU(10ms)，I1(10ms)

如果 CPU、I1 和 I2 都能并行工作，优先级从高到低依次为 Job1、Job2 和 Job3，优先级高的作业可以抢占优先级低的作业的 CPU，但不可抢占 I1 和 I2。试求：

① 每个作业从投入到完成分别所需要的时间。

② 从作业的投入到完成，CPU 的利用率。

③ I/O 设备的利用率。

第 2 章　进程的描述与控制

内容提要:

本章主要讲述以下内容：①进程概念的引入、进程的定义和结构、进程和程序的关系；②进程的特征、进程控制块和进程的基本状态；③进程的创建、进程的撤销、进程的阻塞与唤醒；④线程的概念、线程的种类与实现。

学习目标:

了解程序顺序执行和并发执行的特点，理解为什么要引入进程的概念，掌握进程的定义和结构；理解进程的特征，进程控制块的作用和内容，掌握进程的三种基本状态及状态之间的转换；理解引发进程创建、进程撤销、进程阻塞与唤醒的事件及原语操作流程；理解线程的概念，了解线程的种类与实现。

在传统的操作系统中，程序并不能独立运行，作为资源分配和独立运行的基本单位都是进程。操作系统所具有的四大特征也都是基于进程而形成的，并可从进程的观点来研究操作系统。因此，本章专门来描述进程。

2.1　进程的基本概念

2.1.1　进程概念的引入

进程是现代操作系统的核心概念之一。计算机系统在早期的单道程序阶段，以程序为单位来组织任务的执行，而到了多道程序阶段，任务的执行则是以进程为单位进行组织和管理的。之所以在程序之外又引入进程的概念，是因为在单道程序阶段，内存一次只允许一个程序运行，因此程序是顺序运行的。而多道程序阶段，内存中同时允许多个程序运行，从宏观上讲，程序是并发运行的。程序的顺序执行和并发执行的不同特点，决定了必须引入一个新的概念来解决并发所带来的一些关键问题。为了让读者对进程概念产生的原因和存在的必要性以及能解决的问题有所了解，我们先对程序的顺序执行和并发执行作简单的介绍。

1. 程序的顺序执行

使用单道程序设计技术的计算机系统，在内存中一次只能存储一个程序，只允许这一个程序运行，在这次程序运行结束前，其他程序不允许使用内存。多个程序的运行只能采用依次顺序执行的方式。

在采用单道程序设计技术的计算机系统中，程序的运行具有以下特点：

1）顺序执行

内存中一次只有一个程序，多个程序需要执行时，只能按照顺序一个接一个执行，等上一个程序执行完毕，再开始执行下一个程序。

2）独占资源

由于程序是顺序执行的，在每个程序执行期间，系统所有的资源由该程序独占，因此不存在资源共享和竞争的情况，也不会因为资源共享和竞争而影响程序的运行结果。

3）程序结果可再现

程序的顺序执行以及运行时独占资源的特点，使得程序在运行过程中不受其他程序的影响，所以运行结果具备可再现性，也就是说只要初始条件和执行环境确定、结果就是确定的、可重复再现的。

2. 程序的并发执行

现在的计算机系统多采用的是多道程序设计技术，多道程序技术允许内存中同时存在多道程序，在一段时间里多道程序并发执行。这里再强调一下并发和并行概念的区别。所谓并发是指多个程序在同一时间段内，从开始到结束完成了程序的运行，这是从宏观上来看的，如果单看某个时间点，多个程序并不是同时在运行，而是交替执行的。而并行指的是任一时间点上多个程序都在同时运行。如图 2-1 所示，ABCD 四个任务在 0 到 T 时刻都得到了完成。但 AB 两任务虽然都在 0 到 T 之间完成，但任意时刻 T_0 只有一个任务在执行，AB 在(0，T)时间段是交替执行的。而 CD 两任务在任意时刻 T_0 都在同时执行。所以 AB 之间为并发，CD 之间为并行。

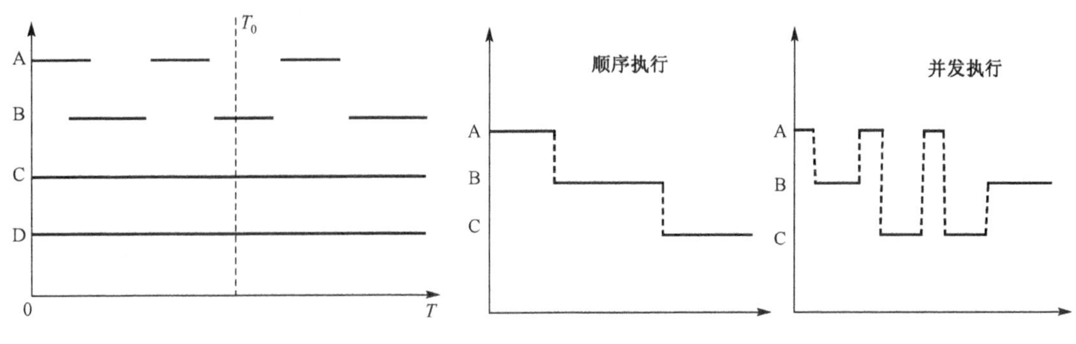

图 2-1　并发和并行的区别　　　　图 2-2　程序的顺序执行和并发执行

程序的并发执行和顺序执行(图 2-2)相比，具有以下几个特点：

1）间断执行

从宏观上看，内存中同时存在着多个程序，都处于已开始执行，但未执行完毕的状态。从微观上看，如果系统只有一个处理机，那么一次只能运行一个程序，多个程序通过轮流使用处理机来完成程序的运行。即便系统是多处理机系统，处理机的个数也小于内存中程序数目，程序依然需要通过共享的方式轮流使用处理机。也就是说，多个程序是交替执行的。对于每个程序而言，它的执行是间断性的。

2）相互制约

由于多个程序是在同一段时间内并存于系统交替运行的，因此系统中的各项资源是由多个程序共享使用的。资源的共享使得程序之间相互制约，程序的运行不仅受到初始条件的影响，还会受到其他程序的影响。资源使用上引发的相互制约关系，会直接影响程序的运行结果。

3）运行结果不确定

由于多个程序是交替执行的，所以程序的运行结果就失去了可再现性，例如，在两个程序 A 和 B 中都有对公共变量 I 的操作，A 中执行“I=I+1，I=0”操作，B 中执行 I=I–1 操作，令每次初始值都为 2，两个程序并发执行，则多次运行结果可能不同。这两个程序间断交替运行时，如果是“I=I+1，I=0，I=I–1”序列执行，执行结果是 I 的值–1。如果是“I=I+1，I=I–1，I=0”序列执行，执行结果是 I 的值 0。虽然初始条件相同，但是执行结果不确定。

程序并发的特点使得程序在并发执行过程要解决这些问题：①多个程序交替执行，那么在程序转换时，要能够保存现运行程序的现场，以便下一次运行时能够接着上次停止的地方继续执行；②系统中的资源由多个程序共享，则要能够确保资源的合理分配；③程序的执行结果要能够再现，也就是确定的初始条件能够得到确定的结果。这些问题靠程序这个静态的概念是无法解决的，因此需要引入进程的概念，利用进程来进行程序执行过程中的动态控制，有效管理和调度进入计算机系统中的程序，确保程序的并发执行。

2.1.2 进程的定义和结构

进程的概念最先是 20 世纪 60 年代初由麻省理工学院的 MULTICS 系统和 IBM 公司的 CTSS/360 系统引入的。进程概念的提出就是为了解决在程序并发过程中所出现的问题。进程和并发成了现代操作系统中最重要的两个概念。

1. 进程的定义

进程的概念虽然很早就提出了，但关于进程的定义，却始终没有统一。人们从不同的角度对进程进行了概括，从而得到了不同的一些定义。其中有一些比较典型的定义，可以让我们很好地理解进程的含义。

人们比较认可的多种进程的定义有：

进程是程序的一次执行，进程是可以和别的计算机程序并发执行的计算。这种定义是从动态性方面和并发性方面对进程的定性。进程是程序的一次动态执行，并且进程可以正确地并发执行。

进程是一个数据结构及能在其上操作的一个程序。这种定义是从结构方面对进程进行了定性。进程其实就是一个数据结构，在这个数据结构之上，可以实现对程序并发执行的控制。

进程是系统进行资源分配和调度的一个独立单位。这个定义是从资源共享和处理机分配角度给进程的一个定性。在系统进行资源分配和处理机调度时，是以进程作为基本单位的。

本书把进程定义描述为：进程是程序在进程控制块的管理下在某一个数据集合上的一次执行，是系统进行资源分配和调度的基本单位。

2. 进程的结构

进程与程序相比，之所以能够并发执行，是因为进程的特殊结构。进程是由三部分组成的一个结构实体，这三部分分别为：程序段、数据段、进程控制块。

其中程序段存放进程要执行的代码。

数据段存放着程序运行中所需要的数据，包括全局变量、常量、静态变量。

进程控制块是系统为了管理进程设置的一个专门的数据结构，里面记录了描述进程情况及控制进程运行所需的全部信息。系统利用进程控制块来控制和管理进程，进程控制块是系统感知进程存在的唯一标志，进程与进程控制块是一一对应的。进程控制块使程序变成了一个能与其他进程并发执行的进程。

为了突出进程结构的静态性和进程运行的动态性，我们把这三部分组成的结构实体称作进程实体，而进程其实就是进程实体的运行过程。

2.1.3 进程和程序的关系

进程和程序是一对相互联系的概念。但两者之间又有着很大的区别。它们之间的关系主要体现如下：

进程是一个动态的概念，程序是个静态的概念。程序是一组指令的有序集合，它定义了要执行的操作以及顺序。进程是程序在某个数据集上的一次执行过程。用一个比喻来形容两者的关系，程序就相当于一个菜谱，详细记录了做菜的步骤。而进程就相当于按照菜谱步骤做菜的过程。

进程的存在期是在其运行期间，而程序却可以长久保存。进程是在程序进入内存开始被创建，在运行期间一直存在，当运行结束时由系统撤销。所以它的生命周期是有限的。而程序作为一个静态文件，却可以一直存储在存储介质上。

进程可以并发执行，而程序却不可以。我们在前面讨论过，如果系统以程序为单位并发执行，则存在无法解决程序之间的交替转换、资源共享以及结果不确定等问题。而这些问题使用进程则可以解决，这是因为进程结构中包括进程控制块，进程控制块中可以存放进程运行的各项管理控制信息，保证进程的并发执行。

一个程序也可以对应多个进程。同一程序同时运行于若干个数据集合上，它将属于若干个不同的进程。也就是说同一程序可以对应多个进程。

2.2 进程的描述

2.2.1 进程的特征

从进程的定义和进程与程序的关系，我们可以总结出进程具备以下特征：

(1) 并发性：系统中的进程都可以和其他进程一起并发执行。并发性是进程存在的意义所在。进程之所以能并发执行，是因为进程控制块中可以存放程序运行所需的管理控制信息，当需要将一个进程暂停去运行另一个进程时，可以把当前进程的执行情况保存下来，以便下次再执行时，可以接着往下执行。

(2) 动态性：进程的实质是程序的一次执行过程，进程是有生命周期的，它是动态产生、动态消亡的。当程序进入内存时，进程被创建，运行过程中进程一直存在于系统当中，当运行结束时，进程被撤销。动态性是进程的基本特征。

(3) 独立性：在现代的多道程序系统中，进程是一个能独立运行的基本单位。系统以进程为单位进行资源的分配和处理机的调度。

(4) 异步性：由于资源共享导致进程间的相互制约关系，使进程的执行具有间断性。而每个进程在何时执行，何时暂停，以怎样的速度向前推进，每道程序总共需要多少时间才能完成，都是不可预知的。并且进程完成的顺序与开始的顺序并不完全一致，因而我们说进程具有异步性。但在有关进程控制及同步机制等技术的支持下，只要运行环境相同，程序经多次运行，都会获得完全相同的结果，因而异步方式是容许的。

2.2.2 进程控制块

1. 进程控制块中的内容

为了使进程能够并发执行，系统设置了一个专门的数据结构——进程控制块(Process Control Block，PCB)，用它来记录和管理进程的运动变化过程。PCB是进程实体的一部分，它记录了操作系统所需的、用于描述进程的当前情况以及控制进程运行的全部信息。系统利用PCB来控制和管理进程，所以PCB是进程存在的唯一标志。进程与PCB存在一一对应的关系。

进程控制块中的内容主要包括以下几方面：

(1) 进程标识符：系统在进程创建时会为进程分配一个标识符，这个标识符是唯一的，可以用于识别进程。

(2) 进程当前状态：说明进程当前所处的状态。系统在进行进程调度时会参考进程的状态。

(3) 进程的地址和大小信息：包括相应的程序和数据地址，以便把PCB与其程序和数据联系起来。

(4) 资源信息：列出所拥有的除CPU外的资源记录，如拥有的I/O设备，打开的文件列表等。

(5) 进程优先级：由用户指定和系统设置的一个整数，可以反映进程的紧迫程度，通常优先级高者获得处理机。

(6) CPU现场保护区：主要是由CPU的各种寄存器中的内容组成。当进程因某种原因不能继续执行需要释放CPU时，就要将CPU目前的各种状态信息保护起来，当将来再次得到处理机时就可以恢复CPU的各种状态，继续运行。

(7) 进程同步与通信机制：用于实现进程间互斥、同步和通信所需的信号量等。

(8) 进程所在队列PCB的链接字：系统为了管理PCB，采用一定的组织方式把进程的PCB组织到不同队列中。PCB链接字指出该进程所在队列中下一个进程PCB的首地址。

(9) 与进程有关的其他信息：如进程记账信息，进程占用CPU的时间等。

2. 进程控制块的组织方式

因为现在计算机系统多为多道程序环境，因此系统中存在有多个进程，对应的也就存在多个PCB，为了有效地管理这些PCB，就需要用一定的方法把它们组织起来。比较常用的方法有三种。

PCB1
PCB2
PCB3
PCB4
……
PCBn

图 2-3 PCB的线性表组织方式

第一种是线性表方式，就是把所有进程的PCB组织成为一个队列。这种组织形式适用于进程数目不多的系统。这种PCB队列如图2-3所示。

第二种是索引表方式，该方式是线性表方式的改进，系统按照进程的状态分别建立就绪索引表、阻塞索引表等。这种PCB队列如图2-4所示。

第三种是链接表方式，系统按照进程的状态将进程的PCB组成队列，从而形成就绪队列、阻塞队列、运行队列等。这种PCB队列如图2-5所示。

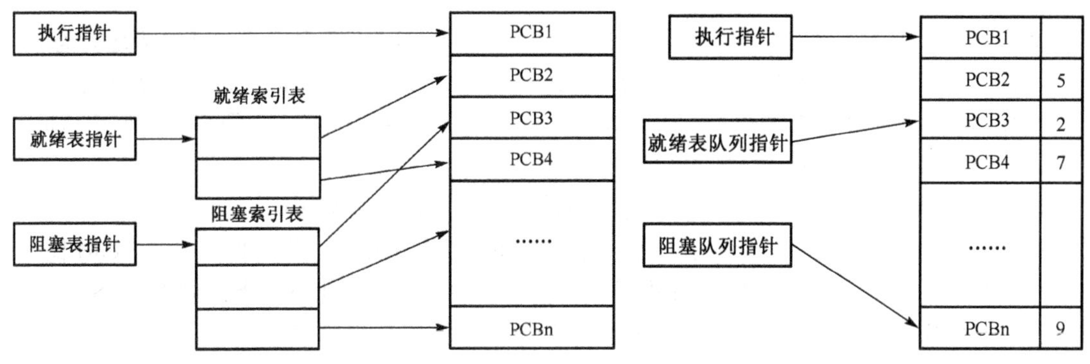

图 2-4　PCB 的索引表组织方式　　　　图 2-5　PCB 的链接表组织方式

2.2.3　进程的基本状态

进程作为一个动态的概念，从创建到撤销经历了一个生命周期，在这个生命周期中，进程并不是一直占用处理机处于运行状态，而是处于执行——等待的交替状态。因为等待的原因不同，又可以把等待分为一切准备就绪的等待和因为某件事情尚未完成无法继续的等待。前一种等待我们称为就绪，后一种等待我们称为阻塞。运行、就绪、阻塞是进程在整个生命周期里所要经历的三种基本状态。

运行：当一个进程占有处理机运行时，则称该进程处于运行状态。对于单处理机系统，处于运行状态的进程只有一个。对于多处理机，处于此状态的进程的数目小于等于处理机的数目。

就绪：当一个进程获得了除处理机以外的一切所需资源，一旦得到处理机即可运行，则称此进程处于就绪状态。系统中可能存在多个处于就绪状态的进程，这些进程可以排成一个队列，这个队列我们称作就绪队列。就绪进程可以按多个优先级排列成不同的就绪队列。

阻塞：也称为等待或睡眠状态，一个进程正在等待某一事件发生(例如请求 I/O 而等待 I/O 完成等)而暂时停止运行，这时即使把处理机分配给进程也无法运行，故称该进程处于阻塞状态。系统中可能存在多个处于阻塞状态的进程。这些进程可以排成一个队列，这个队列我们称作阻塞队列。阻塞进程也可以根据不同的阻塞原因排列成不同的阻塞队列。

进程在某一时刻会处于一种状态，但状态不是一成不变的，在一定条件下，进程状态会发生变化，由一种状态转换为另一种状态。进程状态的转换是有条件和方向性的。三种基本状态的转化如图 2-6 所示。

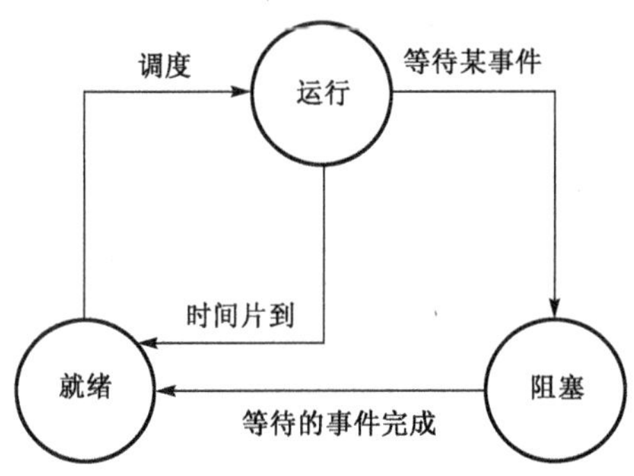

图 2-6　进程的基本状态转换

就绪到运行：处于就绪状态的进程，在获得处理机调度时，会由就绪态转化为运行态。

运行到就绪：正在运行的进程，因为分得的时间片到而放弃处理机，转为就绪状态。

运行到阻塞：正在运行的进程，因为发生某件事情无法继续执行，必须等待事件完成时，就由运行转为阻塞。如等待 I/O 的进程。

阻塞到就绪：阻塞的进程，当所等待的事件完成时，就由阻塞转化为就绪。

进程各个状态及状态之间的转换，用一个比喻可以清楚的解释。我们把一个人 TOM 比作执行任务的 CPU。有一天，TOM 在家准备给妻子做一个大蛋糕，他按照蛋糕制作说明书的要求，开始了他做蛋糕的工程。当他把蛋糕模子做好，放到烤箱里烘烤的时候，正好有时间，就去把衣服放到洗衣机里。当他把衣服处理完回来之后，发现蛋糕模子已经烤好了，他就接着去给蛋糕涂抹奶油，完成了蛋糕的制作。在整个过程中，涉及到几个概念。首先，蛋糕的制作说明书相当于程序的概念，蛋糕的制作过程则相当于进程。TOM 在蛋糕制作中间，因为等待蛋糕模子的烤焙而转去洗衣服，相当于蛋糕制作进程由于自身原因无法继续执行，而放弃处理机，它的状态由运行到阻塞。当 TOM 在处理衣服的时候，蛋糕模子已经烘烤完毕，相当于蛋糕制作进程由阻塞转换为就绪。当 TOM 继续去涂抹奶油时，相当于蛋糕制作进程获得调度由就绪转换为执行。

2.3 进 程 控 制

2.3.1 进程创建

为了对进程进行有效的管理和控制，系统通过一些原语来实现对进程的创建、撤销、阻塞和唤醒。所谓原语就是由若干多机器指令构成的完成某种特定功能的一段程序，具有不可分割性。即原语的执行必须是连续的，在执行过程中不允许被中断，在操作系统中，它是不可分割的基本单位。

需要时，可以通过创建进程原语来创建新的进程。一般有四种情况会引发新进程的创建：

（1）系统初始化。启动操作系统时，通常会创建若干个进程，其中一些是同用户交互的前台进程，其他的则是运行在后台，具有特定功能的守护进程。

（2）执行了正在运行的进程所调用的进程创建系统调用。当一个正在运行的进程需要创建一个或多个新进程协助其工作时，会发出系统调用创建新的进程。

（3）用户请求创建一个新进程。在交互式系统中，用户通过鼠标、键盘或者命令行发出请求，这些请求会引发一个新进程的创建。

（4）一个批处理作业的初始化。大型机的批处理系统中，用户提交批处理作业后，在操作系统认为有资源可运行另一个作业时，它创建一个新的进程，并运行其输入队列中的下一个作业。

系统一旦发现有创建新进程的需求后，通过调用进程创建原语 create() 创建新的进程。create() 创建新进程的步骤为：

（1）扫描 PCB 总表，申请空白的 PCB。

（2）给子进程一个唯一的进程标识符。

（3）为进程分配内存空间。

（4）初始化 PCB 信息。

（5）将进程插入就绪队列。

2.3.2 进程撤销

如果说进程创建是进程生命周期的开始，那么进程撤销就是进程生命周期的终结。进程撤销通常由下列条件引起：

(1) 正常退出，多数进程是由于完成了它们的工作而终止。

(2) 出错退出，进程发现了执行中出现的错误而自动退出。

(3) 严重错误被迫退出，例如执行了一条非法指令、引用不存在的内存或除数是零等。在这类错误中，进程会收到信号(被中断)，而不是在这类错误出现时终止。

(4) 被其他进程杀死。某个进程可以执行一个系统调用通知操作系统杀死某个其他进程。

撤销要使用撤销原语，撤销原语的执行流程是首先检查 PCB 进程链或进程家族，寻找所要撤销的进程是否存在。如果找到了所要撤销的进程的 PCB 结构，则撤销原语释放该进程所占有的资源之后，把对应的 PCB 结构从进程链或进程家族中摘下并返回给 PCB 空队列。如果被撤销的进程有自己的子进程，则撤销原语先撤销其子进程的 PCB 结构并释放子进程所占用的资源之后，再撤销当前进程的 PCB 结构和释放其资源。

2.3.3 进程的阻塞与唤醒

1. 引起进程阻塞和唤醒的事件

会引起进程阻塞或被唤醒的几类事件有：

(1) 请求系统服务，当进程请求系统服务而暂时不能得到响应时，该进程就会阻塞。例如一进程请求使用某类 I/O 设备，但系统中该类 I/O 设备已分配完毕，此时申请进程只能阻塞以等待其他进程在使用完毕后释放出该设备并将唤醒申请者。

(2) 启动某种操作，当进程启动某种操作后，如果只能等待操作完成后进程才能继续，那么在等待过程中，进程就需要阻塞。例如进程启动输入设备进行数据的输入，如果只有在数据输入完成后进程才能继续执行，则进程启动了 I/O 设备后自动进入阻塞状态去等待，在 I/O 操作完成后由中断处理程序将该进程唤醒。

(3) 新数据尚未到达，如果两个进程存在相互合作关系，一个进程所处理的数据是另一个进程的输出数据，则在新数据未到达前该进程只有阻塞。

(4) 无新工作可做，系统中有一些进程，具有某制定功能，在新任务没有到达之前都处于阻塞状态，只有当新任务到来时才将该进程唤醒。

2. 进程阻塞过程

实现进程阻塞的是 block 原语，当一个进程无法继续执行时，就可以调用 block 原语把自己阻塞，因此说进程的阻塞是一种主动行为。block 原语的处理流程为：

(1) 立即停止执行。

(2) 将 PCB 中的现行状态由“执行”改为“阻塞” 并将 PCB 插入相应阻塞队列。

(3) 转调度程序进行重新调度，将处理机分配给另一就绪进程并进行切换。

(4) 将被阻塞进程的处理机状态保留在 PCB 中，再按新进程的 PCB 中的处理机状态设置 CPU 的环境。

3. 进程唤醒过程

当被阻塞进程所期待的事件出现时，由有关进程将等待该事件的进程唤醒。

唤醒原语执行的过程是：

(1) 把被阻塞的进程移出阻塞队列。

(2) 将 PCB 中的现行状态由阻塞改为就绪。

(3) 将该 PCB 插入到就绪队列中。

需要特别指出的是，block 原语和 wakeup 原语作为一对作用刚好相反的原语，是应该成对出现的。如果在某进程中调用了阻塞原语，那么在与之相合作的另一进程中或其他相关的进程中必须安排唤醒原语，以能唤醒阻塞进程，不能使其长久地处于阻塞状态。

2.4 线　　程

2.4.1 线程的概念

1. 线程的引入

在线程概念引入之前，进程是程序运行的基本单位。进程有两个基本属性：资源分配的基本单位和系统调度运行的基本单位。作为资源分配的基本单位，进程运行时所需要的主存和其他所需的各种资源(如 I/O 设备、文件等)都会以进程为单位进行分配。作为调度的基本单位，进程具有各种状态和调度优先级，它是操作系统进行调度的一个实体。

因为进程是调度的基本单位，因此进程在创建、撤销和状态转换时，进程之间都会进行切换。又因为进程是资源拥有的基本单位，所以在进程切换过程中，要分配和回收存储空间，保护运行现场，执行程序的调入和调出，空间和时间的花销会比较巨大。因此，为了保证系统性能，进程的数目不能过多，进程切换也不能过于频繁。但这限制了系统并发程度的提高。

为了使系统中能有更好的并发能力同时又尽可能不增加系统的开销，人们就将进程的两个属性分离开来，引入线程的概念，将进程作为系统资源的拥有单位，将调度执行的基本单位赋予新的实体——线程。引入线程的系统中，通常是在一个进程中包括多个线程，每个线程都是利用 CPU 的基本单位，是花费最小开销的实体。

2. 线程的定义

线程，有时被称为轻量级进程，是程序执行流的最小单元。一个标准的线程由线程 ID、当前指令指针、寄存器集合和堆栈组成。另外，线程是进程中的一个实体，是被系统独立调度和分派的基本单位，线程自己不拥有系统资源，只拥有一点在运行中必不可少的资源，但它可与同属一个进程的其他线程共享进程所拥有的全部资源。一个线程可以创建和撤销另一个线程，同一进程中的多个线程之间可以并发执行。由于线程之间的相互制约，致使线程在运行中呈现出间断性。线程也有就绪、阻塞和运行三种基本状态。

线程是程序中一个单一的顺序控制流程。在单个程序中同时运行多个线程完成不同的工作称为多线程。每一个程序都至少有一个线程，若程序只有一个线程，那就是程序本身。

3. 线程的属性

线程作为与进程密切相关又相互区别的一个概念，具有以下属性：

1）轻型实体

说线程是个轻型实体是和进程相比较而言的。因为进程才是系统资源的拥有者，所以线程实体基本上不拥有系统资源，它所拥有的只是能保证独立运行的少量资源，比如，用于控制线程运行的线程控制块 TCB，用于指示被执行指令序列的程序计数器、保留局部变量、少数状态参数和返回地址等的一组寄存器和堆栈等。

2）独立调度和分派的基本单位

在引入线程的操作系统中，进程只作为资源的拥有者存在，不再是调度和运行的基本单位。由于线程很“轻”，线程的切换非常迅速且开销小，所以线程被作为能独立运行的基本单位接受调度和分派。

3）可并发执行

引入线程后，系统内部并发执行的程度提高了，不仅不同进程中的线程能并发执行，而且在同一个进程中的多个线程之间，也可以并发执行。

4）共享进程资源

线程自身不拥有系统资源，线程所使用的是所属进程所拥有的资源，在同一进程中的各个线程，都可以共享该进程所拥有的资源，如所有线程都具有相同的地址空间(进程的地址空间)，还可以访问进程所拥有的已打开文件、定时器、信号量机构等。

2.4.2 线程的种类和实现

从实现的角度来分，线程可以分作核心级线程和用户级线程两种，分别在核心空间和用户空间实现。

1. 内核级线程

线程由操作系统内核创建和撤销。线程及线程的上下文信息的维护以及线程切换都由内核完成。内核级线程在一定程度上类似于进程，只是创建、调度的开销要比进程小。其特点主要表现在以下几个方面：

(1) 线程的创建、撤销和切换等，都需要内核直接实现，即内核了解每一个作为可调度实体的线程。

(2) 这些线程可以在全系统内进行资源的竞争。

(3) 内核空间内为每一个内核支持线程设置了一个线程控制块，内核根据该控制块感知线程的存在，并进行控制。

2. 用户级线程

用户线程指不需要内核支持而在用户程序中实现的线程，其不依赖于操作系统核心，应用进程利用线程库提供的创建、同步、调度和管理线程的函数来控制用户线程。其特点主要表现在以下几点：

(1) 用户级线程仅存在于用户空间。

(2) 内核并不知道用户线程的存在。

(3) 内核资源的分配仍然是按照进程进行分配的；各个用户线程只能在进程内进行资源竞争。

用户线程运行在一个中间系统上面。目前中间系统实现的方式有两种，即运行时系统和内核控制线程。

“运行时系统”实质上是用于管理和控制线程的函数集合，包括创建、撤销、线程的同步和通信的函数以及调度的函数。这些函数都驻留在用户空间作为用户线程和内核之间的接口。用户线程不能使用系统调用，而是当线程需要系统资源时，将请求传送给运行时系统，由后者通过相应的系统调用来获取系统资源。

采用内核控制线程时，系统分给进程几个轻型进程(Light Weight Process，LWP)，LWP可以通过系统调用来获得内核提供的服务，而进程中的用户线程可通过复用关联到LWP，从而得到内核的服务。

用户线程的优点是线程的调度不需要内核直接参与，控制简单，并且进行用户空间的线程切换至少要比陷入内核要快一个数量级，这是用户级线程极大的优点。

2.5 典型例题讲解

2.5.1 单项选择题

【例 2.1】进程和程序的本质区别是(　　)。

A．存储在内存和外存　　B．顺序和非顺序执行机器指令

C．分时使用和独占使用计算机资源　　D．动态和静态特征

解析：进程和程序作为联系紧密的两个概念，两者之间有不少区别和联系。但最本质的区别在于一个是动态的概念，一个是静态的概念。所以本题答案为 D。

【例 2.2】进程的 3 种状态之间，下列(　　)转换是不能进行的。

A．就绪状态到运行状态　　B．运行状态到阻塞状态

C．阻塞状态到运行状态　　D．阻塞状态到就绪状态

解析：对进程状态转换的考察，就绪状态的进程获得调度能转换为执行状态，执行状态的进程因为 I/O 事件能转换为阻塞，阻塞状态的进程等待的事情完成便可转换为就绪状态，因此 ABD 的转换都是有可能的。但是阻塞状态不能直接转换为执行。所以本题答案为 C。

【例 2.3】某进程所申请一次打印事件结束，则该进程的状态可能发生改变是(　　)。

A．运行状态转变到就绪状态　　B．阻塞状态转变到运行状态

C．就绪状态转变到运行状态　　D．阻塞状态转变到就绪状态

解析：依然是对进程状态转换的考察，但考察点转换为引发状态转换的原因与状态的变化。如果进程申请了打印，那么在打印完毕之前，进程处于等待打印事件完成的阻塞状态，等打印完成后，就会转变为就绪状态。因此本题答案为 D。

【例 2.4】在进程管理中，当(　　)时，进程从阻塞状态变为就绪状态。

A．进程被进程调度程序选中　　B．等待某一事件

C．等待的事件发生　　D．时间片用完

解析：本题是对引发进程状态转换事件的考察，当等待事件发生时，进程从阻塞状态变为就绪状态，所以本题答案为 C。

【例 2.5】分配到必要的资源并获得处理机时的状态是(　　)。

A．就绪状态　　B．执行状态　　C．阻塞状态　　D．撤销状态

解析：对进程状态定义的考察，本题答案为 B。

【例 2.6】并发是指两个或多个事件(　　)。

A．在同一时刻发生　　B．在同一时间区段内发生

C．两个进程相互交互　　D．在时间上相互无关

解析：对并发概念的考察，本题答案为 B。

【例 2.7】引入进程概念的关键原因在于(　　)。

A．独享资源　　B．共享资源　　C．顺序执行　　D．便于执行

解析：对引入进程的关键原因进行考察，引入进程最主要不是因为程序执行独享资源、程序的顺序执行，也不是为了便于执行。而是因为多道环境下，程序需要共享资源，由此引发了一些问题，必须引入进程的概念才能解决。本题答案为 B。

【例 2.8】一个作业被调度进入内存后其进程被调度进入 CPU 运行，在执行一段指令后，进程请求打印输出，此间该进程的状态变化是(　　)。

A．运行态－就绪态－阻塞态　　B．阻塞态－就绪态－运行态

C．就绪态－运行态－阻塞态　　D．就绪态－阻塞态－运行态

解析：对进程状态的考察。作业进入内存后，创建进程，进程处于就绪态，当进程被调度执行时则由就绪态转换为运行态，后请求打印输出，则由运行态转换为阻塞态。本题答案为 C。

2.5.2　填空题

【例 2.9】进程存在的标志是________。

解析：为了对进程进行管理和控制，系统为进程配备了 PCB，PCB 和进程是一一对应关系，PCB 是进程存在的唯一标志。所以本题答案为 PCB(或进程控制块)。

【例 2.10】进程的静态实体由________、________和________三部分组成。

解析：考察进程的结构，进程的静态实体由程序段、数据段和进程实体三部分组成。所以答案为程序段、数据段和进程实体。

【例 2.11】引入了线程的操作系统中，资源分配的基本单位是________，CPU 分配的基本单位是________。

解析：考察进程和线程的关系。引入线程后，进程作为资源分配的基本单位，但是处理机调度的单位变成了线程。所以本题答案为进程、线程。

【例 2.12】在一个单处理机系统中，若有 5 个用户进程，则处于就绪状态的用户进程最多有________个，最少有________个。

解析：考察单处理机中就绪进程的个数。对于单处理机系统来说，每一时刻只要一个进程运行，可以有多个进程就绪，多个进程阻塞。假如说没有进程阻塞，则系统中有一个进程运行，4 个进程就绪。如果系统中有 5 个进程阻塞，或者有一个进程运行，4 个进程阻塞，则系统中无就绪进程。所以本题答案为 4，0。

2.5.3　综合题

【例 2.13】进程和程序有什么关系？

解析：考察进程和程序的区别和联系。答案要点如下：

进程是一个动态的概念，程序是个静态的概念。进程的存在期是在其运行期间，而程序却可以长久保存。进程可以并发执行，而程序却不可以。一个程序也可以对应多个进程。

【例 2.14】某系统的进程状态转换如图 2-7 所示，请说明：

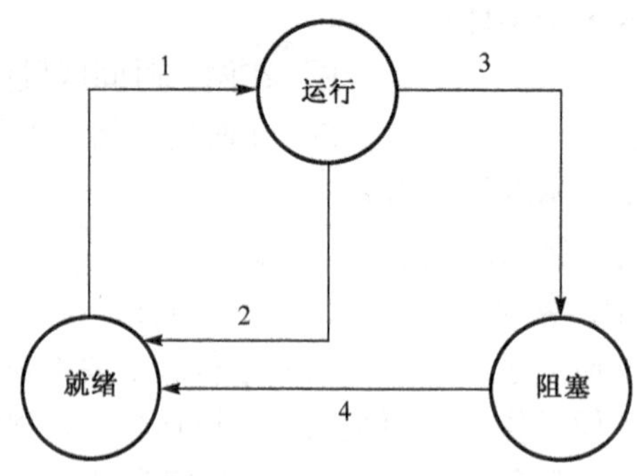

图 2-7　状态转换图

1．引起各种状态转换的典型事件有哪些？

2．当我们观察系统中某些进程时，能够看到某一进程产生的一次状态转换能引起另一个进程作一次状态转换。在什么情况下，当一个进程发生转换 3 时能立即引起另一个进程发生转换 1？

解析：

1．在本题所给的进程状态转换图中，存在四种状态转换。当进程调度程序从就绪队列中选取一个进程投入运行时引起转换 1；正在执行的进程如因时间片用完而被暂停执行就会引起转换 2；正在执行的进程因等待的事件尚未发生而无法执行(如进程请求完成 I/O)则会引起转换 3；当进程等待的事件发生时(如 I/O 完成)则会引起转换 4。

2．如果就绪队列非空，则一个进程的转换 3 会立即引起另一个进程的转换 1。这是因为一个进程发生转换 3 意味着正在执行的进程由执行状态变为阻塞状态，这时处理机空闲，进程调度程序必然会从就绪队列中选取一个进程并将它投入运行，因此只要就绪队列非空，一个进程的转换 3 能立即引起一个进程的转换 1。

【例 2.15】引发进程创建的事件有哪些？

解析：①系统初始化；②执行了正在运行的进程所调用的进程创建系统调用；③用户请求创建一个新进程；④一个批处理作业的初始化。

2.6　本 章 小 结

本章首先介绍了程序的顺序执行和并发执行，阐述了进程引入的必要性。着重介绍了进程的定义和结构，还介绍了进程和程序之间的区别和联系。进程是程序在进程控制块的管理下在某一个数据集合上的一次执行，是系统进行资源分配和调度的基本单位。进程和程序是相互联系又相互区别的一对概念。进程是一个动态的概念，程序是个静态的概念。进程的存在期是在其运行期间，而程序却可以长久保存。进程可以并发执行，而程序却不可以。一个程序也可以对应多个进程。

本章着重介绍了进程的四个特征、进程控制块的作用和内容、进程的三个基本状态以及进程控制。进程具备并发性、动态性、独立性、异步性四大特征。进程在生命周期中会经历三种基本状态：就绪、运行和阻塞。当一个进程占有处理机运行时，则称该进程处于运行状态。当一个进程获得了除处理机以外的一切所需资源，一旦得到处理机即可运行，则称此进程处于就绪状态。一个进程正在等待某一事件发生而暂时停止运行，这时即使把处理机分配给进程也无法运行，故称该进程处于阻塞状态。进程在一定条件下会在三个基本状态之间转换。

本章还介绍了进程控制和线程。进程控制负责进程的创建、进程的撤销、进程的阻塞与唤醒等任务。创建进程、撤销进程、阻塞和唤醒进程都是由一定的事件引发，并需要调用特定的原语操作。为了使系统具有更好的并发能力同时又尽可能不增加系统的开销，在进程基础上又提出了线程的概念，线程有时被称为轻量级进程，是程序中一个单一的顺序控制流程。线程是进程中的一个实体，是被系统独立调度和分派的基本单位。线程共享进程资源。从实现上来看，线程可以分为用户级线程和核心级线程。

习　　题

一、单项选择题

1．下面对进程的描述中，错误的是(　　)。

A．进程是动态的概念　　B．进程执行需要处理机

C．进程是有生命期的　　D．进程是指令的集合

2．下列步骤中，(　　)不是创建进程所必需的。

A．建立一个进程控制块　　B．为进程分配内存

C．为进程分配 CPU　　D．将其控制块放入就绪队列

3．进程从运行状态变为阻塞状态的原因是(　　)。

A．输入或输出事件发生　　B．时间片到

C．输入或输出事件完成　　D．某个进程被唤醒

4．在单处理机系统中，处于运行状态的进程(　　)。

A．只有一个　　B．可以有多个

C．不能被阻塞　　D．必须在执行完后才能被撤下

5．一个进程被唤醒意味着(　　)。

A．该进程的优先数变大　　B．该进程获得了 CPU

C．该进程从阻塞状态变为就绪状态　　D．该进程排在了就绪队列的队首

6．进程控制块是描述进程状态和特性的数据结构，一个进程(　　)。

A．可以有多个进程控制块　　B．可以和其他进程共用一个进程控制块

C．可以没有进程控制块　　D．只能有唯一的进程控制块

二、填空题

1．操作系统通过________对进程进行管理。

2．多道程序环境下，操作系统分配资源以________为基本单位。

3．进程在其生存期内的三个基本状态是________、________、________。

三、综合题

1．操作系统中为什么要引入进程的概念？

2．试说明 PCB 的作用。

3．为了支持进程状态的变迁，OS 至少要提供哪些进程控制原语？

第 3 章　进程同步与通信

内容提要：

本章主要讲述以下内容：①进程同步的概念，进程间的两种制约关系；②临界资源，临界区，实现互斥的软件方法和硬件方法；③信号量的概念，PV 操作；④用互斥信号量来实现进程互斥，哲学家进餐问题，读者/写者问题；⑤进程同步关系，使用同步信号量实现进程同步，简单的生产者/消费者问题；⑥用资源信号量实现进程间资源分配问题，复杂的生产者—消费者问题；⑦进程通信的类型，直接通信方式和间接通信方式。

学习目标：

理解进程同步的概念及进程间的两种制约关系；理解临界资源和临界区的概念，了解实现互斥的软件方法和硬件方法；掌握信号量的概念和 PV 操作；掌握用互斥信号量来实现进程互斥的方法，理解哲学家进餐问题和读者/写者问题；理解进程同步关系，掌握用同步信号量实现进程同步的方法，理解简单的生产者/消费者问题；掌握用资源信号量实现进程间资源分配的方法，理解复杂的生产者/消费者问题；了解进程通信的类型，直接通信方式和间接通信方式。

在引入了进程后，多个进程并发执行，共享系统里的各种资源，极大地提高了资源的利用率。但是资源的有限性决定了进程在资源的共享过程中也存在资源竞争。资源的共享和竞争使得系统中并发执行的进程间形成制约关系。这种制约关系称为同步。进程在工作中，也需要进行通信和相互配合。所以本章主要讲述进程同步和通信的一些知识。

3.1　进 程 同 步

进程的并发性和对资源的竞争导致进程运行是以异步的方式进行的，进程的运行结果具有不可再现性。而这种不可再现性往往是用户所不能容忍的，因此，系统必须采取必要的措施，协调进程之间的关系，使进程的运行结果具备可再现性。在多道程序环境下，操作系统往往采用进程同步的手段来协调进程之间的各种制约关系。进程同步的任务也就是其作用是使并发执行的诸进程之间能有效共享资源和相互合作，从而使程序的执行有可再现性。

首先来了解一下进程在并发执行过程中存在的两种制约关系。

第一种称作间接制约关系，也叫互斥关系。拥有间接制约关系的进程之间并不存在直接的交互。它们之间的关系是由共享某一公有资源而引起的。例如进程 A 和进程 B 都需要使用打印机，那么进程 A 和进程 B 因为共享打印机而存在间接制约关系。另外一个例子，假如进程 A 和进程 B 中都要用到变量 i，那么进程 A 和进程 B 因为这个公共变量也存在了间接制约关系。

另外一种关系称为直接相互制约关系，也叫同步关系。这种关系一般存在于合作进程之间。假如进程 A 能够产生数据，而这些数据又作为进程 B 的输入被使用，我们就称进程 A 和进程 B 之间是直接相互制约关系。

进程之间的这两种制约关系，如果不加以协调控制，就会使进程的运行以我们期待之外的方式进行。先拿间接相互制约关系中的例子来看。如果并发执行的进程 A 和进程 B 都要使用打印机，假如不加控制，可能会出现进程 A 打印一次数据，进程 B 打印一次数据，然后再由进程 A 使用，打印一次后，进程 B 又获得打印机，如此往复直到两个进程的数据打印完毕。如果是这样并发使用，两个进程打印的数据将会混杂在一起输出，这显然不是我们想要的结果。

共享变量的例子也是一样，如果进程 A 中对公共变量 I 执行加 1 操作，而进程 B 对变量执行减 1 操作。这两个操作如果一前一后执行时，不论谁先执行谁后执行，结果都是正确的。但当两个操作并发执行时，容易出错。两个操作用机器语言描述都包含三个动作，从内存中取出数据到寄存器，在寄存器中执行加 1 或减 1 操作，将执行结果放回内存。假如说两个进程中对 I 的操作并发执行，那么有可能出现这种情况，进程 A 中的 I=I+1 操作开始执行，先把内存中 I 的值取出来放到寄存器中，执行加 1 操作，当结果尚未放回内存时，进程 B 就开始从内存取数据执行减 1 操作，然后将寄存器中的数据放回内存，等它放回之后，A 的操作结果才放回内存，把之前 B 的结果覆盖。这种并发得出的结果显然是不正确的。

在这两个例子中，并发引起错误的原因就在于两个进程共享的资源其实不能同时使用。这种资源叫做临界资源，一次只能给一个进程使用，等这个进程使用完毕，其他进程才能使用。因此对使用这类资源的进程，要进行调控，保证诸进程互斥访问临界资源，即进程互斥。

而存在直接相互制约关系的进程之间，也需要协调相互合作的诸进程的执行次序，保证两个进程的顺利运行，这是狭义的同步，即进程同步。

也就是说进程同步包括，解决间接制约的进程互斥和解决直接制约的进程同步。

3.2　临界区管理

3.2.1　临界资源

在前面的内容中，我们讨论过，在资源共享时，有一类资源不能同时使用，当多个进程都需要使用某个该类资源时，一次只能有一个进程使用该资源，等这个进程使用完毕后，下一个进程才可以开始使用，否则会引发错误。这种每次仅允许一个进程访问的资源，我们把它称作临界资源。

属于临界资源的硬件有打印机、磁带机等。如果有多个进程同时使用同一个打印机或者磁带机，就会使多个进程的输出数据混合在一起。因此，并发进程都需要使用同一个硬件临界资源时，要控制进程一个一个的使用。

属于临界资源的软件有消息缓冲队列、变量、数组、缓冲区等。多个进程如果要同时修改这些数据结构时，会导致数据结果错误。因此，并发进程在共享同一数据结构时，也要避免某一时刻同时修改该数据。

也就是说不管是哪种类型的临界资源被多进程共享时，诸进程间都应采取互斥方式实现对这种资源的使用。要实现互斥地访问临界资源，就需要每个进程在使用共享资源前，首先检查该资源是否正被其他进程占用，如果有其他进程正在使用该资源，则该进程需要等待。如果该资源未被其他进程使用，则该进程可以申请使用此资源。

3.2.2 临界区

为了实现诸进程对临界资源的互斥访问，需要能够把进程中访问临界资源的那段代码识别出来，只要每个进程不同时执行访问临界资源的那段代码，就可以实现对资源的互斥使用。每个进程中访问临界资源的那段代码称为临界区。

在下面的例子中，进程 P0 和进程 P1 中都需要用到一个公共变量 i，那么进程代码中对 i 进行访问和修改的代码就是临界区。

```
P0()                                P1()
{                                   {
    ⋮                                   ⋮
    i=i+1;    // 临界区                  i=i-1;   //临界区
    ⋮                                   ⋮
                                        i=0;     //临界区
}                                   }
```

显然，若能保证诸进程互斥地进入自己的临界区，便可实现诸进程对临界资源的互斥访问。要想互斥的进入临界区，每个进程在进入临界区之前，应先对欲访问的临界资源进行检查，看它是否正被访问。如果此刻该临界资源未被访问，进程便可进入临界区对该资源进行访问，并设置它正被访问的标志，等使用完毕之后，再将标志设回未使用；如果此刻该临界资源正被某进程访问，则本进程不能进入临界区。

为了实现进程互斥地进入临界区，可以使用软件方法和硬件方法，更多的是在系统中采用专门的同步机制来控制协调各进程的运行。但不管是使用什么方法，临界区的使用都应该遵循以下的一些原则：①空闲准入，即如果没有进程进入自己的临界区时，也就是说资源未被使用，处于空闲状态时，允许一个并只允许一个请求进入临界区的进程进入到自己的临界区；②忙需等待，如果进程申请进入临界区时有其他进程正在执行临界区代码，这就意味着资源正被其他进程使用，处于忙碌状态，这时候申请进程需要等待；③有限停留，指一个进程不能无限地停留在临界区内；④有限等待，一个进程不能无限地等待进入临界区。

为了互斥地进入临界区，一般会在临界区之前加一段代码，这段代码的主要作用就是检查资源是否可用、申请资源、控制是否可以进入临界区，这段代码称为进入区。临界区执行完毕后，在临界区后面也加一段代码，这段代码的作用是退出临界区，归还资源，这段代码称为退出区。因此能够保证互斥访问临界资源的代码，完整的应该是包含三部分的。

```
P()
{
    ⋮
    进入区
    临界区
    退出区
    ⋮
}
```

3.2.3 实现互斥的软件方法

为了实现对临界区的互斥访问，一些学者试图用软件方法来实现。利用软件解决互斥问题的尝试有很多，我们对其中典型的一些算法进行讨论。

1. 单标志位算法

假如两个进程 P0、P1 都要用到某临界资源，为了互斥进入临界区，要设立一个公用整型变量 turn，turn 的取值为 0 或 1，用于标示哪个进程可以进入临界区。在每个进程的进入区设立循环语句，检查是否允许本进程进入。如果 turn 为 0 时，进程 P0 可进入，否则 P0 进程等待。如果 turn 为 1 时，进程 P1 可进入，否则 P1 进程等待。在每个进程的退出区，修改 turn 的值，允许另一个进程进入临界区。

```
int turn=0;
void P0( )                              void P1( )
{                                       {
    while(turn!=0);                         while(turn!=1);
      /* do nothing*;                         /* do nothing*/;
    ⋮                                       ⋮
    /*critical section*/;                   /*critical section*/;
     turn=1;                                 turn=0;
 }                                      }
```

使用一个标志来控制两个进程的互斥执行是我们能想到的最简单的也是最容易理解的方法，但是这个算法本身存在一定的限制。首先来分析两个进程有没有实现互斥进入临界区。假设 turn 的初始值为 0，那么进程 P0 的进入区代码“while(turn!=0);”执行完毕，进程 P0 可以进入临界区去执行，这期间如果 P1 想要进入临界区，要先执行进入区代码。此时 turn 的值为 0，“while(turn!=1);”是一个无限循环，P1 暂时无法进入到临界区。只有当 P0 退出临界区，执行了退出区代码 turn=1 之后，P1 进入区的“while(turn!=1);”才能结束循环，进入到临界区去执行。所以 P0 在执行临界区代码期间可以保证 P1 不能进入到临界区去执行。反过来也同样。

但是这个算法也存在一点问题，那就是进程强制轮流进入临界区。因为 turn 的值是在每个进程执行退出区的时候才做修改，那么在 P0 让出临界资源之后，P1 使用临界资源之前，turn 的值都为 1，P0 不可能再次使用临界区。而 P1 让出临界资源之后，P0 使用临界资源之前，turn 的值都为 0，P1 不可能再次进入临界区。这种被迫的轮流使用临界资源的做法，容易造成资源利用不充分。

2. 双标志算法一

双标志算法是对单标志算法的一个改进。为进程 P0、P1 设立各自的标志位 flag[0]、flag[1]。标志位的值为 1 或 0，1 表示进程在临界区，0 表示不在临界区。每个进程在进入区检查另一个进程是否在临界区，如果在就空循环等待。如果不在就将自己的标志位设为 1，开始进入临界区执行。执行完毕后，在退出区中把自己的标志位设为 0。

```
Int flag[2]={0, 0};
void P0( )                                    void P1( )
{                                             {
    while(flag[1]); /* do nothing*/;              while(flag[0]); /* do nothing*/;
     flag[0]=1;                                    flag[1]=1;
    ⋮                                             ⋮
    /*critical section*/ ;                        /*critical section*/ ;
     flag[0]=0;                                    flag[1]=0;

 }                                            }
```

这个算法可以解决上一个算法中存在的必须轮流执行的问题。当两个进程都没有进入临界区时，flag[0]、flag[1]的值都为0。如果当P0先开始要使用临界资源的时候，通过“while(flag[1])；”语句判断出P1进程没有进入临界区，则P0设置标志开始执行临界区代码。这期间P1如果想进入临界区，在执行“while(flag[0])；”语句时就会一直空循环，暂时不能进入临界区，除非P0执行完毕把flag[0]设为0。如果P0执行完毕，P1没有执行，P0可以继续进入临界区。

但是这个算法也会出现问题。例如当进程P0和进程P1都没有进入临界区时，即各自的访问标志flag都为0时，P0和P1如果要同时进入临界区，while语句都可以通过，进程进入下一个语句时将自己的访问标志设置为1，然后P0和P1都进入临界区访问，也就是说P0和P1并没有互斥进入临界区。

3. 双标志算法二

双标志算法一中的问题是由于先判断标志位后修改标志位引起的。因此可以考虑将算法改为各进程先修改自己的标志然后再判断对方进程是否在使用临界资源。算法会变为：

```
int flag[2]={0, 0};
void P0( )                                   void P1( )
{                                            {
    flag[0]=1;                                   flag[1]=1;
while(flag[1]); /* do nothing*/ ;            while(flag[0]); /* do nothing*/ ;
    ⋮                                            ⋮
    /*critical section*/ ;                       /*critical section*/ ;
     flag[0]=0;                                   flag[1]=0;
 }                                           }
```

但是在这个新算法中存在的问题是，如果双方进程都先将自己的访问标志设置为1，表示自己要访问临界资源，然后再判断对方是否访问临界资源，发现对方设置了访问标志为1，就只能在while语句上等待，但其实两个进程都没有进入临界区。

4. Peterson 算法

在前面各种算法尝试的基础上，科学家G.L.Peterson提出了Peterson算法。这个算法设计得很巧妙，他把前人提出的各种算法的思路综合起来，引入三个标志位控制两个进程对临界区的访问。

Peterson算法实现如下：

```
boolean flag[2]={false, false};
int turn;
void P0( )                                   void P1( )
{                                            {
    flag[0]=true;                                flag[1]=true;
    turn=1;                                      turn=0;
    while(flag[1]&&turn==1);                    while(flag[0]&&turn==0);
       /* do nothing*/ ;                          /* do nothing*/ ;
    ⋮                                            ⋮
    /*critical section*/ ;                       /*critical section*/ ;
     flag[0]=false;                              flag[1]=false;

}                                            }
```

在这个算法中设置了两个标志 flag[0]、flag[1]，分别用于表示 P0、P1 是否申请进入临界区内，如果申请进入临界区内，值为 true，如果未申请进入临界区内，值为 false。还设了一个整型变量 int，取值为 0 或 1，表示当前临界区针对 P0 还是 P1 开放。每个进程在进入临界区前把 flag[i]的值设为 true，在退出临界区时，把 flag[i]的值设为 false。

我们来考虑两个进程进入临界区的情况。先看进程 P0，如果进程 P0 申请进入临界区，它设置 flag[0]=true，turn=1，如果这时 P1 在临界区内，则 flag[1]=true，那么 flag[1]&&turn==1 的值为真(这时进程 P1 申请进入临界区且临界区对 P1 开放，即 P1 具备条件进入了临界区)，此时进程 P0 只能空循环来等待，不能进入临界区。如果 P1 不在临界区内，则 flag[1]=false，flag[1]&&turn==1 的值为假，循环结束，进程 P0 进入临界区。在临界区代码执行完毕之后，进程再将 flag[0]的值设为 false。进程 P1 的情况也是类似。借助 flag[0]、flag[1]和 turn 三个标志位可以实现 P0 和 P1 互斥进入临界区。

采用软件方法可以实现进程互斥使用临界资源，但它们通常能实现两个进程的互斥，很难控制多个进程的互斥，并且软件方法始终不能解决忙等现象，降低系统效率。

3.2.4 实现互斥的硬件方法

采用硬件方法也可以实现并发进程互斥地进入临界区。最常见的硬件方法有关中断、TS 指令等。

1. 关中断

通过硬件实现临界区最简单的办法就是关闭 CPU 的中断。从计算机原理我们知道，CPU 进行进程切换是需要通过中断来进行。如果屏蔽了中断就可以保证当前进程顺利地将临界区代码执行完，从而实现了互斥。这个办法的步骤就是：屏蔽中断——执行临界区——开中断。但是这种方法约束条件太强，付出的代价太大。因为中断被屏蔽以后，系统将无法响应任何外部请求，也不会响应当前执行进程的任何异常及系统故障，严重地降低了处理机性能。

2. TS 指令

利用一些专用机器指令也能实现互斥，机器指令在一个指令周期内执行，不会受到其他指令的干扰，也不会被中断。Test and Set 指令(简称 TS 指令)就是较常用的一种机器指令，其定义如下：

```
bool TS(bool &x)
{
    if(x)
      {
      x=false;
      return true;
      }
    else
      return false;
}
```

用 TS 指令实现临界区管理(互斥)的算法如下：

```
bool s=true;
process Pi()                // i = 0,1,2,…,n
{
    while(! TS(s) ) ;       //上锁
    临界区;
    s = true;               // 开锁

}
```

用 test_and_set 指令实现互斥时，可以为每个临界资源设置一个布尔变量 s 并赋予初值 true，表示该临界资源目前可用。当进程需要进入临界区时，先调用 TS 指令进行测试，如果无进程位于临界区，资源可用，则 TS 指令将 s 值赋为假，返回值为真，进程可进入临界区。如果有进程位于临界区，则 s 值为假，TS 的返回值为假，进程将一直执行空循环等待。从而实现了进程互斥。

3. Swap 指令

另一个常见的机器指令为对换(Swap)指令，它的功能是交换两个字的内容。在 Intel 80x86 中，对换指令称为 XCHG 指令。定义如下：

```
void Swap (bool &a, bool &b)
{
    bool temp=a;
    a=b;
    b=temp;
}
```

使用 Swap 指令实现进程互斥时，需要为每个临界区设置布尔型变量 lock，当值为 false 时代表无进程在临界区内。每个进程设置一个私有布尔变量 key。

用对换指令实现进程互斥的程序如下：

```
bool lock= false;                //无进程在临界区
process Pi ( )
{                                /* i = 1,2,…,n */
        bool key= true;
        do {
         swap(key, lock);
        } while(key);            //上锁
        临界区;
         swap(key, lock) ;       //开锁
}
```

3.3 信号量和 PV 操作

3.3.1 信号量的概念

使用软件方法和硬件方法虽然能够解决进程互斥访问临界区的问题，但都存在一些明显的缺陷。现在系统中多采用信号量机制去解决进程同步问题。信号量的概念是 1965 年由著名的荷

兰计算机科学家 Dijkstra 提出的。信号量的概念是模拟交通管制中使用的信号灯，信号灯是铁路交通管理中的一种常用设备，交通管理人员利用信号灯的状态(颜色)实现交通管理。Dijkstra 将使用信号来协调铁路这个公共资源的方法引用到进程同步中来，形成了信号量机制。

信号量其实就是一个记录型数据结构，这个记录型数据结构包含一个具有非负初值的整型变量和一个初始状态为空的等待队列。一般每一类资源对应一个信号量，其中的整型变量代表了可用资源的数目，等待队列里链接的是等待使用这种资源的进程。整型变量的值如果大于零，代表有多个资源可用。整型变量的值如果等于零，代表无可用资源。整型变量的值如果小于零，代表有进程在等待资源，整型变量的绝对值等于等待队列中进程的数目。

信号量是被保护的数据结构。除信号量的赋初值外，信号量的值仅能由两个同步原语改变。Dijkstra 将这两个同步原语命名为“P 操作(又称 wait 操作)”和“V 操作(又称 signal 操作)”(P、V 来源于荷兰文的“发信号”和“等待”二词的第一个字母)。信号量按其用途可分为：①互斥信号量：对应着某一临界资源，其初值均为 1。②资源信号量：对应着某一类共享资源，其初值为最初可用资源数目。③同步信号量：用于协调进程间的同步关系，初始值为 0 或 1。

3.3.2 PV 操作

PV 操作，又称 wait 操作和 signal 操作，是可以作用于信号量上的同步原语。所谓原语是由若干个机器指令构成的完成某种特定功能的一段程序，具有不可分割性，即原语的执行必须是连续的，在执行过程中不允许被中断。

wait 操作和 signal 操作定义如下：

```
typedef struct{       // 信号量类型定义
    int value;         // 信号量值
    struct process *list;   //等待队列指针
}semaphore;
wait(semaphore S)                          Signal(semaphore S)
{                                          {
    S.value--;                                 S.value++;
    if(S.value <0)                             if(S.value<=0)
{                                          {
    add this process to S.list;                remove a process P from S.list;
    block( );                                  wakeup(P);
    }                                          }
}                                          }
```

wait 操作的物理意义其实就是分配资源的过程。执行 wait 操作的时候，一般是进程要申请资源，资源量首先减 1，代表分配或预分配(无可用资源时预分配)。之后判断分配或预分配后资源数量是否小于零，如果小于零代表目前系统中无资源，之前为预分配，进程需排到等待队列等候资源。

signal 操作的物理意义其实就是回收资源的过程。执行 signal 操作时，一般是进程要归还资源，资源量首先加 1，如果加 1 后，资源数目依然小于等于零，这就意味着有进程在等待资源，这时候需要从等待队列中唤醒一个进程，获得资源去执行。

3.4 互斥信号量

3.4.1 用互斥信号量来实现进程互斥

要用信号量实现进程互斥，首先要为临界资源设置一互斥信号量 mutex，令其初始值为 1，然后在临界区之前加 wait(mutex)，临界区之后加 signal(mutex)。假设有两个进程 P1、P2 要共享一临界资源，可用信号量实现如下：

```
semaphore mutex;
mutex.value=1;
P1( )                              P2( )
{                                  {
wait(mutex);                       wait(mutex);
临界区;                             临界区;
signal(mutex);                     signal(mutex);
}                                  }
```

每一个进程在进入临界区之前都要执行 wait(mutex)操作，在退出临界区后要执行 signal(mutex)。如果 P1 要进入临界区，此时 P2 尚未进入临界区，则 mutex.value 的值为 1，P1 执行完 wait(mutex)后 mutex.value 变为 0，P1 进入临界区执行。在 P1 执行临界区代码期间，如果 P2 也要进入临界区，必须也要执行 wait(mutex)，这时，mutex.value 变为−1，进程 P2 阻塞进入等待队列等待。等到 P1 临界区代码执行完毕，P1 执行 signal(mutex)，mutex.value 由−1 变为 0，排在等待队列的进程 P2 被唤醒去执行。反过来情况，如果 P2 进入临界区，P1 去申请，情况类似。可以看出使用互斥信号量可以很好地实现进程互斥。但需要注意的是，互斥信号量的 PV 操作要成对出现。

3.4.2 哲学家进餐问题

哲学家就餐问题是一个经典的进程同步问题，该问题最早由 Dijkstra 提出，用以演示他提出的信号量机制。一个圆桌上坐着 5 个哲学家，他们每天的生活方式是交替进行吃饭和思考，圆桌上放了 5 个碗和 5 只筷子，每个哲学家同时拿起与他相近的两只筷子时才能吃饭，吃完，会放下两只筷子，继续思考。这是一个典型的进程互斥问题。将每个哲学家看做一个进程 Pi，则进程活动可描述如下：

```
Pi()
{
eat;
think;
}
```

其中每只筷子都是一个临界资源，可供两个哲学家共享。要想保证一只筷子一次只能有一个哲学家使用，就要为每个筷子创建一个互斥信号量 chopsticks[i]，哲学家 i 要想吃饭，必须通过执行 wait()操作试图获取相应的筷子，他会通过执行 signal( )操作以释放相应的筷子。算法描述如下：

```
semaphore chopstick[5]={1,1,1,1,1};
Pi()
{
    wait(chopstick[i]);
    wait(chopstick[(i+1)%5]);
    eat;
    signal(chopstick[i]);
    signal(chopstick[(i+1)%5]);
    think;
}
```

3.4.3 读者/写者问题

读者/写者问题是进程同步中的另一个经典问题。一组数据可以被多个进程共享，这些进程中一部分对这些数据只执行读操作，称为读者；另一部分可以对数据进行修改，称为写者。多个读者可以同时访问数据，但是读者和写者之间、写者与写者之间不能同时使用数据。我们先将读者写者的主要活动抽象如下：

```
Reader()                          Writer()
{                                     {
读数据;                               改数据;
}                                     }
```

我们先来讨论一个读者一个写者的情况。因为写者和读者之间必须互斥地使用数据，所以需要使用互斥信号量，当写者修改数据前，需要先申请数据的使用权，修改数据后，要释放数据的使用权。读者读数据时，为了防止读的过程中有写者使用数据，也需要先申请数据使用权。为了互斥使用数据，设互斥信号量 mutex。

```
semaphore mutex;
mutex.value=1;
Reader()                          Writer()
{                                     {
wait(mutex);                          wait(mutex);
读数据;                               改数据;
signal(mutex);                        signal(mutex);
}                                     }
```

我们再来讨论多个读者的情况，多个读者同时使用数据时，只有第一个读数据的进程才需要申请数据使用权，最后一个读数据的进程才需要释放数据的使用权。为统计读者数目，设变量 readernum，因为可能有多个读者同时使用 readernum，所以需要为共享变量 readernum 设一个互斥信号量 readermutex。

```
semaphore mutex,readermutex;
int readernum=0;
mutex.value=1;
readermutex.value=1;
Reader()                          Writer()
{                                     {
wait(readermutex);                    wait(mutex);
```

```
if(readernum==0) wait(mutex);           改数据;
readernum++;                            signal(mutex);
signal(readermutex);
读数据;                                 }
wait(readermutex);
readernum--;
if(readernum==0) signal(mutex);
signal(readermutex);
}
```

3.5 同步信号量

3.5.1 进程同步关系

我们在前面讨论过进程间的两种直接制约关系，其中直接相互制约关系主要存在于合作进程间。我们把异步环境下的一组并发进程因直接制约而互相发送消息、进行互相合作、互相等待，使得各进程按一定的速度执行的过程称为进程间的同步。具有同步关系的一组并发进程称为合作进程，合作进程间互相发送的信号称为消息或事件。如果我们对一个消息或事件赋以唯一的消息名，则我们可用过程 wait（消息名）表示进程等待合作进程发来的消息，而用过程 signal(消息名) 表示向合作进程发送消息。

3.5.2 使用同步信号量实现进程同步

假设进程 P0 中的操作 A 和进程 P1 中的操作 B 存在前驱后继的关系，要想实现这种同步关系，可以使用 PV 操作。如果设一个信号量 s1，当 P0 中的操作 A 执行过后，通过 signal 操作来发送信号。进程 P1 中的操作 B 执行前要通过 wait 操作来接收信号。

```
semaphore s1;
s1.value=0;
P0()                                P1()
{                                   {
A ;                                 wait(s1);
signal(s1);                         B ;
}                                   }
```

我们分析一下 P0 和 P1 之间的同步关系通过信号量 s1 是否得到了保障。s1 的初值为 0，如果 P0 先执行，则 A 执行过之后，执行 signal(s1)操作，s1 的值由 0 变为 1。P1 的 B 操作在执行前需要先执行 wait(s1)操作。则 P0 的 A 操作执行后，s1 的值为 1，P1 执行 wait(s1)，s1 的值由 1 变为 0，可以进入到 B 操作的执行。如果 P0 的 A 操作还没有执行，则 s1 的值为 0，P1 执行 wait(s1)，s1 的值由 0 变为−1，P1 需要阻塞，进入到 s1 的等待队列等待，暂时无法执行 B 操作，必须等待 A 操作执行后才能执行 B 操作。

如果我们想同时实现 A 操作执行后才能执行 B 操作，B 操作执行后才能执行 A 操作。这就包含了两个同步关系，需要设两个信号量，其中一个信号量的初值要设为 1，好让两个进程有一个先开始执行。

```
semaphore s1,s2;
s1.value=0;
s2.value=1;
P0()                                P1()
{                                    {
wait(s2);                            wait(s1);
A;                                   B;
signal(s1);                          signal(s2) ;
}                                    }
```

3.5.3 简单的生产者/消费者问题

生产者/消费者问题也是一个经典的进程同步问题，由 Dijkstra 提出，用以演示他提出的信号量机制。有两类进程，生产者进程生产物品，然后将物品放置在一个空缓冲区中供消费者进程消费。消费者进程从缓冲区中获得物品，然后使用物品。当生产者进程生产物品时，如果没有空缓冲区可用，那么生产者进程必须等待消费者进程释放出一个空缓冲区。当消费者进程消费物品时，如果没有满的缓冲区，那么消费者进程将被阻塞，直到新的物品被生产出来。

这两个进程的活动用代码简单描述如下：

```
Producer()                           Consumer()
{                                    {
生产物品;                             从缓存区中取物品;
将物品放到空缓冲区;                     使用物品;
}                                    }
```

我们先来考虑简单的情况，假设生产者和消费者之间只有一个缓冲区用来存放物品，这两个进程因为共享公共缓冲区而存在一个同步问题，即生产者放完物品消费者才能取物品，消费者取完物品生产者才能放物品，这就需要设置两个同步信号量 empty、full。生产者在放产品前先要通过 wait(empty)等待消费者的信号，在放产品之后通过 signal(full)向消费者发送信号。消费者在取产品前先要通过 wait(full)等待生产者的信号，在取物品之后通过 signal(empty)向生产者发送信号。

```
semaphore empty,full;
full.value=0;
empty.value=1;

Producer()                           Consumer()
{                                    {
生产物品;                             wait(full);
wait(empty);                         从缓存区中取物品;
将物品放到空缓冲区;                     signal(empty);
signal(full);                        使用物品;
}                                    }
```

3.6 资源信号量

3.6.1 用资源信号量实现进程间资源分配

要用信号量来控制使用某类资源的进程的数目，首先要为该类资源设置一资源信号量 S，其初始值为可用资源的数目，然后每个进程在使用资源之前加 wait(S) 申请资源，令资源数目减 1，表示系统中该类可用资源的数目少了一个。使用完毕之后加 signal(S) 释放资源，令可用资源数目加 1，表示系统中该类可用资源的数目多了一个。其实现如下：

```
semaphore S;
S.value=n;
Pi ()
{
wait(S);
资源使用;
Signal(S);
}
```

S 的初始值为 n，意味着最多有 n 的进程可以同时使用该类资源，当前 n 个进程申请该资源时，都执行 wait(S) 操作，S.value 的值每次减 1，直到为 0，当第 n+1 个进程申请资源时，执行 wait(S) 操作，S.value 的值变为-1，该进程申请不到资源，只能排队阻塞。

3.6.2 复杂的生产者消费者问题

在前面的内容中我们讨论了简单的生产者/消费者问题。现在我们来讨论一个稍微复杂点的情况。如果一个生产者和一个消费者之间设置的是包含 n 个缓冲区的存储区域，那么我们可用资源信号量来控制缓冲区的使用，用 empty、full 分别表示可用的空的缓冲区的数目和可用的满的缓冲区的数目。当生产者放一个产品前申请使用空的缓冲区，空的缓冲区数目减 1，放产品后，满的缓冲区数目加 1。消费者取一个产品前申请使用满的缓冲区，满的缓冲区数目减 1，放产品后，空的缓冲区数目加 1。同时我们还得对缓冲区编号(缓冲区 1，缓冲区 2，……，缓冲区 n)，设两个整型指针 in 和 out 分别指向生产者和消费者可以用的缓冲区，每次生产者放产品后 in 指针后移加 1，取产品后 out 指针后移加 1。多个缓冲区可循环使用，通过 mod 运算来实现。

```
semaphore empty,full;
int in=0, out=0;
full.value=0;
empty.value=n;
Producer()                              Consumer()
{                                       {
生产物品;                                wait(full);
wait(empty);                            从 out 指向的缓存区中取物品;
将物品放到 in 指向的缓冲区;              out=(out+1)mod n;
in=(in+1)mod n;                         signal(empty);
signal(full);                           使用物品;
}                                       }
```

3.7 进 程 通 信

3.7.1 进程通信的类型

进程间通信就是在不同进程之间传播或交换信息。根据进程通信时信息量大小的不同，可以将进程通信划分为两大类型：控制信息的通信和大批数据信息的通信。前者称为低级通信，后者称为高级通信。低级通信主要用于进程之间的同步、互斥、终止等控制信息的传递。而高级通信主要用于进程之间大量数据的传送、交换和共享。低级通信常用的信号量等方法我们在前面已经讲过了。在这一节我们将介绍进程高级通信机制。常用的进程高级通信方法有共享内存区、管道通信和消息传递机制三种。

共享内存区：共享内存是一种最为高效的进程间通信方式，进程可以直接读写内存，而不需要任何数据的拷贝。为了在多个进程间交换信息，内核专门留出了一块内存区，可以由需要访问的进程将其映射到自己的私有地址空间。进程就可以直接读写这一块内存而不需要进行数据的拷贝，从而大大提高效率。由于多个进程共享一段内存，因此也需要依靠某种同步机制。共享内存的操作流程是首先创建/打开共享内存，映射共享内存，即把指定的共享内存映射到进程的地址空间用于访问，映射建立后可以像使用自身数据所在的内存空间一样对数据进行访问，数据访问后撤销共享内存映射，最后删除共享内存对象。

管道通信：管道是一种使用非常频繁的通信机制。从本质上说，管道也是一种文件，但它又和一般的文件有所不同。管道连接两个进程或者同一个进程的不同代码，按照管道的类别分有两种，匿名管道和命名管道；按照管道的传输方向分也可以分成两种，单向和双向管道。根据管道的特点，命名管道通常用在网络环境下不同计算机上运行的进程之间的通信(当然也可以用在同一台计算机的不同进程中)，它可以是单向或双向的；而匿名管道只能用在同一台计算机中，它只能是单向的。使用管道的好处在于：读写它使用的是对文件操作的 API，操作管道就和操作文件一样。即使你在不同的计算机之间用命名管道来通信，你也不必了解和自己去实现网络间通信的具体细节。

消息传递机制：消息传递系统的功能是允许进程与其他的进程进行通信而不必借助共享数据。用户进程之间的通信通过传递格式化的消息完成。系统提供两种操作 send(message) 和 receive(message) 来完成信息的发送和接收。消息传递系统可分为直接通信和间接通信，使用直接通信时，发送进程利用 OS 所提供的发送命令，直接把消息发送给目标进程。使用间接通信时，发送进程将消息发送到某种中间实体中(信箱)，接收进程从该中间实体中取得消息，也称信箱通信。在下面一节中，将对这两种通信方式进行进一步介绍。

3.7.2 直接通信和间接通信方式

1. 直接通信方式

直接通信方式使用系统提供的两条通信原语 send 和 receive，将消息直接发送给目标进程。如：

```
send(dest, msg)          // 将消息 msg 发送到目标(进程)dest 中
receive(src, msg)        // 接收由 src 过来的 msg
```

在调用这两个通信原语时，发送进程和接收进程的标示符要显式给出。

消息传递系统如果面临位于网络中不同机器上的进程通信时，情况会稍微有点复杂，将需要解决更多的问题，如：消息可能被网络丢失，一般使用确认消息。如果发送方在一定的时间段内没有收到确认消息，则重发消息。如果消息本身被正确接收，但是返回的确认消息丢失，发送方则重发消息，这样接收方就会收到两份同样的消息。一般使用在每条原始消息的头部嵌入一个连续的序号来解决这个问题。

我们可以用直接通信方式来实现前面讨论过的生产者/消费者的问题。

```
/* 生产者进程 */
void producer()
{
        int item;
        message msg;                              // 消息缓冲区
        while(1)
        {
         item = procedure_item();                 // 生成数据
         receive(consumer, &msg);                 // 等待消费者发送空的缓冲区
         build_msg(&msg, item);                   // 创建待发送消息
         send(consumer, &msg);                    // 发送数据项给消费者
        }
}

/* 消费者进程 */
void consumer( )
{
        int item, i;
        message msg;
        send(producer, &msg);                     // 发送给生产者一个空缓冲区
        while(1)
        {
         receive(producer, &msg);                 // 接收包含数据项的消息
         item = extract_item(&msg);               // 解析消息，并组装成数据项
         send(proceduer, &msg);                   // 然后又将空缓冲区发送回生产者
         consumer_item(item);                     // 处理数据项
        }
}
```

在这个解决方案中，消费者进程这边首先将一条空消息发送给生产者。当生产者向消费者传递一个数据项时，是通过取走每一条接收到的空消息，然后送回填充了内容的消息给消费者的。

2. 间接通信方式(信箱)

在使用间接通信方式时，发送进程把消息发送到某个中间实体中，接收进程从中间实体中取得消息。这种中间实体一般称为信箱，这种通信方式又称为信箱通信方式。该通信方式广泛用于计算机网络中，相应的通信系统称为电子邮件系统。

系统中提供的相关原语用于信箱的创建和撤销，信息的发送和接收。其中发送原语为

send(mailbox，message)，它的功能为发送信件，如果指定的信箱未满则将信件送入信箱中并释放等待该信箱中的信件的等待者；否则发送信件者被置成等待信箱状态。接收原语为receive(mailbox，message)，它的功能为接收信件，如果指定信箱中有信则取出一封信件并释放等待信箱的等待者，否则接收信件者被置成等待信箱中信件的状态。

在利用信箱通信时，在发送进程和接收进程之间，存在着四种关系：一对一关系，即可以为发送进程和接收进程建立一条专用的通信链路；多对一关系，允许提供服务的进程与多个用户进程进行交互，也称客户/服务器交互；一对多关系，允许一个发送进程与多个接收进程交互，使发送进程用广播的形式发送消息；多对多关系：允许建立一个公用信箱，让多个进程都能向信箱投递消息，也可取走属于自己的消息。

3.8 典型例题讲解

3.8.1 单项选择题

【例 3.1】下面关于临界区的叙述中，正确的是(　　)。

A．临界区可以允许规定数目的多个进程同时执行

B．临界区只包含一个程序段

C．临界区是必须互斥地执行的程序段

D．临界区的执行不能被中断

解析：对临界区概念的考察。临界区是访问临界资源的、必须互斥地执行的程序段。即，当一个进程在某个临界段中执行时，其他进程不能进入相同临界资源的任何临界段。所以本题答案为 C。

【例 3.2】对于两个并发进程，设互斥信号量为 mutex，若 mutex.value=0，则(　　)。

A．表示没有进程进入临界区

B．表示有一个进程进入临界区

C．表示有一个进程进入临界区，另一个进程等待进入

D．表示有两个进程进入临界区

解析：对互斥信号量的考察。互斥信号量的初值一般为 1，当有进程访问资源后，互斥信号量值为 0，此时如果又有进程申请使用资源，互斥信号量值变为–1，申请进程等待。所以当互斥信号量值为 0 时，表明有进程进入临界区，但是无进程在等待进入。本题答案为 B。

【例 3.3】两个进程合作完成一个任务。在并发执行中，一个进程要等待其合作伙伴发来消息，或者建立某个条件后再向前执行，这种制约性合作关系被称为进程的(　　)。

A．同步　　B．互斥　　C．调度　　D．执行

解析：对进程同步概念的考察。本题答案为 A。

【例 3.4】进程间的间接通信方式是指(　　)。

A．源进程将消息发送给管道　　B．源进程将消息发送给缓冲区

C．源进程将消息发送给信箱　　D．源进程将消息直接发送给目标进程

解析：对间接通信方式概念的考察。本题答案为 C。

【例 3.5】若系统中有 5 个并发进程涉及某个相同的变量 A，则变量 A 的相关临界区最少是由(　　)临界区构成。

A．2个　　B．3个　　C．4个　　D．5个

解析：对临界区概念的考察。本题答案为D。

【例3.6】P、V操作是(　　)。

A．两条低级进程通信原语　　B．两组不同的机器指令

C．两条系统调用命令　　D．两条高级进程通信原语

解析：对PV操作的考察。本题答案为A。

3.8.2 填空题

【例3.7】在具有N个进程的系统中，允许M个进程(N≥M≥1)同时进入它们的共享区，其信号量S的值的变化范围是________，处于等待状态的进程数最多是________个。

解析：信号量S用于控制进入共享区的进程数，初值为M。极端情况是N个进程都需要进入共享区。所以答案为(M–N，M)，N–M。

【例3.8】信号量的物理意义是当信号量值大于零时表示________；当信号量值小于零时，其绝对值为________。

解析：对信号量物理意义的考察。答案为可用资源的数目，因请求该资源而被阻塞的进程数目。

【例3.9】用V操作唤醒一个等待进程时，被唤醒进程的状态变为________。

解析：对PV操作和进程状态的综合考察。答案为就绪。

【例3.10】有两个用户进程A和B，在运行过程中都要使用系统中的一台打印机输出计算结果，则A、B两进程之间为________制约关系。

解析：对两种制约关系的考察。答案为间接(或互斥)。

3.8.3 综合题

【例3.11】某控制系统中，数据采集进程负责把采集到的数据放到一缓冲区中，分析进程负责把数据从缓冲区中取出进行分析，试用信号量实现两者之间的同步。

解析：这两个问题其实就是简单的生产者/消费者问题。设置两个同步信号量，借助同步信号量实现放数据/取数据、取数据/放数据这两个同步关系。

答案如下：

```
semaphore empty,full;
full.value=0;
empty.value=1;
datacollector()
{
采集数据;
wait(empty);
将数据放到空缓冲区;
signal(full);
}
dataanalyser()
{
wait(full);
从缓存区中取数据;
```

```
    signal(empty);
    分析数据;
    }
```

【例3.12】前面讨论过的生产者/消费者问题再扩展一下，假如有一组生产者，一组消费者，公用 n 个环形缓冲区，使用信号量解决。

解析：多个生产者之间会存在互斥问题，而多个消费者之间也存在互斥问题，所以需要增加两个互斥信号量，答案如下。

定义四个信号量：

empty——表示缓冲区是否为空，初值为 n。

full——表示缓冲区中是否为满，初值为 0。

mutex1——生产者之间的互斥信号量，初值为 1。

mutex2——消费者之间的互斥信号量，初值为 1。

设缓冲区的编号为 1～n-1，定义两个指针 in 和 out，分别是生产者进程和消费者进程使用的指针，指向下一个可用的缓冲区。

生产者进程：

```
while(TRUE)
{
    生产一个产品;
    P(empty);
    P(mutex1);
    产品送往 buffer(in);
    in=(in+1)mod n;
    V(mutex1);
    V(full);
}
```

消费者进程:

```
while(TRUE)
{
  P(full);
  P(mutex2);
  从 buffer(out)中取出产品;
  out=(out+1)mod n;
  V(mutex2);
  V(empty);
}
```

【例 3.13】桌子上有一只盘子，每次只能放入或取出一个水果。现有许多苹果和橘子。一家四口人各行其职。爸爸专向盘子中放苹果，妈妈专向盘子中放橘子，儿子专等吃盘子中的橘子，女儿专等吃盘子中的苹果。请用 PV 操作来实现四人之间的同步算法。

解析：这个问题中存在互斥使用盘子的问题，以及放完苹果才能吃苹果、放完橘子才能吃橘子的同步关系，所以要用到一个互斥信号量、两个资源信号量。解答如下：

设置信号量 empty 表示盘子的状态。初值：empty.value =1。

设置信号量 apple 表示盘子中的苹果。初值：apple.value =0。

设置信号量 orange 表示盘子中的橘子。初值：orange.value =0。

爸爸：

```
L1:  P(empty);
     放苹果;
     V(apple);
     Goto L1;
```

妈妈：

```
L2:  P(empty);
     放橘子;
     V(orange);
     Goto L2;
```

女儿：

```
L3:  P(apple);
     取苹果;
     V(empty);
     Goto L3;
```

儿子：

```
L4:  P(orange);
     取橘子;
     V(empty);
     Goto L4;
```

【例 3.14】假定一个阅览室最多可容纳 100 人，读者进入和离开阅览室时都必须在阅览室门口的一个登记表上进行登记，而且每次只允许一人进行登记操作。用信号量实现该过程。

解析：这个问题中存在互斥使用登记表的问题，以及资源控制的问题。所以需要使用一个互斥信号量 ，一个资源信号量。答案如下：

设置信号量 S：控制进入阅览室的人数，初值=100。

设置信号量 mutex：控制登记表的互斥使用，初值=1。

```
reader_i( ) (i=1,2,…,k)
{
        P(S);
        P(mutex);
        写登记表;
        V(mutex);
        阅读;
        P(mutex);
        写登记表;
        V(mutex);
        V(S);
        离开;
}
```

【例 3.15】在一个盒子里，混装了数量相等的黑白围棋子。现在用自动分拣系统把黑子、白子分开，设分拣系统有两个进程 P1 和 P2，其中 P1 拣白子，P2 拣黑子。规定每个进程每次拣一子。当一个进程拣完一子时，必须让另一个进程去拣。用信号量和 PV 操作协调两进程的活动。

解析：这个问题中主要是进程同步问题。进程 P1 捡完白子之后，进程 P2 去捡黑子，这是一个同步关系。进程 P2 捡黑子之后，进程 P1 去捡白子，这是另一个同步关系。所以需要使用两个同步信号量。答案如下：

```
semaphore S1, S2;
S1.value=1; S2.value=0;
 P1( )
{
     while(true)
     {
     P(S1);
     拣白子;
     V(S2);
     }
}
P1( )
{
    while(true)
    {
     P(S2);
     拣黑子;
     V(S1);
     }
}
```

3.9 本 章 小 结

本章首先介绍了进程同步的概念以及进程间的直接相互制约关系和间接相互制约关系。进程同步是操作系统用来协调进程之间的各种制约关系，促使并发执行的诸进程之间能有效共享资源和相互合作，从而使程序的执行有可再现性的技术手段。进程之间存在两种关系，一种是由于共享临界资源而形成的关系，称作间接制约关系，也叫互斥关系。另外一种是因为进程合作而产生的关系，称为直接相互制约关系，也叫同步关系。

本章还详细介绍了临界资源、临界区的概念，以及可以实现临界区互斥进入的软件方法和硬件方法。一段时间之内只允许一个进程访问的资源是临界资源，访问临界资源的代码称为临界区。要互斥使用临界资源，只需要使进程互斥地进入临界区就可以实现。要保证进程互斥进入临界区，既可以使用软件方法，也可以使用硬件的方法。使用最多的还是信号量机制。不管使用的是什么方法，临界区使用都要遵循空闲准入、忙需等待、有限停留、有限等待的原则。

本章着重介绍了信号量机制，信号量是一种特殊的结构型变量，对信号量只能进行 PV 操作；用互斥信号量可以实现进程互斥，最典型的例子是哲学家进餐问题和读者/写者问题；具有合作关系和前驱后继关系的进程之间存在进程同步关系，使用同步信号量可以实现进程同步，典型的例子有简单的生产者/消费者问题；使用资源信号量可以控制进程间资源分配，典型的例子有复杂的生产者/消费者问题。

最后还介绍了常见的三种进程通信类型：共享内存区，管道通信和消息传递机制。消息传递系统可分为直接通信和间接通信，使用直接通信时，发送进程利用 OS 所提供的发送命令，直接把消息发送给目标进程。使用间接通信时，发送进程将消息发送到某种中间实体中(信箱)，接收进程从该中间实体中取得消息，也称信箱通信。

习　　题

一、单项选择题

1. 信箱通信是一种(　　)通信方式。

A. 直接　　B. 间接　　C. 低级　　D. 信号量

2. (　　)是一种只能进行 P 操作和 V 操作的特殊变量。

A. 调度　　B. 进程　　C. 同步　　D. 信号量

3. 有 m 个进程共享同一临界资源，若使用信号量机制实现对临界资源的互斥访问，则信号量值的变化范围是(　　)。

A. –(m–1)至 1　　B. 0 至 m–1　　C. 1 至 m　　D. –m 至 1

4. 在一段时间内，只允许一个进程访问的资源称为(　　)。

A. 共享资源　　B. 临界区　　C. 临界资源　　D. 共享区

5. 在操作系统中，对信号量 S 的 P 原语操作定义中，使进程进入相应阻塞队列等待的条件是(　　)。

A. S>0　　B. S=0　　C. S<0　　D. S<=0

6. 某一时刻某一资源的信号量 S=0，它表示(　　)。

A. 该时刻该类资源的可用数目为 1　　B. 该时刻该类资源的可用数目为–1

C. 该时刻等待该类资源的进程数目为 1　　D. 该时刻等待该类资源的进程数目为 0

二、填空题

1. 用 P、V 操作管理临界区时，任何一个进程在进入临界区之前应调用________操作，退出临界区时应调用________操作。

2. 临界资源的概念是________，而临界区是指________。

3. 每执行一次 P 操作，信号量的数值 S 减 1。若 S>0，则该进程________；若 S<0，则该进程________。

4. 每执行一次 V 操作，信号量的数值 S 加 1。若________，则该进程继续执行；否则，从对应的________队列中移出一个进程并将________状态赋予该进程。

5. 高级进程通信方式大致分为三大类：________、________和________。

6. 用来实现互斥的同步机制应该遵循________、________、________和________四条准则。

三、综合题

1. 有座东西方向架设、可双向通行的单车道简易桥，最大载重负荷为 4 辆汽车。请定义合适的信号量，正确使用 PV 操作，给出任一车辆通过该简易桥的管理算法。

2. 设在公共汽车上，司机和售票员的活动分别是：

司机：启动车辆，正常行车，到站停车。售票员：上乘客，关车门，售票，开车门，下乘客。用PV操作对其控制。

3．理发师问题：理发店里有一位理发师、一把理发椅和n把供等候理发的顾客坐的椅子。如果没有顾客，理发师便在理发椅上睡觉，一个顾客到来时，它必须叫醒理发师，如果理发师正在理发时又有顾客来到，则如果有空椅子可坐，就坐下来等待，否则就离开。试用pv操作实现理发师问题。

4．现有四个进程R1、R2、W1、W2，它们共享可以存放一个数的缓冲器B。进程R1每次把来自键盘的一个数存入缓冲器B中，供进程W1打印输出；进程R2每次从磁盘上读一个数存放到缓冲器B中，供进程W2打印输出。为防止数据的丢失和重复打印，问怎样用信号量操作来协调这四个进程的并发执行。

5．如果有三个进程R、W1、W2共享一个缓冲器B，而B中每次只能存放一个数。当缓冲器中无数时，进程R可以将从输入设备上读入的数存放到缓冲器中。若存放到缓冲器中的是奇数，则允许进程W1将其取出打印；若存放到缓冲器中的是偶数，则允许进程W2将其取出打印。同时规定：进程R必须等缓冲区中的数被取出打印后才能再存放一个数；进程W1或W2对每次存入缓冲器的数只能打印一次；W1和W2都不能从空缓冲器中取数。写出这三个并发进程能正确工作的程序。

第 4 章　处理机调度与死锁

内容提要：

本章主要讲述以下内容：①处理机调度的层次、调度队列模型、调度方式和调度算法的若干准则；②六种主要的处理机调度算法；③实时调度的基本理论和常用的两种算法；④死锁产生的原因和必要条件、死锁的预防与避免以及检测和解除等内容。

学习目标：

了解处理机调度的一些基本概念，理解调度队列模型和调度准则；掌握各种处理机调度算法；掌握死锁产生的原因和形成条件；理解死锁预防的方法；掌握银行家算法；理解死锁的检测与解除；理解死锁综合处理的方法；了解饥饿和活锁的概念。

处理机是计算机系统中最重要的资源。在多道程序设计环境下，如何把处理机分配给某个作业或进程，使得处理机的利用率最大化，提高整个计算机系统的性能，是一个非常重要的问题。分配处理机的任务是由处理机调度程序完成的，处理机调度程序性能的好坏直接影响着计算机系统的性能。

4.1　处理机调度的概念

4.1.1　处理机调度的层次

在大型通用系统中，众多用户共用系统中的一台主机，可能有数百个作业放在磁盘的作业队列中。如何从这些作业中选出一些放入主存，如何在作业或进程之间分配 CPU，是操作系统资源管理中的一个重要问题。对于高端网络工作站和服务器来说，往往有多个进程竞争 CPU，调度工作非常重要，除了要挑选合适的进程投入运行外，调度程序还要关注 CPU 的利用率。所以，在不同的操作系统中采用的调度方式并不完全相同，有的系统中仅采用一级调度，而有的系统采用两级或三级，并且所用的调度算法也可能完全不同。

一般来讲，作业从进入系统到最后完成，可能要经历三级调度：高级调度、中级调度和低级调度，这是按调度层次进行分类的。

1. 高级调度

高级调度又称为作业调度或长程调度。其主要功能是根据一定的算法，从输入的一批作业中选出若干作业，分配必要的资源，为它们建立相应的用户作业进程和为其服务的系统进程，最后把它们的程序和数据调入内存，等待进程调度程序对其执行调度，并在作业完成后做善后处理工作。由于高级调度的对象是作业，故先对作业的基本概念进行简单介绍。

1）作业和作业步

作业是用户一次请求计算机系统为其完成任务所做工作的总和。它通常包括程序、数据和作业说明书，系统根据说明书对程序进行控制。在批处理系统中，是以作业为基本单位从外存调入内存的。

作业步是指每个作业在运行期间，都必须经过若干个相对独立、又相互关联的顺序加工步骤，其中的每一个加工步骤称为作业步。在各个作业步之间，往往是把上一个作业步的输出作为下一个作业步的输入。例如，一个典型的作业可分成三个作业步：①“编译”作业步，通过执行编译程序对源程序进行编译，产生若干个目标程序段；②“连接装配”作业步，将“编译”作业步所产生的若干个目标程序段装配成可执行的目标程序；③“运行”作业步，将可执行的目标程序读入内存并控制其运行。

作业流是指若干个作业进入系统后，依次存放在外存上形成的输入作业流；在操作系统的控制下，逐个作业进行处理，于是形成了处理作业流。

2）作业状态

作业从提交给系统，直到它完成任务后退出系统前，在整个活动过程中它会处于不同的状态。通常，作业状态分为提交、后备、执行和完成四种状态。提交状态是指用户向系统提交一个作业时，该作业所处的状态。后备状态指用户作业经过输入设备送入磁盘中存放，等待进入内存时所处的状态。执行状态是作业分配到所需的资源，被调入内存且在处理机上执行相应程序时所处的状态。完成状态指作业完成任务后，由系统回收分配给它的全部资源，准备退出系统时的作业状态。

3）作业控制块(Job Control Block，JCB)

为了管理和调度作业，在多道批处理系统中为每个作业设置了一个作业控制块。如同进程控制块是进程在系统中存在的标志一样，它是作业在系统中存在的标志，其中保存了系统对作业进行管理和调度所需的全部信息。在 JCB 中所包含的内容因系统而异，通常应包含的内容有作业标识、用户名称、用户账户、作业类型(CPU 繁忙型、I/O 繁忙型、批量型、终端型)、作业状态、调度信息、资源需求、进入系统时间、开始处理时间、作业完成时间、作业退出时间、资源使用情况等。

每当作业进入系统时，系统便为每个作业建立一个 JCB，根据作业类型将它插入相应的后备队列中。作业调度程序依据一定的调度算法来调度它们，被调度到的作业将会装入内存。在作业运行期间，系统就按照 JCB 中的信息对作业进行控制。当一个作业执行结束进入完成状态时，系统负责回收分配给它的资源，撤销它的作业控制块。

4）作业调度的功能

作业调度的主要功能是根据作业控制块中的信息，审查系统能否满足用户作业的资源需求，以及按照一定的算法，从外存的后备队列中选取某些作业调入内存，并为它们创建进程、分配必要的资源。然后再将新创建的进程插入就绪队列，准备执行。作业结束后进行善后处理，收回该作业占用的全部资源并撤销其 JCB。

在选择作业调度算法时，既应考虑用户的要求，又能确保系统具有较高的效率。在每次执行作业调度时，都须决定系统接纳多少个作业和接纳哪些作业。作业调度每次要接纳多少个作业进入内存，取决于系统所允许作业同时在内存中运行的个数。当内存中同时运行的作业数目太多时，可能会影响到系统的服务质量。但如果作业的数量太少时，又会导致系统的资源利用率和系统吞吐量太低。因此，接纳多少个作业应根据系统的规模和运行速度等情况做适当的折中。应将哪些作业从外存调入内存，这将取决于所采用的调度算法。在批处理系统中，最简单的是先来先服务调度算法，这是指将最早进入外存的作业最先调入内存。较常用的一种算法是短作业优先调度算法，是将外存上最短的作业最先调入内存。

在三种基本操作系统中，对作业调度的需求方式不同。在批处理系统中，作业进入系统后，总是先驻留在外存的后备队列上。因此需要有作业调度的过程，以便将它们分批地装入内存。

然而在分时系统中，为了做到及时响应，用户通过键盘输入的命令或数据等都是被直接送入内存的，因而无需再配置作业调度机制。类似地，在实时系统中通常也不需要作业调度。

2. 低级调度

低级调度又称为进程调度或短程调度。它所调度的对象是进程(或是线程)。进程调度是最基本的一种调度，在多道批处理、分时和实时系统中都配有这级调度。

1）进程调度的功能

进程调度时，首先需要保存当前进程的处理机的现场信息。然后按照某种算法如轮转法等，从就绪队列中选取一个进程，把它的状态改为运行状态，准备把处理机分配给它。由分派程序把处理机分配给进程。把选中进程的 PCB 内有关处理机现场的信息装入处理机相应的各个寄存器中，把 CPU 的控制权交给该进程，让它从取出的断点处继续运行。

2）进程调度的基本机制

进程调度机制由三个逻辑功能模块组成，分别是队列管理程序、上下文切换程序和分派程序。当一个进程转换为就绪状态时，其 PCB 会被更新以反映这种变化，队列管理程序将 PCB 指针放入等待 CPU 资源的进程列表中，每当把进程移入就绪队列时，可计算为此进程分配 CPU 的优先级进行备用。当调度程序把 CPU 从正在运行的进程那里切换至另一个进程时，上下文切换程序将当前运行进程的上下文信息保存到其 PCB 中，恢复选中进程的上下文信息，从而使其占用处理机运行。当一个进程让出 CPU 资源后，分派程序被激活。为了运行分派程序，需要将其上下文装入 CPU，分派程序从就绪队列中选择一个进程，而后完成从自身到所选择的进程间又一次上下文切换，把 CPU 让给被选中的进程。在一些计算机系统中，使用两组或多组硬件上下文寄存器来缩短上下文切换时间。CPU 在核心态使用一组寄存器，CPU 在用户态使用另一组寄存器。那么，在上下文切换的过程中，当操作系统与应用程序代码来回切换时，只需花费改变指向当前寄存器组的指针的时间。

3）进程调度方式

进程调度可采用两种调度方式。一种是非抢占方式，另一种是抢占方式。采用非抢占方式时，一旦把处理机分配给某进程后，不管它要运行多长时间，都一直让它运行下去。决不会因为时钟中断等原因而抢占正在运行进程的处理机，也不允许其他进程抢占已经分配给它的处理机。直至该进程完成，自愿释放处理机，或发生某事件而被阻塞时，才再把处理机分配给其他进程。这种调度方式的优点是实现简单，系统开销小，适用于大多数的批处理系统环境。采用抢占方式时，允许调度程序根据某种原则去暂停某个正在执行的进程，将已分配给该进程的处理机重新分配给另一进程。抢占方式的优点是，可以防止一个长进程长时间占用处理机，能为大多数进程提供更公平的服务，特别是能满足对响应时间有着较严格要求的实时任务的需求。但抢占方式比非抢占方式调度所需付出的开销较大。抢占调度方式是基于一定原则的，比如优先权原则、短作业优先原则和时间片原则等。

作业调度和进程调度是 CPU 最主要的两级调度。作业调度是宏观调度，它所选择的作业只具有获得处理机的资格，但尚未占有处理机，不能立即投入运行。而进程调度是微观调度，它根据一定的算法，动态地把处理机实际分配给所选择的进程。作业调度和进程调度执行的频率也不同。进程调度必须相当频繁地为 CPU 选择进程，而作业调度执行的次数很少。另外在一些系统中没有作业调度，即使有也很小。

3. 中级调度

中级调度又称中程调度。为使内存中同时存放的进程数目不致太多，有时需要把某些进程从内存中移到外存上，以减少多道程序的数目，为此设立中级调度。引入中级调度的主要目的是为了提高内存利用率和系统吞吐量。为此，应使那些暂时不能运行的进程不再占用宝贵的内存资源，而将它们调至外存上去等待，把此时的进程状态称为就绪驻外存状态。当这些进程重新又具备运行条件且内存又有空闲时，由中级调度来决定把外存上哪些具备运行条件的就绪进程重新调入内存，并修改其状态为就绪状态，挂在就绪队列上等待进程调度。中级调度实际上就是存储器管理中的对换功能，将在第 5 章中做详细阐述。

4.1.2 调度队列模型

前面介绍的高级调度、低级调度以及中级调度，都将涉及作业或进程的队列，由此可以形成如下三种类型的调度队列模型。

1. 仅有进程调度的调度队列模型

在分时系统中，通常仅设置了进程调度，用户输入的命令和数据都直接送入了内存。对于命令，是由操作系统为之建立一个进程。系统可以把处于就绪状态的进程组织成栈、队列或一个无序链表，至于到底采用其中哪种形式，则与操作系统类型和所采用的调度算法有关。例如，在分时系统中，常把就绪进程组织成 FIFO 队列形式。每当操作系统创建一个新进程时，便将它挂在就绪队列的末尾，然后按时间片轮转方式运行。每个进程在执行时都可能出现三种情况：①任务在给定的时间片内完成，该进程便释放处理机后进入完成状态。②任务在本次分得的时间片内尚未完成，操作系统便将该任务再次放入就绪队列的末尾。③在执行期间，进程因为某事件而被阻塞后，被操作系统放入阻塞队列。图 4-1 给出了仅具有进程调度的调度队列模型。

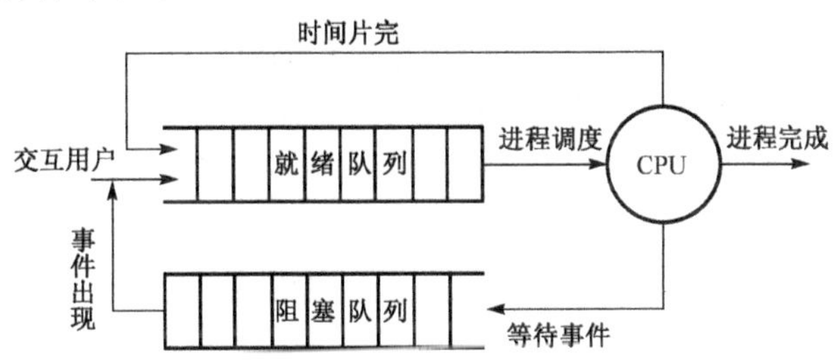

图 4-1 仅具有进程调度的调度队列模型

2. 具有高级和低级调度的调度队列模型

在批处理系统中，不仅需要进程调度，而且还需要作业调度，由后者按一定的作业调度算法从外存的后备队列中选择一批作业调入内存，并为它们建立进程，送入就绪队列，然后由进程调度按照一定的进程调度算法选择一个进程，把处理机分配给该进程。图 4-2 给出了具有高级、低级两级调度的调度队列模型。该模型与上一模型的主要区别在于如下两个方面。

1) 就绪队列的形式

在批处理系统中，最常用的是高优先权优先调度算法，相应地，最常用的就绪队列形式是优先权队列。进程在进入优先权队列时，根据其优先权的高低，被插入具有相应优先权的位置上。这样，调度程序总是把处理机分配给就绪队列中的队首进程。在高优先权优先调度算法中，也可采用无序链表方式，即每次把新到的进程挂在列尾，而调度程序每次调度时，是依次比较该链表中各进程的优先权，从中找出优先权最高的进程，将之从链表中摘下，并把处理机分配给它。显然，无序链表方式与优先权队列相比，这种方式的调度效率较低。

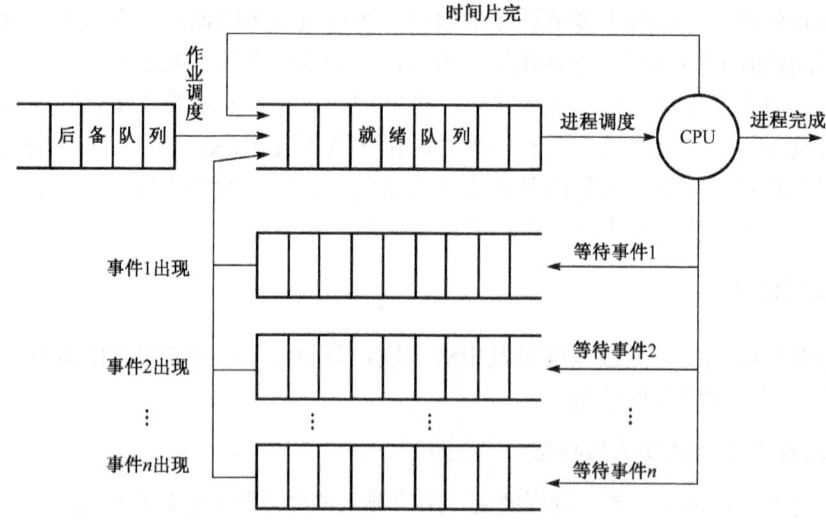

图 4-2　具有高、低两级调度的调度队列模型

2）设置多个阻塞队列

对于小型系统，可以只设置一个阻塞队列。但当系统较大时，若仍然只有一个阻塞队列，其长度必然会很长，队列中的进程可以达到数百个，这将严重影响对阻塞队列操作的效率。所以在大、中型系统中通常都设置了若干个阻塞队列，每个队列对应于某一种进程阻塞事件。

3. 同时具有三级调度的调度队列模型

当在操作系统中引入中级调度后，人们可以把进程的就绪状态分为内存就绪和外存就绪。类似地，也可以把阻塞状态进一步分为内存阻塞和外存阻塞两种状态。在调出操作的作用下，可使进程状态由内存就绪转为外存就绪，由内存阻塞转为外存阻塞。在中级调度的作用下，又可以使外存就绪转为内存就绪。图 4-3 给出了具有三级调度的调度队列模型。

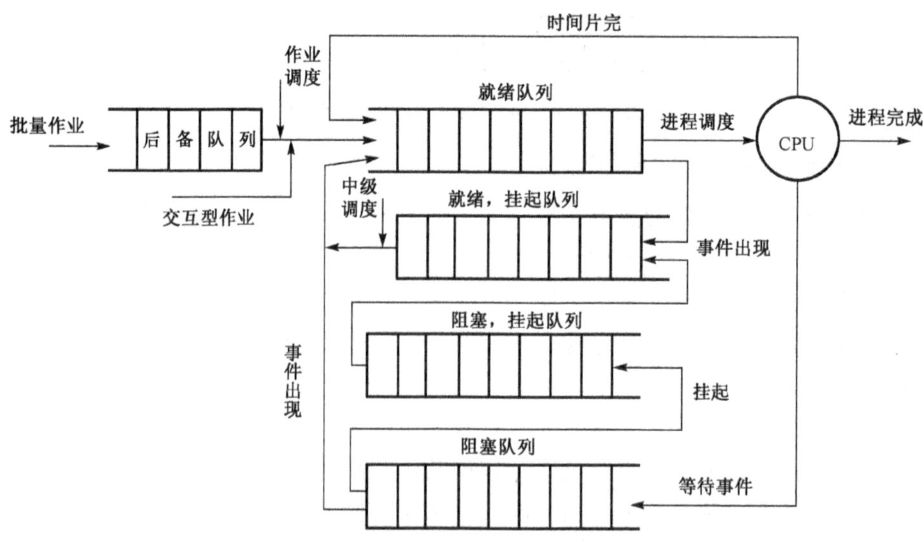

图 4-3　具有三级调度的调度队列模型

4.1.3 选择调度方式和调度算法的若干准则

1. 作业调度的影响因素

每个用户都希望自己的作业尽快执行，但就计算机系统而言，既要考虑用户的需求又要有利于整个系统效率的提高。因此，作业调度中应该综合考虑多方面的因素。要考虑的因素主要有以下几方面：

1）公平性

公平对待每个用户，让用户满意，不能无故或无限制地拖延某一用户作业的执行。

2）均衡使用资源

每个用户作业所需资源差异很大，因此需要注意系统中各资源的均衡使用，使同时装入内存的作业在执行时尽可能利用系统中的各种不同资源，从而极大地提高资源的利用率。例如，进行科学计算的作业要求较多的CPU时间，但I/O操作要求较少；而事务处理作业则要求较少的CPU时间，但要求较多的I/O操作。因此应将这两种作业合理搭配，使得系统各种资源发挥最佳效益。

3）提高系统吞吐量

吞吐量是指单位时间内CPU处理作业的个数。通过缩短每个作业的周转时间，实现单位时间内尽可能为更多的作业服务，从而提高计算机系统的吞吐能力。

4）平衡系统和用户需求

用户满意程度的高低与系统效率的提高可能是一对相互矛盾的因素，每个用户都希望自己的作业立即投入运行并很快获得运行结果，但系统必须考虑系统整体性能的提高，有时却难以满足用户需求。

2. 调度方式和算法

在一个操作系统的设计中，各种影响因素可能不能兼顾，应如何选择调度方式和算法，在很大程度上取决于操作系统的类型和目标。例如，在传统的三大基本操作系统中，通常采用不同的调度方式和算法。选择调度方式和算法的准则，有的是面向用户的，有的是面向系统的。

1）面向用户的准则

(1) 周转时间短。通常把周转时间的长短作为评价批处理系统的性能、选择作业调度方式与算法的重要准则之一。所谓周转时间，是指从作业被提交给系统开始，到作业完成为止的这段时间间隔。它包括四部分时间：作业在外存后备队列上等待调度的时间，进程在就绪队列上等待进程调度的时间，进程在CPU上执行的时间，以及进程等待I/O操作完成的时间。其中后三项在一个作业的整个处理过程中可能会发生多次。

对每个用户而言，都希望自己作业的周转时间最短。但作为计算机系统的管理者，则总是希望能使平均周转时间最短，这不仅会有效地提高系统资源的利用率，而且还可使大多数用户都感到满意。

如果作业 i 提交时间为 T_{si}，完成时间为 T_{ei}，则作业的周转时间 T 为：

$$T = T_{ei} - T_{si}$$

实际上，作业的周转时间是作业等待时间与处理时间之和。如果系统中有 n 道作业，则平均周转时间定义为所有作业周转时间之和与作业道数的比值，即：

$$\overline{T}=\frac{1}{n}\left[\sum_{i=1}^{n}T_i\right]$$

利用平均周转时间可以衡量不同调度算法对相同作业流的调度性能。这个值越小越好。作业周转时间没有区分作业实际运行时间长短的特性。为了合理地反映长短作业的差别，定义了另一个衡量标准——带权周转时间 w，即：

$$w=\frac{T}{R}$$

式中，T 为周转时间，R 为实际运行时间。由于 T 是等待时间与处理时间之和，故带权周转时间总是不小于 1 的。平均带权周转时间定义为所有作业的带权周转时间之和与作业道数的比值，即：

$$\overline{w}=\frac{1}{n}\left[\sum_{i=1}^{n}w_i\right]=\frac{1}{n}\left[\sum_{i=1}^{n}\frac{T_i}{R_i}\right]$$

利用平均带权周转时间衡量对不同的作业流执行同一调度算法时所呈现的调度性能。显然，这个值越小越好。

(2) 响应时间快。常把响应时间的长短用来评价分时系统的性能，这是选择分时系统中进程调度算法的重要准则之一。所谓响应时间，是从用户通过键盘提交一个请求开始，直至系统首次产生响应为止的时间，或者说直到屏幕上显示出结果为止的一段时间间隔。它包括三部分时间：从键盘输入的请求信息传送到处理机的时间，处理机对请求信息进行处理的时间，以及将所形成的响应信息回送到终端显示器的时间。

(3) 截止时间的保证。这是评价实时系统性能的重要指标，因而是选择实时调度算法的重要准则。所谓截止时间，是指某任务必须开始执行的最迟时间，或必须完成的最迟时间。对于严格的实时系统，其调度方式和调度算法必须能保证这一点，否则将可能造成难以预料的后果。

(4) 优先权准则。在批处理、分时和实时系统中选择调度算法时，都可遵循优先权准则，以便让某些紧急的作业能得到及时处理。在要求较严格的场合，往往还需选择抢占式调度方式，才能保证紧急作业得到及时处理。

2) 面向系统的准则

这是为了满足系统要求而应遵循的一些准则。其中，较重要的有以下几点：

(1) 系统吞吐量高。这是用于评价批处理系统性能的另一个重要指标，因而是选择批处理作业调度的重要准则。由于吞吐量是指在单位时间内系统所完成的作业数，因而它与批处理作业的平均长度具有密切关系。对于大型作业，一般吞吐量约为每小时一道作业；对于中、小型作业，其吞吐量则可能达到数十道作业之多。作业调度的方式和算法对吞吐量的大小也将产生较大影响。事实上，对于同一批作业，若采用了较好的调度方式和算法，则可显著地提高系统的吞吐量。

(2) 处理机利用率好。对于大、中型多用户系统，由于 CPU 价格十分昂贵，致使处理机的利用率成为衡量系统性能十分重要的指标；而调度方式和算法对处理机的利用率起着十分重要的作用。在实际系统中，CPU 的利用率一般为 40%～90%。在大、中型系统中，在选择调度方式和算法时，应考虑到这一准则。但对于单用户微机或某些实时系统，则此准则就不那么重要了。

(3) 各类资源的平衡利用。在大、中型系统中，不仅要使处理机的利用率高，而且还应能有效地利用其他各类资源，如内存、外存和 I/O 设备等。选择适当的调度方式和算法可以保持系统中各类资源都处于忙碌状态。但对于微型机和某些实时系统而言，该准则并不重要。

4.2 调度算法

在操作系统中，调度的实质是一种资源分配。因而，调度算法是指根据系统的资源分配策略所规定的资源分配算法。对于不同的系统和系统目标，通常采用不同的调度算法。例如，在批处理系统中，为了照顾为数众多的短作业，应采用短作业优先调度算法；又如在分时系统中，为了保证系统具有合理的响应时间，应采用轮转法进行调度。目前存在的多种调度算法中，有的算法适用于作业调度，有的算法适用于进程调度；但也有些算法既可用于作业调度，也可用于进程调度。

4.2.1 先来先服务调度算法

先来先服务(First Come First Served，FCFS)算法是一种最简单的调度算法。它的实现思想就是“排队买票”的办法。该算法既可用于作业调度，也可用于进程调度。当在作业调度中采用该算法时，每次调度都是从后备作业队列中选择一个或多个最先进入该队列的作业，将它们调入内存，为它们分配资源、创建进程，然后放入就绪队列。在进程调度中采用FCFS算法时，则每次调度是从就绪队列中选择一个最先进入该队列的进程，为之分配处理机，使之投入运行。该进程一直运行到完成或发生某事件而阻塞后才放弃处理机。但要注意，不是先进入后备作业队列的作业就一定被先选中，这要根据资源的分配情况来决定。该调度算法容易实现，每个作业都能被选中，体现了公平。但当运行时间长的作业先进入后备队列而被选中执行时，就可能使计算时间短的作业长期等待。这样不仅使这些用户不满意，而且使运行时间短的作业周转时间变长，从而平均周转时间变长，系统的吞吐能力降低，系统效率也降低。

例如，现有四个作业，它们进入后备队列的时间、运行时间、开始执行时间和结束运行时间如表4-1中所列，计算出它们各自的周转时间和带权周转时间。

表4-1 FCFS算法调度性能

作业	进入时间	运行时间/min	开始时间	结束时间	周转时间/min	带权周转时间
JOB1	8:00	120	8:00	10:00	120	1
JOB2	8:50	50	10:00	10:50	120	2.4
JOB3	9:00	10	10:50	11:00	120	12
JOB4	9:50	20	11:00	11:20	90	4.5
作业平均周转时间 $\overline{T}=112.5\,\text{min}$ 作业平均带权周转时间 $\overline{w}=4.975$					450	19.9

从表4-1可以看出，其中短作业JOB3的带权周转时间竟然高达12，而长作业JOB1的带权周转时间仅为1。据此可知，FCFS调度算法有利于CPU繁忙型的作业，而不利于I/O繁忙型的作业。CPU繁忙型作业是指该类作业需要大量的CPU时间进行计算，而很少请求I/O。通常的科学计算便属于CPU繁忙型作业。I/O繁忙型作业是指CPU进行处理时需频繁地请求I/O。目前的大多数事务处理都属于I/O繁忙型作业。

4.2.2 短作业优先调度算法

短作业优先调度算法(Shortest Job First，SJF)是指操作系统在进行作业调度时以作业运行时间长短作为优先级进行调度，总是从后备作业队列中选取运行时间最短的作业调入主存运行。采用该算法时，要求用户对自己的作业需要运行的时间预先做出一个估计，并在作业控制说明书中加以说明。作业调度时以后备队列中作业提出的运行时间为标准，优先选择运行时间短且资源能得到满足的作业。该调度算法可以照顾到实际上占作业总数绝大部分的短作业，使它们能比长作业优先调度执行。这时后备作业队列按作业相应优先级由高到低顺序排列，当作业进入后备队列时要按该作业优先级放置到后备队列相应的位置。计算作业的周转时间和加权周转时间如表 4-2 所示。

表 4-2 SJF 算法调度性能

作业	进入时间	运行时间/min	开始时间	结束时间	周转时间/min	带权周转时间
JOB1	8:00	120	8:00	10:00	120	1
JOB2	8:50	50	10:30	11:20	150	3
JOB3	9:00	10	10:00	10:10	70	7
JOB4	9:50	20	10:10	10:30	40	2
作业平均周转时间 $\overline{T}=95\,\text{min}$ 作业平均带权周转时间 $\overline{w}=3.25$					380	13

从表 4-2 可以看出，该调度算法的性能较好，它强调了资源的充分利用，有效地降低了作业的平均等待时间，使得单位时间内处理作业的个数最大，保证了作业吞吐量最大。SJF 作业调度算法也存在不容忽视的缺点。

(1) 该算法对长作业不利。更严重的是，如果有一长作业进入系统的后备队列，由于调度程序总是优先调度那些(即使是后进来的)短作业，将导致长作业长期不被调度。

(2) 该算法完全未考虑作业的紧迫程度，因而不能保证紧迫性作业会被及时处理。

(3) 由于作业的长短只是根据用户所提供的估计执行时间而定的，而用户又可能会有意或无意地缩短其作业的估计运行时间，致使该算法不一定能真正做到短作业优先调度。

短作业优先调度算法也能用于进程调度，即以作业估计运行时间作为相应进程的估计运行时间。进程调度时，从就绪进程队列中挑选一个估计运行时间最短的进程投入运行。如果两个进程有相同的估计运行时间，就根据先来先服务调度算法处理。其实，这种方法更恰当的术语是“短 CPU 用时优先调度算法”，因为调度时要测量进程的“CPU 工作时间”的长短，而不是进程整体用时的长短。

4.2.3 高响应比优先调度算法

由于先来先服务算法可能使后进入队列的诸多短作业处于等待状态，而最短作业优先算法又可能使大作业等待时间过长。为了兼顾上述两种算法的优点，克服它们各自的缺点，引入高响应比优先调度算法(Highest Response Ratio First，HRRF)。采用高响应比优先调度算法进行调度时，必须对后备队列中的所有作业计算出各自的响应比，从资源能得到满足的作业中选择响应比最高的作业优先装入内存运行。响应比的定义为：

$$响应比=\frac{作业等待时间+作业运行时间}{作业运行时间}=\frac{作业响应时间}{作业运行时间}$$

由于作业从进入后备队列到执行完成就是该作业的响应过程，因此系统对该作业的响应时间就是作业的等待时间与运行时间之和。从响应比公式可以看出，若作业的等待时间相同，则运行时间越短，其响应比越高，因而该算法有利于短作业。若作业的运行时间相同，则作业的等待时间越长，其响应比越高，因而该算法实现的是先来先服务原则。对于长作业，作业的响应比随着等待时间的增加而提高，当其等待时间足够长时，其响应比便有很大提升，也可以获得处理机。例如，计算作业的周转时间和带权周转时间如表 4-3 所示，其中 10:00 时，三个作业均等待作业调度，响应比分别为：

JOB2 的响应比=(70+50) / 50 = 2.4，JOB3 的响应比=(60+10)/10 = 7，JOB4 的响应比=1.5，显然系统先选择 JOB3 运行。到了 10:10 时，剩余两个作业均处于等待状态，响应比分别为：JOB2=(80+50)/50 = 2.6，JOB4 =(20+20)/20 =2，显然再选择 JOB2 运行。

表 4-3　高响应比优先算法调度性能

作业	进入时间	运行时间/min	开始时间	结束时间	周转时间/min	带权周转时间
JOB1	8:00	120	8:00	10:00	120	1
JOB2	8:50	50	10:10	11:00	130	2.6
JOB3	9:00	10	10:00	10:10	70	7
JOB4	9:50	20	11:00	11:20	90	4.5
作业平均周转时间 $\overline{T} = 102.5\,\text{min}$ 作业平均带权周转时间 $\overline{w} = 3.775$					410	15.1

从表 4-3 可以看出，该调度算法结合了先来先服务算法与短作业优先算法两种方法的特点，兼顾了运行时间短和等候时间长的作业，公平且吞吐量大。但该算法较复杂，调度前要先计算出各个作业的响应比，并选择响应比最大的作业投入运行从而增加了系统开销。

4.2.4 高优先权优先调度算法

为了照顾紧迫型作业，使之在进入系统后便获得优先处理，引入了高优先权优先调度算法(Highest Priority First，HPF)。此算法常被用于批处理系统中，作为作业调度算法，也作为多种操作系统中的进程调度算法，还可用于实时系统中。

1. 优先权调度算法的类型

高优先权优先调度算法用于作业调度时，系统将从后备队列中选择若干个优先权最高的作业装入内存。当用于进程调度时，该算法是把处理机分配给就绪队列中优先权最高的进程，这时，又可进一步把该算法分成如下两种。

1）非抢占式优先权算法

在这种方式下，系统一旦把处理机分配给就绪队列中优先权最高的进程后，该进程便一直执行下去，直至完成；或因发生某事件使该进程放弃处理机时，系统方可再将处理机重新分配给另一优先权最高的进程。这种调度算法主要用于批处理系统中；也可用于某些对实时性要求不高的实时系统中。

2）抢占式优先权调度算法

在这种方式下，系统同样是把处理机分配给优先权最高的进程，使之执行。但在其执行期间，只要又出现了另一个优先权更高的进程，进程调度程序就立即停止当前进程(原优先权最高的进程)的执行，重新将处理机分配给新到的优先权最高的进程。因此，在采用这种调度算法时，每当系统中出现一个新的就绪进程 i 时，就将其优先权 P_i 与正在执行的进程 j 的优先权 P_j 进行比较。如果 $P_i \leqslant P_j$，原进程 j 便继续执行；但如果是 $P_i > P_j$，则立即停止 j 的执行，做进程切换，使 i 进程投入执行。显然，这种抢占式的优先权调度算法能更好地满足紧迫型作业的要求，故而常用于要求比较严格的实时系统中，以及对性能要求较高的批处理和分时系统中。

2. 优先权类型

进程的优先权如何确定呢？一般来说，进程的优先权可由系统内部定义或由外部指定。内部定义是指利用某些可度量的量定义一个进程的优先权，例如进程类型、进程对资源的需求等，用它们来计算优先权。外部指定是指优先权是按操作系统以外的标准设置的，比如使用计算机所付款的类型和总额，使用计算机的部门以及其他外部因素等。确定优先权类型的方式有静态优先权和动态优先权两种。

1）静态优先权

静态优先权是在创建进程时确定的，且在进程的整个运行期间一直保持不变。一般地，优先权是利用某一范围内的一个整数来表示的，例如，0～7 或 0～255 中的某一整数，又把该整数称为优先数，只是具体用法各异：有的系统用“0” 表示最高优先权，当数值愈大时，其优先权愈低；而有的系统恰恰相反。

确定进程优先权的依据有如下三个方面：一是进程类型。通常，系统进程(如接收进程、对换进程、磁盘 I/O 进程)的优先权高于一般用户进程的优先权。二是进程对资源的需求。如进程的估计执行时间及内存需要量的多少，对这些要求少的进程应赋予较高的优先权。三是用户要求。这是由用户进程的紧迫程度及用户所付费用的多少来确定优先权的。

静态优先权法简单易行，系统开销小，但不够精确，很可能出现优先权低的作业(或进程)长期没有被调度的情况。因此，仅在要求不高的系统中才使用静态优先权。

2）动态优先权

动态优先权是指在创建进程时所赋予的优先权，是可以随进程的推进或随其等待时间的增加而改变的，以便获得更好的调度性能。例如，我们可以规定，在就绪队列中的进程，随其等待时间的增长，其优先权以速率 a 提高。若所有的进程都具有相同的优先权初值，则显然是最先进入就绪队列的进程将因其动态优先权变得最高而优先获得处理机，此即 FCFS 算法。若所有的就绪进程具有各不相同的优先权初值，那么，对于优先权初值低的进程，在等待了足够的时间后，其优先权便可能升为最高，从而可以获得处理机。当采用抢占式优先权调度算法时，如果再规定当前进程的优先权以速率 b 下降，则可防止一个长作业长期地垄断处理机。

表 4-4　进程运行表

进程	到达时间	运行时间	优先权
P1	0	8	0
P2	2	5	1
P3	4	7	3
P4	0	3	2
P5	5	2	7

例如，对于下列进程集合，给出了到达时间、运行时间和优先权(规定优先权数字越大，优先级越高)，如表 4-4 所示。若采用静态优先权抢占式调度算法，计算出各个进程的运行顺序和它们的周转时间和带权周转时间。

在 0 时刻，只有进程 P1 和 P4 到达。由于 P4 的优先权是 2，大于 P1 进程的优先权 0，所以 P4 先运行。当运行 2 个时间单位后，P2 进程到达，由于 P2 进程的优先权是 1，小于进程 P4，所以 P4 继续运行。在 3 时刻，进程 P4 运行完毕，当前有 P1 和 P2 两个进程，P2 优先权大于 P1，先运行 P2。在 4 时刻，进程 P3 进入。由于优先权大于 P2，P3 抢占了 P2 的处理机，P2 只执行了 1 个时间单位。P3 执行了 1 个时间单位后，进程 P5 到达，由于优先权最高，它抢占了处理机，并且执行了 2 个时间单位后退出。P3 继续执行，执行了 6 个时间单位后退出。接着 P2 运行 4 个时间单位后退出。最后进程 P1 运行 8 个时间单位，如图 4-4 所示。

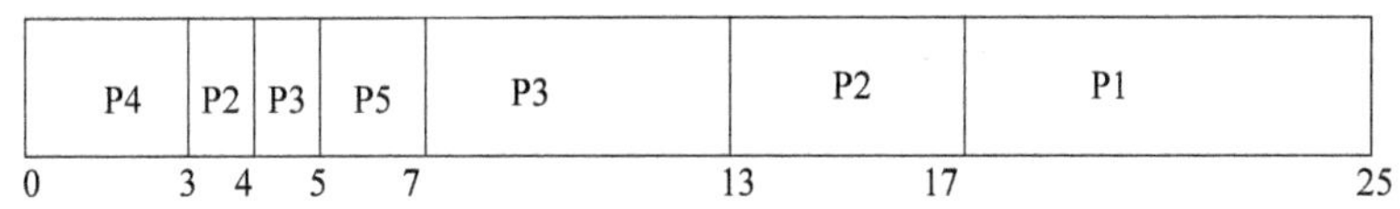

图 4-4 进程运行顺序

根据进程运行顺序，计算各个进程的周转时间和带权周转时间，如表 4-5 所示。

表 4-5 高优先权优先算法调度性能

进程	到达时间	运行时间	优先权	开始时间	结束时间	周转时间	带权周转时间
P1	0	8	0	17	25	25	3.13
P2	2	5	1	3	17	15	3
P3	4	7	3	4	13	9	1.29
P4	0	3	2	0	3	3	1
P5	5	2	7	5	7	2	1
作业平均周转时间 $\overline{T}=10.8$ 作业平均带权周转时间 $\overline{w}=1.884$						410	15.1

4.2.5 时间片轮转调度算法

时间片轮转调度算法(Round-Robin，RR)主要用于分时系统中的进程调度。为了实现轮转调度，系统将所有就绪进程按先来先服务的原则，排成一个队列，新来的进程加到就绪队列末尾。每当执行进程调度时，进程调度程序把 CPU 分配给就绪队列的队首进程，让它在 CPU 上运行一个时间片的时间。时间片是一个小的时间单位，其大小从几 ms 到几百 ms。当进程执行的时间片用完时，由一个计时器发出时钟中断请求，调度程序便据此信号停止该进程的执行，并将它送往就绪队列的末尾；然后，再把处理机分配给就绪队列中新的队首进程，同时也让它执行一个时间片。这样就可以保证就绪队列中的所有进程在给定的时间内均能获得一个时间片的处理机执行时间。

时间片轮转调度算法在实现时又分两种情况，即基本轮转和改进轮转。基本轮转是分给所有进程的时间片长度是相同的，而且是不变的。若不考虑数据传输等待，系统中的所有进程以基本上均等的速度向前推进。改进轮转是分给不同进程的时间片长度是不同的，而且是可变的。系统可以根据不同进程的特性为其动态分配不同长度的时间片，以便达到更灵活的调度效果。

在时间片轮转调度算法中，时间片的大小对系统性能有很大的影响。如选择很小的时间片，将有利于短作业，因为它能较快地完成，但会频繁地发生中断、进程上下文的切换，从而增加系统的开销。反之，如选择太长的时间片，使得每个进程都能在一个时间片内完成，时间片轮转调度算法便退化为 FCFS 算法，无法满足交互式用户的需求。一个较为可取的大小是，时间片略大于一次典型的交互所需要的时间。这样可使大多数进程在一个时间片内完成。

例如，有 A、B、C、D、E 五个进程，其到达时间分别为 0、1、2、3、4，要求运行时间依次为 3、6、4、5、2，采用时间片轮转调度算法，当时间片大小为 1 和 4 时，试计算其平均周转时间和平均带权周转时间。

当时间片为 1 时，在 0 时刻，就绪队列只有 A 进程，所以 A 先运行 1 个时间片。在 1 时刻，进程 B 插入就绪队列，被直接调度，A 进程等待。在 2 时刻，C 进程插入就绪队列，B 运行完一个时间片后，插入到 C 的后面，进程 A 运行。到 3 时刻，进程 C 运行，进程 B、D、A 等待。以此类推，到 19 时刻，就绪队列只有 D 进程，它运行一个时间片结束。图 4-5 是时间片 $q=1$ 和 $q=4$ 时它们的运行情况。

表 4-6 给出了各进程的周转时间和带权周转时间等性能指标。

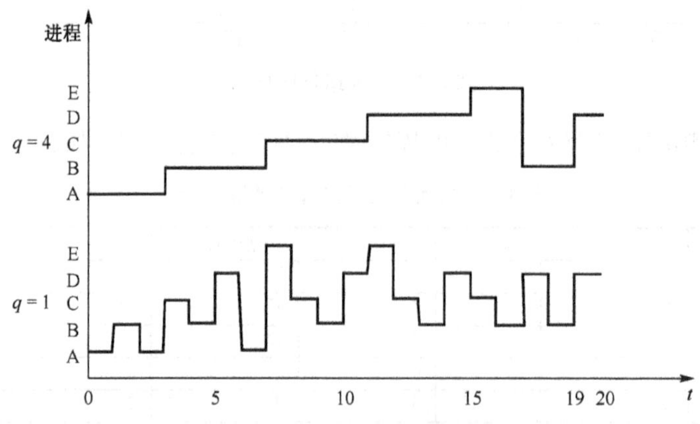

图 4-5　采用轮转法 $q = 1$ 和 $q = 4$ 进程运行情况

表 4-6　轮转调度算法的性能指标

时间片	进程	到达时间	运行时间	开始时间	结束时间	周转时间	带权周转时间
q=1	A	0	3	0	7	7	2.33
	B	1	6	1	19	18	3
	C	2	4	3	16	14	3.5
	D	3	5	5	20	17	3.4
	E	4	2	7	12	8	4
	作业平均周转时间 $\overline{T}=12.8$ 作业平均带权周转时间 $\overline{w}=3.246$					64	16.23
q=4	A	0	3	0	3	3	1
	B	1	6	3	19	18	3
	C	2	4	7	11	9	2.25
	D	3	5	11	20	17	3.4
	E	4	2	15	17	13	6.5
	作业平均周转时间 $\overline{T}=12$ 作业平均带权周转时间 $\overline{w}=3.23$					60	16.15

时间片的长短通常由以下 4 个因素确定：

(1) 系统响应时间。在进程数目一定时，时间片的长短直接正比于系统对响应时间的要求。

(2) 就绪队列进程数目。当系统要求的响应时间一定时，时间片的大小反比于就绪队列中的进程数。

(3) 进程转换时间。若执行进程调度时的转换时间为 t，时间片为 q，为保证系统开销不大于某个标准，应使比值 t/q 不大于某一数值，如 1/10。

(4) CPU 运行指令速度。CPU 运行速度快，则时间片可以短些；反之，则应取长些。

4.2.6　多级反馈队列调度算法

前面介绍的各种用作进程调度的算法都有一定的局限性。如短进程优先调度算法，仅照顾了短进程而忽略了长进程。而且，如果未指明进程的长度，则短进程优先和基于进程长度的抢占式调度算法都将无法使用。而多级反馈队列调度算法(Multi-Level Feedback Queue，MLFQ)则不必事先知道各种进程所需的执行时间，而且还可以满足各种类型进程的需要，因而它目前被认为是一种较好的进程调度算法。在讲述多级反馈队列调度算法之前，首先介绍一下与其密切相关的另一类算法——多级队列调度算法。

1. 多级队列调度算法

多级队列调度算法是把多个进程分成不同级别的组，通常划分为前台进程(交互)和后台进程(批处理)。这两类进程对响应时间的要求是完全不同的，所以用不同的调度算法。此外，前台进程的优先级高于后台进程的优先级。

多级队列调度算法把就绪进程划分为几个单独的队列，一般根据进程的某些特性，永久性地把各个进程分别链入不同的队列中，每个队列都有自己的调度算法。例如，把前台进程和后台进程各设一个队列，前台进程可用轮转法调度，而后台进程可用 FCFS 方式调度。此外，在各个队列之间也要进行调度，通常采用固定优先级的抢占式调度。下面是多级队列调度算法的一个例子。

设有如下 5 个队列，分别是系统进程、交互进程、交互编辑进程、批处理进程和学生批处理进程。各队列的优先级自上而下降级，如图 4-6 所示。仅当系统进程、交互进程和交互编辑进程三个队列都为空时，批处理队列中的进程才可运行。当批处理进程正在运行时，若有一个交互编辑进程进入就绪队列，则批处理进程就被赶了下来。另外，在各队列间实施调度的另一种方式是规定时间比例，即每个队列都取得一定的 CPU 时间片段，然后调度本队列中的各个进程。例如，在前、后台队列例子中，前台队列可占 80%的 CPU 时间，采用时间片轮转法调度其中各个进程；后台队列占 20%的 CPU 时间，按 FCFS 方式调度该队列中的进程。

2. 多级反馈队列调度算法

通常，在多级队列调度算法中，进程被永久性地放到一个队列中，它们不能从一个队列移动到另一个队列。多级反馈队列调度算法是在多级队列调度算法的基础上加上“反馈”措施，如图 4-7 所示。其实现思想是：

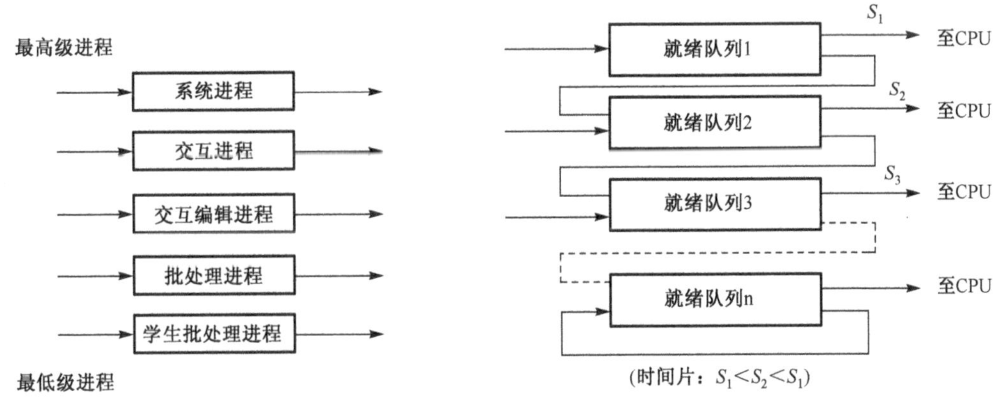

图 4-6　多级队列调度示意图

图 4-7　多级反馈队列调度算法

(1) 系统中设置多个就绪队列，并为各个队列赋予不同的优先级。第一个队列的优先级最高，第二个队列次之，其余各队列的优先级逐个降低。

(2) 该算法赋予各个队列中进程执行时间片的大小也各不相同，在优先权愈高的队列中，为每个进程所规定的执行时间片就愈小。例如，第二个队列的时间片要比第一个队列的时间片长一倍，……，第 i+1 个队列的时间片要比第 i 个队列的时间片长一倍。

(3) 当一个新进程进入内存后，首先将它放入第一队列的末尾，按 FCFS 原则排队等待调度。当轮到该进程执行时，如它能在该时间片内完成，便可准备撤离系统；如果它在一个时间片结束时尚未完成，调度程序便将该进程转入第二队列的末尾，再同样地按 FCFS 原则等待调度执行；如果它在第二队列中运行一个时间片后仍未完成，再依次将它放入第三队列，……，如此下去，当一个长作业(进程) 从第一队列依次降到第 n 队列后，在第 n 队列中便采取按时间片轮转的方式运行。

(4) 仅当第一队列空闲时，调度程序才调度第二队列中的进程运行；仅当第 1～(i−1) 队列均空时，才会调度第 i 个队列中的进程运行。如果处理机正在第 i 个队列中为某进程服务时，又有新进程进入优先级较高的队列[第 1～(i−1) 中的任何一个队列]，则此时新进程将抢占正在运行进程的处理机，即由调度程序把正在运行的进程放回到第 i 队列的末尾，把处理机分配给新到的高优先权进程。

例如，有 A、B、C、D、E 五个进程，其到达时间分别为 0、1、3、4、5，要求运行时间依次为 3、8、4、5、7，采用多级反馈队列调度算法，系统中共有 3 个队列，其时间片依次为 1、2 和 4，计算其平均周转时间和平均带权周转时间。

在 0 时刻，就绪队列 1 中只有 A 进程，所以 A 先执行。在 1 时刻，进程 B 进入内存，放到就绪队列 1 的末尾。进程 A 执行完一个时间片后，调度程序把它放入就绪队列 2 的末尾，进程 B 执行。进程 B 执行完毕后，也放到就绪队列 2 的末尾。此时，在 2 时刻，就绪队列 1 中没有进程，调度程序开始把就绪队列 2 中的队首进程 A 进行调度，分配 2 个时间片。但是在 3 时刻，进程 A 仅执行 1 个时间片，进程 C 进入。调度程序把它放入就绪队列 1 中，由于在多级反馈队列中，就绪队列 1 的优先级大于就绪队列 2，所以进程 C 抢占了进程 A 的处理机，进程 A 由调度程序放入到就绪队列 2 的末尾。在 4 时刻，进程 D 到达，进程 C 被放入就绪队列 2 的末尾。在 5 时刻，进程 E 获得处理机，进程 D 被调度程序放入到就绪队列 2 的末尾。各个时刻进程的调度情况如图 4-8、图 4-9 所示。

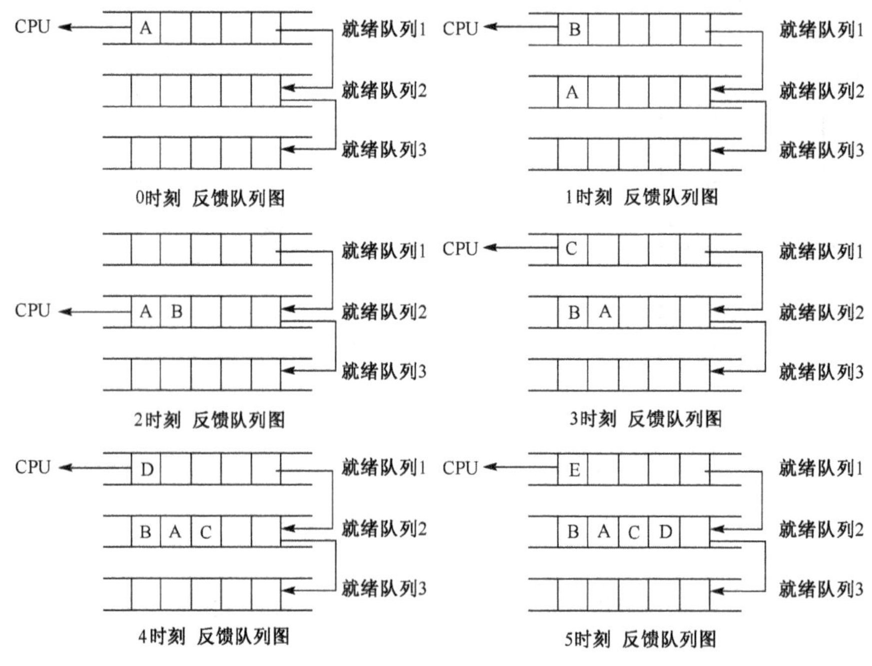

图 4-8 0-5 时刻 多级反馈队列进程图

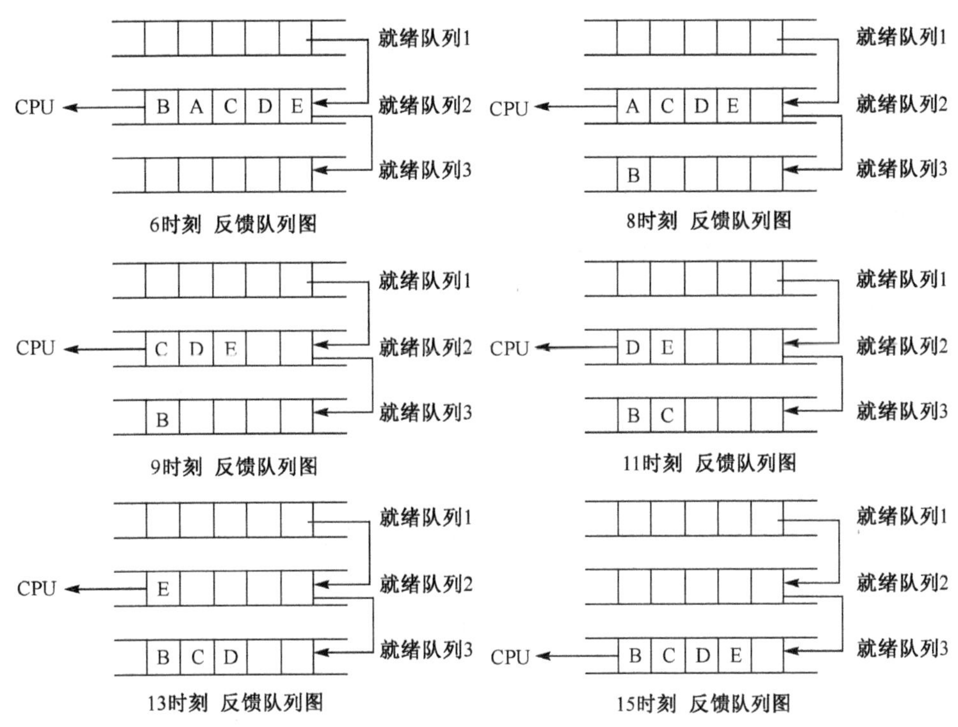

图 4-9　6-15 时刻　多级反馈队列进程图

表 4-7 给出了各进程的周转时间和带权周转时间等性能指标。

表 4-7　多级反馈队列算法调度性能

进程	到达时间	运行时间	开始时间	结束时间	周转时间	带权周转时间
A	0	3	0	9	9	3
B	1	8	1	27	26	3.25
C	3	4	3	20	17	4.25
D	4	5	4	22	18	3.6
E	5	7	5	26	21	3
作业平均周转时间 $\overline{T}=18.2$ 作业平均带权周转时间 $\overline{w}=3.42$					91	17.1

多级反馈队列调度算法具有较好的性能，能较好地满足各方面用户的需求。对终端型作业用户而言，他们提交的作业大多数属于交互型作业，作业通常较小，系统只要能使这些作业在一个队列所规定的时间片内完成，便可以使他们都感到满意。对短批处理作业而言，开始时它们的作业像终端型作业一样，如果仅在第一个队列中执行一个时间片即可完成，便可获得与终端型作业一样的响应时间；对于稍长的作业，通常也只需在第二队列和第三队列各执行一个时间片即可完成，其周转时间仍然很短。对长批处理作业用户而言，他们的作业将依次在第 1，2，3，…，*n* 个队列中运行，然后再按轮转方式运行，用户不必担心其作业长期得不到处理；而且每往下降一个队列，其得到的时间片将随着增加一倍，故可进一步缩短长作业的等待时间。

4.3 实时调度

实时系统中存在着若干个实时任务或进程，它们用来反应或控制某个外部事件，往往带有某种程度的紧迫性，因而对实时系统中的调度提出某些特殊的要求。前面介绍的多种调度算法并不能很好地满足实时系统对调度的要求，为此，引入了一种新的调度，即实时调度。

4.3.1 实现实时调度的基本条件

实时系统可分为硬式实时系统和软式实时系统两种。为了保证系统能正常工作，实时调度必须满足实时任务对截止时间的要求。为此，实现实时调度应具备下述几个条件。

1. 提供必要的信息

为了实现实时调度，系统应向调度程序提供有关任务的下述一些信息：

1）就绪时间

这是该任务成为就绪状态的起始时间，在周期任务的情况下，它就是事先预知的一串时间序列；而在非周期任务的情况下，它也可能是预知的。

2）开始截止时间和完成截止时间

对于典型的实时应用，只需知道开始截止时间，或者知道完成截止时间。

3）处理时间

这是指一个任务从开始执行直至完成所需的时间。在某些情况下该时间也是系统提供的。

4）资源要求

这是指任务执行时所需的一组资源。

5）优先级

如果某任务的开始截止时间已经错过，就会引起故障，则应为该任务赋予“绝对”优先级。如果开始截止时间的推迟对任务的继续运行无重大影响，则可为该任务赋予“相对”优先级，供调度程序参考。

2. 系统处理能力强

在实时系统中，通常都有着多个实时任务。若处理机的处理能力不够强，则有可能因处理机忙不过来而使某些实时任务不能得到及时处理，从而导致发生难以预料的后果。假定系统中有 m 个周期性的硬实时任务，它们的处理时间可表示为 C_i，周期时间表示为 P_i，则在单处理机情况下，必须满足下面的限制条件系统才是可调度的。

$$\sum_{i=1}^{m}\frac{C_i}{P_i}\leqslant 1$$

假如系统中有 7 个硬实时任务，它们的周期时间都是 60ms，而每次的处理时间为 10ms，则不难算出，此时是不能满足上式的，因而系统是不可调度的。解决的方法是提高系统的处理能力，其途径有二：其一仍是采用单处理机系统，但须增强其处理能力，以显著地减少对每一个任务的处理时间；其二是采用多处理机系统，假定系统中的处理机数为 N，则应将上述的限制条件改为：

$$\sum_{i=1}^{m}\frac{C_i}{P_i}\leqslant N$$

顺便说明一下，上述的限制条件并未考虑任务的切换时间，包括执行调度算法和进行任务切换，以及消息的传递时间等开销。

3. 采用抢占式调度机制

在含有硬实时任务的实时系统中，广泛采用抢占式调度机制。当一个优先权更高的任务到达时，允许将当前任务暂时挂起，而令高优先权任务立即投入运行，这样便可满足该硬实时任务对截止时间的要求。但这种调度机制比较复杂。对于一些小型实时系统，如果能预知任务的开始截止时间，则对实时任务的调度可采用非抢占调度机制，以简化调度程序和对任务调度时所花费的系统开销。但在设计这种调度机制时，应使所有的实时任务都比较小，并在执行完关键性程序和临界区后，能及时地将自己阻塞起来，以便释放出处理机，供调度程序去调度一些开始截止时间即将到达的任务。

4. 具有快速切换机制

为保证要求较高的硬实时任务能及时运行，在实时系统中还应具有快速切换机制，以保证能进行任务的快速切换。该机制应具有如下两方面的能力：

1）对外部中断的快速响应能力

为使在紧迫的外部事件请求中断时系统能及时响应，要求系统具有快速硬件中断机构，还应使禁止中断的时间间隔尽量短，以免耽误时机。

2）快速的任务分派能力

在完成任务调度后，便应进行任务切换。为了提高分派程序进行任务切换时的速度，应使系统中的每个运行功能单位适当地小，以减少任务切换的时间开销。

4.3.2 实时调度算法的分类

可以按照不同方式对实时调度算法进行分类。根据实时任务的性质不同，可将实时调度算法分为硬实时调度算法和软实时调度算法。按调度方式的不同，又可分为非抢占式调度算法和抢占式调度算法。还可以因调度程序调度时间的不同而分成静态调度算法和动态调度算法等。这里，仅按调度方式的不同对调度算法进行分类。

1. 非抢占式调度算法

1）非抢占式轮转调度算法

该算法常用于工业生产的群控系统中，由一台计算机控制若干个相同的对象，为每一个被控对象建立一个实时任务，并将它们排成一个轮转队列。调度程序每次选择队列中的第一个任务投入运行。当该任务完成后，便把它挂在轮转队列的末尾，等待下次调度运行，而调度程序再选择下一个(队首)任务运行。这种调度算法可获得数秒至数十秒的响应时间，可用于要求不太严格的实时控制系统中。

2）非抢占式优先调度算法

如果在实时系统中存在着要求较为严格的任务，则可采用非抢占式优先调度算法，为这些任务赋予较高的优先级。当这些实时任务到达时，把它们安排在就绪队列的队首，等待当前任务自我终止或运行完成后才能被调度执行。这种调度算法在做了精心的处理后有可能获得仅为数秒至数百毫秒级的响应时间，因而可用于有一定要求的实时控制系统中。

2. 抢占式调度算法

在要求较严格的(响应时间为数十毫秒以下)的实时系统中，应采用抢占式优先权调度算法。可根据抢占发生时间的不同而进一步分成以下两种调度算法。

1）基于时钟中断的抢占式优先权调度算法

在某实时任务到达后，如果该任务的优先权高于当前任务的优先权，这时并不立即抢占当前任务的处理机，而是等到时钟中断到来时，调度程序才剥夺当前任务的执行，将处理机分配给新到的高优先权任务。这种调度算法能获得较好的响应效果，其调度延迟可降为几十毫秒至几毫秒。因此，此算法可用于大多数的实时系统中。

2）立即抢占的优先权调度算法

在这种调度策略中，要求操作系统具有快速响应外部事件中断的能力。一旦出现外部中断，只要当前任务未处于临界区，便立即剥夺当前任务的执行，把处理机分配给请求中断的紧迫任务。这种算法能获得非常快的响应，可把调度延迟降低到几毫秒至几百微秒，甚至更低。

4.3.3 常用的几种实时调度算法

1. 最早截止时间优先算法(Earliest Deadline First，EDF)

该算法是根据任务的开始截止时间来确定任务的优先级。截止时间愈早，其优先级愈高。该算法要求在系统中保持一个实时任务的就绪队列，该队列按各任务截止时间的早晚排序；当然具有最早截止时间的任务排在队列的最前面。调度程序在选择任务时，总是选择就绪队列中的第一个任务，为之分配处理机使之投入运行。最早截止时间优先算法既可用于抢占式调度方式中，也可用于非抢占式调度方式中。

2. 最低松弛度优先算法(Least Laxity First，LLF)

该算法是根据任务紧急(或松弛)的程度，来确定任务的优先级。任务的紧急程度愈高，为该任务所赋予的优先级就愈高，以使之优先执行。例如，一个任务在 200ms 时必须完成，而它本身所需的运行时间就有 100ms，因此，调度程序必须在 100ms 之前调度执行，该任务的紧急程度(松弛程度)为 100ms。在实现该算法时要求，系统中有一个按松弛度排序的实时任务就绪队列，松弛度最低的任务排在队列最前面，调度程序总是选择就绪队列中的队首任务去执行。

4.4 死 锁

在多道程序系统中，虽可通过多个进程的并发执行来改善系统的资源利用率和提高系统的吞吐量，但可能会发生一种危险——死锁。死锁是指多个进程在运行过程中因争夺资源而造成的一种僵局，当进程处于这种僵局状态时，若无外力作用，它们都将无法再向前推进。在前面介绍把信号量作为同步工具时已经提到，若多个 P、V 操作顺序不当，会产生进程死锁。关于死锁有以下几个有用的结论：参与死锁的进程数目至少为 2，参与死锁的所有进程均等待资源，参与死锁的进程至少有 2 个占有资源，参与死锁的进程是系统中当前正在运行的进程集合的一个子集。

4.4.1 死锁产生的原因和必要条件

1. 死锁产生的原因

产生死锁的原因可归结为两点，一是竞争资源，二是进程间推进顺序非法。下面详细分析产生死锁的这些原因。

1）竞争资源引起进程死锁

当系统中供多个进程共享的资源如打印机、共用堆栈等，其数目不足以满足诸进程的需要时，会引起诸进程对资源的竞争而产生死锁。可把系统中的资源分成两类，一类是可剥夺性资源，是指某进程在获得这类资源后，该资源可以再被其他进程剥夺。例如，优先权高的进程可以剥夺优先权低的进程的处理机，又如内存区可由存储器管理程序把一个进程从一个存储区移到另一个存储区，此即剥夺了该进程原来占有的存储区，甚至可将一个进程从内存调出到外存上。可见，CPU 和内存均属于可剥夺性资源。另一类资源是不可剥夺性资源，当系统把这类资源分配给某进程后，便不能强行收回，只能在进程用完后自行释放，如磁带机、打印机等。

（1）竞争不可剥夺性资源。

死锁和不可剥夺性资源有关，而与可剥夺性资源的潜在死锁问题可以通过在进程间重新分配资源来化解。在讨论死锁问题时，主要关注不可剥夺性资源的使用情况。在系统中所配置的不可剥夺性资源，由于它们的数量不能满足诸进程运行的需要，会使进程在运行过程中因争夺这些资源而陷入僵局。例如，系统中只有一台打印机 R1 和一台磁带机 R2，可供进程 P1 和 P2 共享。假定 P1 已占用了打印机 R1，P2 已占用了磁带机 R2。此时，若 P2 继续要求打印机，P2 将阻塞；P1 若又要求磁带机，P1 也将阻塞。于是，在 P1 与 P2 之间便形成了僵局，两个进程都在等待对方释放出自己所需的资源。但它们又都因不能继续获得自己所需的资源而不能继续推进，从而也不能释放出自己已占有的资源，以致进入死锁状态。为便于说明，我们用方块代表资源，用圆圈代表进程，如图 4-10 所示。当箭头从进程指向资源时，表示进程请求资源；当箭头从资源指向进程时，表示该资源已被分配给该进程。从中可以看出，这时在 P1、P2 及 R1 和 R2 之间已经形成了一个环路，说明已进入死锁状态。

（2）竞争临时性资源。

上述的打印机资源属于可顺序重复使用型资源，称为永久性资源。它是指系统中那些一次仅供一个进程使用，并且可由多个进程重复使用的资源，如内存、外存、I/O 设备、CPU 等硬件设备资源和各种数据文件、表格、数据库、信号量等软件资源。还有一种是所谓的临时性资源，它是指可以被动态创建和销毁的资源，比如由一个进程产生，被另一进程使用一段短暂时间后便无用的资源，故也称之为消耗性资源，它也可能引起死锁。图 4-11 示出了在进程之间通信时形成死锁的情况。图中 S1、S2 和 S3 是临时性资源。进程 P1 产生消息 S1 又要求从 P3 接收消息 S3 ；进程 P3 产生消息 S3，又要求从进程 P2 接收其所产生的消息 S2；进程 P2 产生消息 S2，又需要接收进程 P1 所产生的消息 S1。如果消息通信按下述顺序进行：

```
P1: …Release(S1); Request(S3);…
P2: …Release(S2); Request(S1);…
P3: …Release(S3); Request(S2);…
```

并不可能发生死锁，但若改成下述的运行顺序：

```
P1: …Request(S3); Release(S1); …
P2: …Request(S1); Release(S2); …
P3: …Request(S2); Release(S3); …
```

则可能发生死锁。

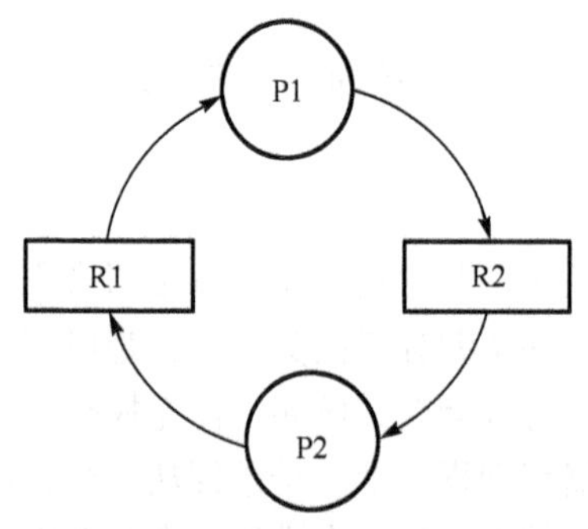

图 4-10　I/O 设备共享时的死锁情况

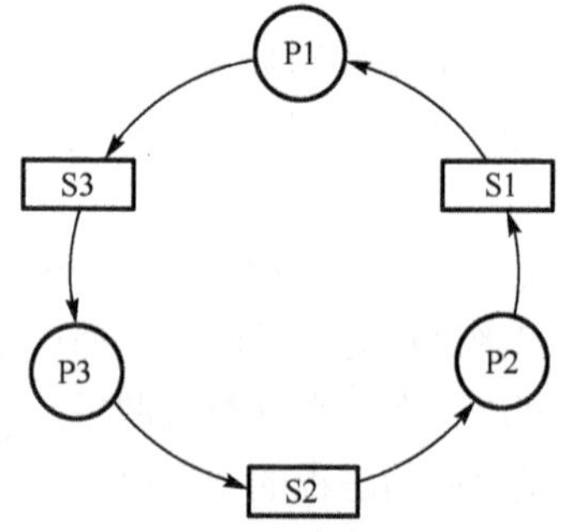

图 4-11　进程之间通信时的死锁

2）推进顺序不当引起进程死锁

在多道程序环境下，进程的运行具有异步性。如果它们推进顺序合理，则都能够执行完毕，不会引起死锁，否则就会引起死锁现象发生。图 4-12 给出了进程推进顺序对引发死锁的影响。有两个进程 A 和 B，竞争两个资源 R 和 S，这两个资源都是不可剥夺性资源，因此，必须在一段时间内独占使用。进程 A 和 B 的形式如下：

```
进程A              进程B
……                 ……
申请并占用R         申请并占用S
申请并占用S         申请并占用R
……                 ……
释放R              释放S
释放S              释放R
……                 ……
```

在图 4-12 中，X 轴和 Y 轴分别表示进程 A 和 B 的执行进度，从原点出发的不同折线分别表示两个进程以不同速度推进时所合成的路径。在单 CPU 系统中，在任何时候只能有一个进程处于执行状态。路径中的水平线段表示进程 A 在执行，进程 B 在等待；而垂直线段表示进程 B 在执行，进程 A 在等待。图 4-12 给出了 6 条不同的执行路径。

(1) 进程 B 获得资源 S，然后又获得 R，后来释放 S 和 R。当进程 A 恢复执行时，它能够获得这两个资源。A 和 B 都可以进行下去。

(2) 进程 B 获得资源 S，然后又获得 R；接着进程 A 执行，因未申请到 R 而阻塞。B 释放 S 和 R，当进程 A 恢复执行时，它能够获得这两个资源。

(3) 进程 B 获得资源 S，而进程 A 申请到 R。此时死锁不可避免，因为 B 向下执行会阻塞在 R 上，而 A 会阻塞在 S 上。

(4) 进程 A 获得资源 R，而进程 B 获得 S。此时死锁不可避免，因为向下执行，A 会阻塞在 S 上，而 B 会阻塞在 R 上。

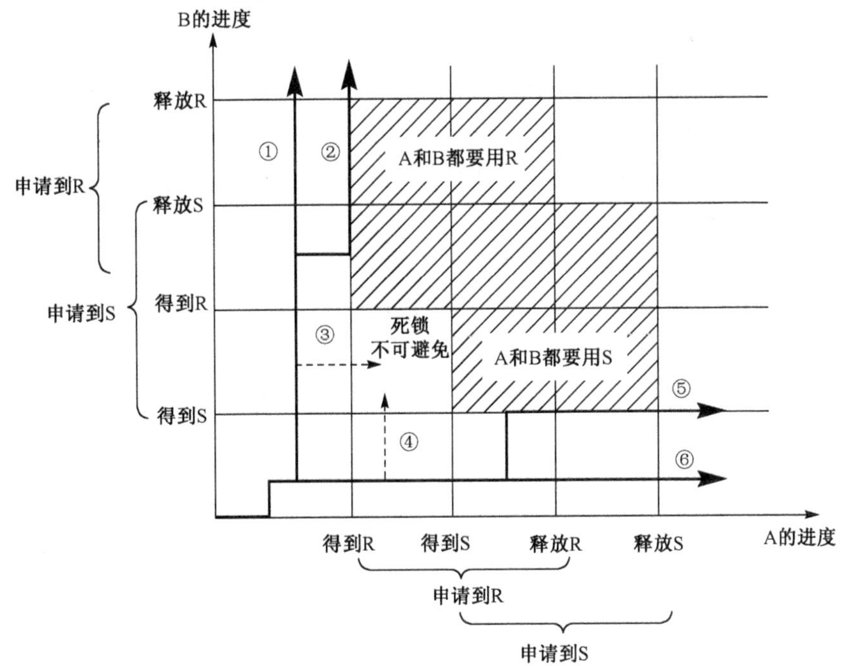

图 4-12　进程推进顺序对引发死锁的影响

(5) 进程 A 获得资源 R，然后又获得 S。接着进程 B 执行，因未申请到 S 而阻塞。之后，A 释放资源 R 和 S，当进程 B 恢复执行时，它能够获得这两个资源。

(6) 进程 A 获得资源 R 和 S，然后释放 R 和 S。当进程 B 恢复执行时，它能够获得这两个资源。

可见，是否产生死锁既取决于动态执行过程，也取决于应用程序的设计。例如，进程 A 不必同时申请两个资源：先申请并占用 R，使用后释放 R；然后申请并占用资源 S，使用后释放 S。那么，不管这两个进程如何动态前进，都不会出现死锁。

2. 产生死锁的必要条件

虽然进程在运行过程中可能发生死锁，但死锁的发生也必须具备一定的条件。综上所述不难看出，死锁的发生必须具备下列四个必要条件。

(1) 互斥条件：指进程对所分配到的资源进行排他性使用，即在一段时间内某资源只由一个进程占用，如果此时还有其他进程请求该资源，则请求者只能等待，直至占有该资源的进程用毕释放。这是由资源本身的属性所决定的。

(2) 请求和保持条件：指进程已经保持了至少一个资源，但又提出了新的资源请求，而该资源又已被其他进程占有，此时请求进程阻塞，但又对自己已获得的其他资源保持不放。

(3) 不剥夺条件：指进程已获得的资源在未使用完之前不能被剥夺，只能在使用完时由自己释放。

(4) 环路等待条件：指在发生死锁时，必然存在一个进程/资源的环形链，即进程集合{P0, P1, P2, …, Pn}中的 P0 正在等待一个 P1 占用的资源，P1 正在等待 P2 占用的资源，……，Pn 正在等待 P0 占用的资源。

上面提到的这四个条件在死锁时会同时发生，即只要有一个必要条件不满足，则死锁就可以排除。另外，这四个条件也不是完全无关的，环路等待条件就隐含着前三个条件的结果。

3. 处理死锁的基本方法

（1）预防死锁，这是一种较简单和直观的事先预防的方法。该方法是通过设置某些限制条件，去破坏产生死锁的四个必要条件中的一个或几个条件来预防发生死锁。预防死锁是一种较易实现的方法，已被广泛使用。但由于所施加的限制条件往往太严格，因而可能会导致系统资源利用率和系统吞吐量降低。

（2）避免死锁，该方法同样是属于事先预防的策略，但它并不需事先采取各种限制措施去破坏产生死锁的四个必要条件，而是在资源的动态分配过程中，用某种方法去防止系统进入不安全状态，从而避免发生死锁。这种方法只需事先施加较弱的限制条件，便可获得较高的资源利用率及系统吞吐量，但在实现上有一定的难度。目前在较完善的系统中常用此方法来避免发生死锁。

（3）检测死锁，这种方法并不需事先采取任何限制性措施，也不必检查系统是否已经进入不安全区，而是允许系统在运行过程中发生死锁。但可通过系统所设置的检测机构，及时地检测出死锁的发生，并精确地确定与死锁有关的进程和资源；然后，采取适当措施，从系统中将已发生的死锁清除掉。

（4）解除死锁，这是与检测死锁相配套的一种措施。当检测到系统中已发生死锁时，需将进程从死锁状态中解脱出来。常用的实施方法是撤销或挂起一些进程，以便回收一些资源，再将这些资源分配给已处于阻塞状态的进程，使之转为就绪状态，以继续运行。死锁的检测和解除措施有可能使系统获得较好的资源利用率和吞吐量，但在实现上难度也最大。

4.4.2 死锁的预防

预防死锁的方法就是使四个必要条件至少有一个不具备，那么就破坏了产生死锁的条件，从而可预防它的发生。由此可分别根据产生死锁的四个必要条件提出预防措施。

1. 破坏互斥条件

如果允许系统资源都能共享使用，则系统不会进入死锁状态。但有些资源，由于其特殊性质决定只能互斥地占有，而不能被同时访问。例如打印机，如果采用非独占的共享方式，允许多个进程同时使用，则出现进程交叉输出的情形，可能导致输出信息不易读。所以，一般来说，用否定互斥条件的办法是不能预防死锁的。

2. 破坏请求和保持条件

为使系统从来不会出现请求和保持条件，需要保证一个进程无论什么时候都可申请它没有占有的任何资源。一种办法是预分配资源策略，即在一个进程开始执行之前就申请并分到它所需的全部资源，从而在执行过程中就不需要申请另外的资源。由于预先就为它把所需的资源都准备好了，从而可以保证它能运行到底。

另一种办法是空手申请资源策略，即每个进程仅在它不占有资源时才可以申请资源。一个进程可能需要申请并使用某些资源，在它们申请另外附加资源之前，必须先释放当前分到的全部资源。

上述两种方法是有差别的。现在考虑一个进程，它把数据从磁带机复制到盘文件，把盘文件排序，然后在行式打印机上打印结果。如果采用预分配资源策略，那么该进程最初就必须申请磁带机、盘文件和行式打印机。在该进程的整个执行期间，它将一直占有打印机，尽管它在最后才用到打印机。如果采用空手申请资源策略，则允许进程最初只申请磁带机和盘文件，它把数据从磁带机复制到磁盘，然后就释放磁带机和盘文件。以后，该进程必须再次申请盘文件和行式打印机。盘文件在行式打印机上打印之后，就释放这两个资源，该进程终止。

这种预防死锁的方法其优点是简单、易于实现而且安全。但是也存在以下四个主要缺点。

(1) 在很多情况下，一个进程在执行前，无法知道它所需要的全部资源。原因是进程是动态执行的，执行过程是不可预测的。

(2) 资源利用率低。无论所分资源何时才能用到，一个进程只有在占有所需要的全部资源后才能执行，即使有些资源最后才被该进程用到一次，从而出现资源长期占着不用的现象。这显然是极大的浪费。

(3) 降低了进程的并发性。因为资源有限，又加上存在浪费，能够分到所需全部资源的进程个数必然减少了。

(4) 可能出现有的进程总得不到运行机会的“饥饿”状况。如果一个进程需要很多资源，它们又都是众多进程争夺的对象，那么该进程必然无限期地等待下去，因为它所需要的资源中至少有一个总是被另外某个进程占有着。

3. 破坏不剥夺条件

产生死锁的第三个必要条件是对已分配资源的非抢占式分配。为了破坏这个条件，可以使用两种方法来做。一是隐式抢占方式，二是抢占等待者的资源。

1）隐式抢占

如果一个进程占有某些资源，它还要申请被别的进程占有的资源，该进程就一定处于等待状态。这时，该进程当前所占有的全部资源可被抢占。也就是这些资源隐式地释放了。在该进程的资源申请表中加上刚被剥夺的资源。仅当该进程获得它被剥夺的资源和新申请的资源时，它才能重新启动。

2）抢占等待者的资源

若一个进程申请某些资源，首先应检查它们是否可供使用。如果可用，就分给该进程；如果它们不可用，就要查看它们是否已分给另外某个正等待其他资源的进程。如果是这样，就把所需资源从等待进程那抢过来，分给申请它们的进程。如果该资源不可用，即没有被等待进程占有，那么申请进程必须等待。当该进程等待时，它的某些资源可被抢占过去。但是这仅在另外的进程需要它们时才被抢占。仅当一个进程分到它所需的新资源并且恢复在它等待期间被抢占的所有资源的情况下，它才能重新启动。

剥夺资源时需保存现场信息，因为使用资源的进程尚未主动释放资源，并不知晓所占资源已被系统剥夺。这种做法开销很大，常用于资源状态易于保留和恢复的环境中，如CPU和内存空间，但一般不能用于打印机或磁带机之类的资源。

4. 破坏循环等待条件

为了不出现循环等待条件，一种方法是实行资源有序分配策略，即把全部资源事先按类编号，然后依次分配，使进程申请、占用资源时不会形成环路。

设$R=\{r_1, r_2, \cdots, r_m\}$，表示一组资源类型。定义一对一的函数$F$：$R \rightarrow N$，式中$N$是一组自然数。例如，一组资源包括磁带机、磁盘机和打印机。函数F定义如下：

$$F(\text{磁带机})=1，F(\text{磁盘机})=5，F(\text{打印机})=12$$

为了预防死锁，做如下规定：所有进程对资源的申请严格按照序号递增的次序进行，即一个进程最初可以申请任何类型的资源，比如 Ri，此后该进程可以申请一个新资源 Rj，当且仅当 F(Rj)>F(Ri)。例如，按上述规定，一个期望同时使用磁带机和打印机的进程必须首先申请磁带机，然后申请打印机。

另一种申请办法也很简单：先弃大，再取小。也就是说，无论何时，一个进程申请资源 Rj，它应释放所有满足 F(Ri)≥F(Rj)关系的资源 Ri。

这两种办法都是可行的，都可排除环路等待条件。以下采用反证法来证明，若存在循环等待，设在环路中的一组进程为{P0, P1, P2,⋯, Pn}，这里 Pi 等待进程 Pi+1 占有的资源 Ri(下标取模运算，从而 Pn 等待 P0 占有的资源)。由于 Pi+1 占有资源 Ri，又申请资源 Ri+1，从而一定存在 F(Ri)<F(Rj+1)，该式对所有的 i 都成立。于是就有

$$F(\mathrm{R}0) < F(\mathrm{R}1) < \cdots < F(\mathrm{R}n) < F(\mathrm{R}0)$$

由传递性得到

$$F(\mathrm{R}0) < F(\mathrm{R}0)$$

显然，这是不可能的。因此，上述假设不成立，表明不会出现循环等待条件。应注意到，函数 F 的定义应当按照系统中资源的通常使用顺序。例如，通常磁带机是在打印机之前使用，因而有

$$F(\text{磁带机}) < F(\text{打印机})。$$

这种预防死锁的策略与前两种策略比较，其资源利用率和系统吞吐量都有较明显的改善。但也存在严重问题。首先是为系统中各类资源所分配的序号必须相对稳定，这就限制了新类型设备的增加。其次，尽管在为资源的类型分配序号时已经考虑到大多数作业在实际使用这些资源时的顺序，但也经常会发生这种情况：即作业(或进程)使用各类资源的顺序与系统规定的顺序不同，造成对资源的浪费。第三，为方便用户，系统对用户在编程时所施加的限制条件应尽量少。然而这种按规定次序申请的方法，必然会限制用户简单、自主地编程。

4.4.3 死锁的避免

死锁的预防是一种静态策略，它使产生死锁的四个必要条件不能同时具备，对进程申请资源的活动施加较强的限制条件，以保证死锁不会发生。但是这种方式降低了资源的利用率和系统的吞吐量。本节介绍死锁的避免，是一种动态策略，它不限制进程有关申请资源的命令，而是对进程发出的每个申请资源命令加以检查，根据检查结果决定是否进行资源分配。在这种方法中，把系统的状态分为安全状态和不安全状态，只要使系统能始终处于安全状态，便可避免发生死锁，可以进行资源分配。

1. 安全状态

首先引入安全序列的概念。针对当前分配状态，系统至少能够按照某种顺序为每个进程分配其所需资源，直至满足每个进程对资源的最大需求，使每个进程都能顺利地完成，这种进程序列{P1, P2,⋯, Pn}就是安全序列。如果存在这样一个安全序列，则系统此时的分配状态是安全的；如果不存在这样一个安全序列，则系统是不安全的。

具体来讲，在当前分配状态下，进程的安全序列{P1,P2,⋯,Pn}是这样组成的：若对于每一个进程 Pi($1 \leqslant i \leqslant n$),它需要的资源可被系统中当前可用资源与所有进程 Pj ($j \leqslant i$) 当前占有资

源所满足，则{P1,P2,…,Pn}为一个安全序列。这时系统处于安全状态，不会进入死锁状态。因为进程可以按安全序列的顺序一个接一个地完成，即便某个进程Pi因为所需的资源量超过系统当前所剩余的资源总量，从而不能马上运行，但它可以等待前面的所有进程Pj执行完毕，释放所占用的资源，最终使Pi可以获得所需要的全部资源，一直运行到结束。

虽然并非所有的不安全状态都必然会转为死锁状态，但当系统进入不安全状态后，便有可能进入死锁状态；反之，只要系统处于安全状态，系统便可避免进入死锁状态。因此，避免死锁的实质在于，系统在进行资源分配时如何防止系统进入不安全状态。

下面通过一个例子说明系统安全的概念。

设系统中共有10台磁带机，有三个进程P1、P2和P3，分别拥有3台、2台和2台磁带机。而它们各自的最大需求分别是9台、4台和7台磁带机。此时，系统已分配了7台磁带机，还有3台空闲。表4-8给出了三个进程在不同时刻占有资源及向前推进的情况。

表4-8　系统安全状态示意图

时刻	已占有台数			最大需求台数			当前可用台数
	进程P1	进程P2	进程P3	进程P1	进程P2	进程P3	
T0	3	2	2	9	4	7	3
T1	3	4	2	9	4	7	1
T2	3	0	2	9	—	7	5
T3	3	0	7	9	—	7	0
T4	3	0	0	9	—	—	7
T5	9	0	0	—	—	—	1
T6	0	0	0	—	—	—	10

从表4-8中可以看出，在T0时刻，系统处于安全状态，因为存在一个如表中所示的分配序列，使得所有进程都能完成。具体来说，假设在T1时刻又分给P2进程2台磁带机，满足它的最大需求，它在T2时刻完成；在T3时刻调度进程P3运行，为它又分配5台磁带机，它在T4时刻完成；在T5时刻又为进程P1分配6台磁带机，满足它的最大需求，在T6时刻完成。至此，三个进程全部完成。所以，在T0时刻，系统中存在一个安全序列{P2, P3, P1}。此时，系统的状态是安全的。

若不按照安全序列分配资源，则系统可能会由安全状态转换为不安全状态。表4-9在与表4-8相同的初始条件下，采用另外的资源分配方式，则会进入不安全状态。

表4-9　系统不安全状态示意图

时刻	已占有台数			最大需求台数			当前可用台数
	进程P1	进程P2	进程P3	进程P1	进程P2	进程P3	
T0′	3	2	2	9	4	7	3
T1′	4	2	2	9	4	7	2
T2′	4	4	2	9	4	7	0
T3′	4	0	2	9	—	7	4

从表4-9看出，在T0′时刻系统的状态与表4-8中T0时刻相同，因而此时是安全状态。然而，假设下一时刻T1′，进程P1申请并得到一台磁带机；在T2时刻，进程P2又得到2台磁带机，满足其最大需求；在T3′时刻，进程P2完成工作，释放其所占的全部4台磁带机，系统中当前可用的磁带机就只有这4台，而进程P1和P3都各自需要5台磁带机才能完成工

作。在此情况下，没有任何分配方案能够保证工作的完成。也就是说，在 T1′ 时刻，系统处于不安全状态。从 T0′ 到 T1′ 的分配方案，使系统由安全状态转为不安全状态，因此，在 T1 时刻不应满足进程 P1 对磁带机的申请。

给出安全状态的概念，就可以定义避免死锁或防止进入不安全状态的算法。更准确地讲，当用一个进程申请一个可用资源时，系统必须决定，是把资源立即分配给它，还是让进程等待，仅当系统处于安全状态下才能满足其申请。

2. 银行家算法

最有代表性的避免死锁算法就是银行家算法，该算法因用于银行系统现金贷款的发放而得名。银行家可以把一定数量的资金供多个用户周转使用，为保证资金的安全，银行家规定，当一个用户对资金的最大需求量不超过银行家现有的资金时，就可接纳该用户。用户可以分期贷款，但贷款的总数不能超过最大需求量。当银行家现有的资金不能满足用户的需求贷款数时，对用户的贷款可推迟支付，但总能使用户在有限的时间里得到贷款。当用户得到所需的全部资金后，一定能在有限的时间里归还所有的资金。

可以把操作系统看做是银行家，操作系统管理的资源相当于银行家管理的资金。进程向操作系统请求分配资源，相当于用户向银行家贷款。操作系统按照银行家制定的规则为进程分配资源。当进程首次申请资源时，要测试该进程对资源的最大需求量，如果系统现存的资源可以满足它的最大需求量，则按当前的申请量分配资源，否则就推迟分配。当进程在执行中继续申请资源时，先测试该进程已占用的资源数与本次申请的资源数之和是否超过了该进程对资源的最大需求量，若超过则拒绝分配资源；若没有超过，则再测试系统现存的资源能否满足该进程需求的最大资源量。若能满足，则按当前的申请量分配资源；否则也要推迟分配。这样做能保证在任何时刻至少有一个进程可以得到所需要的全部资源而执行到结束。执行结束后，归还的资源加入到系统的剩余资源中，这些资源又至少可以满足一个进程的最大需求。于是保证了所有进程都能在有限的时间内得到需要的全部资源。

为了实现银行家算法，系统中必须设置若干个数据结构，用它们表示资源分配系统的状态。

可利用资源向量 Available。这是一个含有 m 个元素的一维数组。其中的每个元素代表一类可利用的资源数目，其初始值是系统中所配置的该类全部可用资源的数目，其数值随该类资源的分配和回收而动态地改变。如果 Available[j]=K，则表示系统中现有 Rj 类资源 K 个。

最大需求矩阵 Max。这是一个 $n\times m$ 的矩阵，它定义了系统中 n 个进程中的每个进程，对 m 类资源的最大需求。如果 Max[i,j]=K，则表示进程 i 需要 Rj 类资源的最大数目为 K。

分配矩阵 Allocation。这也是一个 $n\times m$ 的矩阵，它定义了系统中每一类资源，当前已分配给每一进程的资源数。如果 Allocation[i,j]=K，则表示进程 i 当前已分得 Rj 类资源的数目为 K。

需求矩阵 Need。这也是一个 $n\times m$ 的矩阵，用以表示每一个进程尚需的各类资源数。如果 Need[i,j]=K，则表示进程 i 还需要 Rj 类资源 K 个，方能完成其任务。

上述三个矩阵间存在下述关系：

$$\text{Need}[i, j] = \text{Max}[i, j] - \text{Allocation}[i, j]$$

1）资源分配算法

设 Request_i 是进程 Pi 的请求向量。如果 $\text{Request}_i[j]$=K，表示进程 Pi 需要 K 个 Rj 类型的资源。当 Pi 发出资源请求后，系统按下述步骤进行检查：

(1) 如果 $\text{Request}_i[j] \leqslant \text{Need}[i, j]$，便转向步骤(2)；否则认为出错，因为它所需要的资源数已超过它所宣布的最大值。

(2) 如果 $\text{Request}_i[j] \leqslant \text{Available}[j]$，便转向步骤(3)；否则，表示尚无足够资源，P*i* 需等待。

(3) 系统试探着把资源分配给进程 P*i*，并修改下面数据结构中的数值：

$\text{Available}[j]= \text{Available}[j]-\text{Request}_i[j]$;

$\text{Allocation}[i, j] = \text{Allocation}[i, j]+\text{Request}_i[j]$;

$\text{Need}[i, j]=\text{Need}[i, j]-\text{Request}_i[j]$;

(4) 系统执行安全性算法，检查此次资源分配后系统是否处于安全状态。若安全，才正式将资源分配给进程 P*i*，以完成本次分配。否则将本次的试探分配作废，恢复原来的资源分配状态，让进程 P*i* 等待。

2) 安全性算法

系统所执行的安全性算法可描述如下：

设置两个向量：

工作向量 Work，它表示系统可提供给进程继续运行所需的各类资源数目。它含有 *m* 个元素，在执行安全算法开始时，Work=Available。

完成向量 Finish，它表示系统是否有足够的资源分配给进程，使之运行完成。开始时先做 Finish[*i*]=false；当有足够资源分配给进程时，再令 Finish[*i*]=true。

从进程集合中找到一个能满足下述条件的进程：

(1) Finish[*i*]=false；

(2) $\text{Need}[i, j] \leqslant \text{Work}[j]$；若找到，执行步骤(3)，否则，执行步骤(4)。

(3) 当进程 P*i* 获得资源后，可顺利执行，直至完成并释放出分配给它的资源，故应执行：

$\text{Work}[j]= \text{Work}[j]+\text{Allocation}[i, j]$;

Finish[*i*]=true;

转到步骤(2)。

(4) 如果所有进程的 Finish[*i*]=true 都满足，则表示系统处于安全状态，否则系统处于不安全状态。

3) 银行家算法举例

假定系统中有五个进程{P0, P1, P2, P3, P4}和三类资源{A, B, C}，各种资源的数量分别为 10、5、7，在 T0 时刻的资源分配情况如表 4-10 所示。

表 4-10　T0 时刻的资源分配表

进程	Max			Allocation			Need			Available		
	A	B	C	A	B	C	A	B	C	A	B	C
P0	7	5	3	0	1	0	7	4	3	3 (2	3 3	2 0)
P1	3	2	2	2 (3	0 0	0 2)	1 (0	2 2	2 0)			
P2	9	0	2	3	0	2	6	0	0			
P3	2	2	2	2	1	1	1	1	1			
P4	4	3	3	0	0	2	4	3	1			

(1) T0 时刻的安全性。

利用安全性算法对 T0 时刻的资源分配情况进行分析，如表 4-11 所示，在 T0 时刻存在着一个安全序列{P1, P3, P4, P2, P0}，故系统是安全的。

(2)　P1 请求资源。

P1 发出请求向量 Request(1, 0, 2)，系统按银行家算法进行检查：

① Request(1, 0, 2)≤Need(1, 2, 2)；

② Request(1, 0, 2)≤Available(3, 3, 2)；

③ 系统先假定可为 P1 分配资源，并修改 Available、Allocation 和 Need 向量，由此形成的资源变化情况如表 4-10 中的圆括号所示。

④ 再利用安全性算法检查此时系统是否安全，如表 4-12 所示。

由安全性检查可知，可以找到一个安全序列{P1, P3, P4, P0, P2}。因此，系统是安全的，可以立即将 P1 所申请的资源分配给它。

表 4-11 T0 时刻的安全序列

进程	Work			Need			Allocation			Work+Allocation			Finish
	A	B	C	A	B	C	A	B	C	A	B	C	
P1	3	3	2	1	2	2	2	0	0	5	3	2	True
P3	5	3	2	0	1	1	2	1	1	7	4	3	True
P4	7	4	3	4	3	1	0	0	2	7	4	5	True
P2	7	4	5	6	0	0	3	0	2	10	4	7	True
P0	10	4	7	7	4	3	0	1	0	10	5	7	True

表 4-12 P1 申请资源时的安全性检查

进程	Work			Need			Allocation			Work+Allocation			Finish
	A	B	C	A	B	C	A	B	C	A	B	C	
P1	2	3	0	0	2	0	3	0	2	5	3	2	True
P3	5	3	2	0	1	1	2	1	1	7	4	3	True
P4	7	4	3	4	3	1	0	0	2	7	4	5	True
P0	7	4	5	7	4	3	0	1	0	7	5	5	True
P2	7	5	5	6	0	0	3	0	2	10	5	7	True

(3) P4 请求资源。

P4 发出请求向量 Request(3, 3, 0)，系统按银行家算法进行检查：

① Request(3, 3, 0)≤Need(4, 3, 1)；

② Request(3, 3, 0)>Available(2, 3, 0)，让 P4 等待。

(4) P0 请求资源。

P0 发出请求向量 Request(0, 2, 0)，系统按银行家算法进行检查：

① Request(0, 2, 0)≤Need(7, 4, 3)；

② Request(0, 2, 0)≤Available(2, 3, 0)；

③ 系统暂时先假定，可为 P0 分配资源，并修改有关数据，如表 4-13 所示。

表 4-13 为 P0 分配资源后有关资源数据

进程	Allocation			Need			Available		
	A	B	C	A	B	C	A	B	C
P0	0	3	0	7	3	2	2	1	0
P1	3	0	2	0	2	0			
P2	3	0	2	6	0	0			
P3	2	1	1	0	1	1			
P4	0	0	2	4	3	1			

(5) 进行安全性检查。

可用资源 Available(2, 1, 0)已不能满足任何进程的需要，故系统进入不安全状态，此时系统不分配资源。

4.4.4 死锁的检测

避免死锁的方法在每次资源申请时，系统都需要做安全性检查，开销很大。另外，进程往往申请资源的总数是不可能预先知道的，算法实现起来困难较大。若系统中不制定死锁防范措施，允许死锁出现，让系统通过定时检测来确认进程是否进入死锁状态。一旦发现死锁应立即排除，以确保系统继续正常运行。

可以采用化简资源分配图的方法来检测系统中有无进程处于死锁状态。

1. 资源分配图

一个系统资源分配图是一个二元组 G = (V, E)，其中 V 是节点集，E 是边集。节点集定义为 V = P∪R，其中 P = {P1, P2, …, P*n*}为系统中所有进程构成的集合，R = {R1, R2, …, R*m*}为系统中所有资源类构成的集合。边集 E={(P*i*, R *j*)}∪{(R *j*, P*i*)}，其中 P*i*∈P，R *j*∈R。如果(R*j*, P*i*)∈E，则有一条由资源类 R*j* 到进程 P*i* 的有向弧，表示资源类 R *j* 中的一个资源被进程 P*i* 占有。如果(P*i*, R*j*)∈E，则有一条由进程 P*i* 到资源类 R*j* 的有向弧，表示进程 P*i* 申请资源类 R *j* 中的一个资源。将形如(P*i*, *R j*)的边称为申请边，将形如(R *j*, P*i*)的边称为分配边。

在图上，将每一个进程表示为一个圆圈，每一个资源类表示一个方框。由于一个资源类中可能含有多个资源实例，在方框中用圆点表示同一资源类中的各个子资源实例。注意，申请边只指向方框，表明申请时不指定资源实例；而分配边则由方框中的某一圆点引出，表明那一个资源实例已被占用。

当进程 P*i* 申请资源类 R *j* 中的一个资源实例时，在资源分配图中增加一条申请边。当该申请边被满足时，该申请边立即改为一条分配边。当进程释放该资源实例时，该分配边被去掉。

根据上述资源分配图的定义容易证明：如果图中没有环路，则系统中没有死锁；如果图中存在环路，则系统中可能存在死锁。

如果每个资源类中均只有唯一的资源实例，则环路的存在意味着死锁的存在。如果存在一个由所有资源类构成集合的一个子集，该子集中的每一资源类均只有唯一的资源实例，则环路的存在即意味着死锁的存在。在上述情况下，环路是死锁的充分和必要条件。如果每个资源类包含若干个资源实例，则环路不一定意味着死锁的存在。此时，环路是死锁的必要条件，但不是充分条件。

例如，进程 P、资源类集 R 及边集 E 定义如下：

P={P1, P2, P3}

R={R1(1), R2(2), R3(1), R4(3)}

E={(R1, P2),(R2, P2)(R2, P1)(R3, P3),(P1, R1),(P2, R3),(R4, P3)}

其中资源类 R *j* 后面括号中的数字表示资源实例的个数。对应的资源分配图如图 4-13 所示。此时，进程 P1 占有资源类 R2 中的一个实例，等待资源类 R1 中的一个实例；进程 P2 占有 R1 和 R2 各一个资源类实例，等待 R3 的一实例；进程 P3 占有 R3 和 R4 中各一个实例。由于资源分配图没有环路，因而不存在死锁。

对于图 4-13，如果进程 P3 申请资源类 R2 中的一个实例。由于没有空闲的资源，将增加一条申请边(P3, R2)，形成图 4-14。此时，出现 2 条环路：P1→ R1→ P2 → R3→ P3→ R2→ P1 和 P2→ R3→P3→R2→P2。进一步分析可以验证，此时系统已经发生死锁，且进程 P1、P2 和 P3 都参与了死锁。

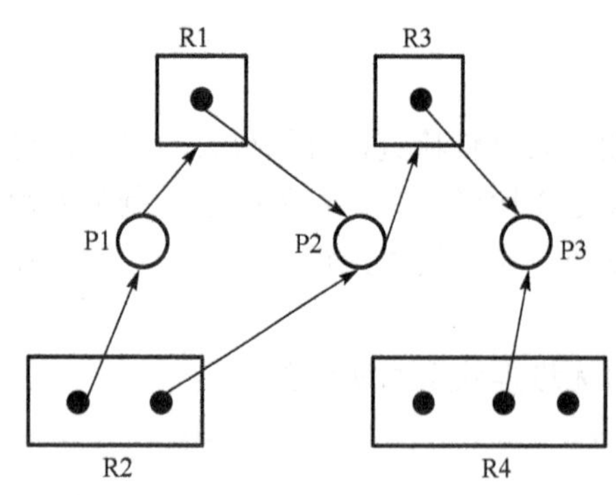

图 4-13 无环路的资源分配图

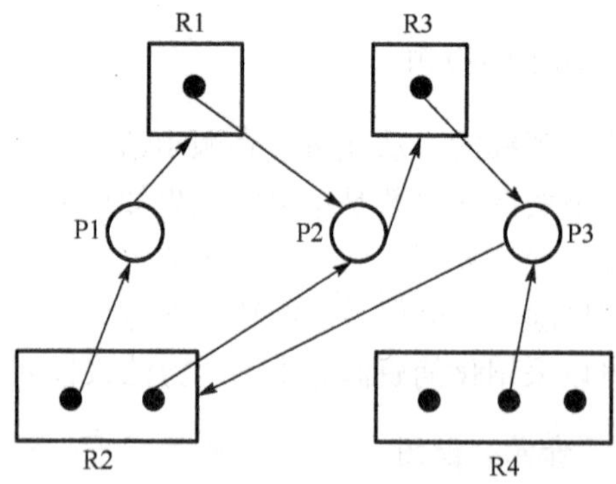

图 4-14 有环路且有死锁的资源分配图

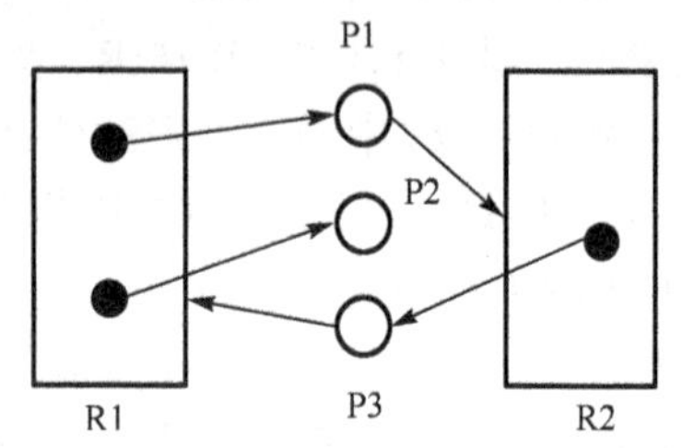

图 4-15 有环路但无死锁的资源分配图

在有些资源分配图中，有环路但无死锁，如图 4-15 所示。

图 4-15 也有一个环路：P1→ R2→ P3→ R1→ P1，然而并不存在死锁。进程 P2 可能会释放资源类 R1 中的一个实例，该资源实例可以分配给进程 P3，从而使环路断开。

综上所述，如果资源分配图中不存在环路，则系统中不存在死锁。反之，则系统中可能存在死锁，也可能不存在死锁。

2. 死锁定理

可以对资源分配图的约简来判断系统是否处于死锁状态。资源分配图约简方法如下：

(1) 寻找一个非孤立且没有请求边的进程节点 Pi。如果没有，则算法结束。

(2) 去除所有 Pi 的分配边，使 Pi 成为一个孤立节点。

(3) 寻找所有请求边均可满足的进程 Pj，将 Pj 的请求边全部改为分配边。

(4) 转步骤(1)，继续执行。

算法结束时，若所有节点均为孤立节点，则称资源分配图是完全可以约简的，否则称为不可完全约简的。相关文献已经证明，系统处于死锁状态的充分必要条件是资源分配图不可完全约简。这一结论称为死锁定理。

例如，图 4-13 和图 4-15 所示的资源分配图是可以完全约简的，因而系统未发生死锁；而图 4-14 所示的例子是不可完全约简的，因而系统已经发生死锁。

3. 死锁检测算法

下面介绍的死锁算法用到一些数据结构，与银行家算法用到的结构相似。

Available：长度为 m 的向量，记录当前各个资源类中空闲资源实例的个数。

Allocation：$m \times n$ 的矩阵，记录当前每个进程占有各个资源类中资源实例的个数。

Request：$m \times n$ 的矩阵，记录当前每个进程申请各个资源类中资源实例的个数。如 Request[i, j]=k，则表示进程 Pi 申请资源类 Rj 中 k 个资源实例。

为了简洁表达两个向量间的关系和赋值操作，将矩阵 Allocation 和 Request 的行看作向量，并且分别表示为 Allocation[*i*]和 Request[*i*]。

算法步骤

① 令 Work 和 Finish 分别是长度为 *m* 和 *n* 的向量，初始值设置为：

- Work=Available。
- 对于所有 $i = 1,2,\cdots,n$，如果 Allocation[*i*]≠0，则 Finish[*i*]=false，否则 Finish[*i*]=true。

② 寻找满足下述条件的下标 i:

- Finish[*i*]=false。
- Request[*i*]≤Work。

如果不存在满足上述条件的 *i*，则转步骤④执行。

③ Work=Work+Allocation[*i*];

Finish[*i*]=true;

转步骤②执行。

④ 如果存在 *i*，1≤*i*≤ *n*，Finish[*i*]=false，则系统处于死锁状态，且进程 P*i* 参与了死锁。

例如，系统中有 3 个资源类{A, B, C}。资源类 A 中有 7 个资源实例，B 中有 3 个，C 中有 6 个。又设系统中有 5 个进程{P0, P1, P2, P3, P4}。假定在 T_0 时刻，资源分配与申请情况如表 4-14 所示。

表 4-14　死锁检测算法的示例资源分配情况

进程	Allocation			Request			Available		
	A	B	C	A	B	C	A	B	C
P0	0	1	0	0	0	0	0	1	1
P1	2	0	0	2	0	2			
P2	3	0	3	0	0	0			
P3	2	1	1	1	0	0			
P4	0	0	2	0	0	2			

此时，系统不处于死锁状态，因为运行上述死锁检测算法可以得到一个进程序列{ P0, P2, P3, P1, P4}，它将使 Finish[*i*]=true，对于所有 1≤*i*≤ *n* 成立。

假定现在进程 P2 发出请求(0, 0, 1)，即申请资源类 C 中的一个资源实例。则资源分配情况如表 4-15 所示。

表 4-15　P2 申请一个单位的 C 资源后资源分配情况

进程	Allocation			Request			Available		
	A	B	C	A	B	C	A	B	C
P0	0	1	0	0	0	0	0	1	0
P1	2	0	0	2	0	2			
P2	3	0	3	0	0	1			
P3	2	1	1	1	0	0			
P4	0	0	2	0	0	2			

由于对所有的 *i*，Allocation[*i*]≠0，所以 Finish[*i*]=false。进程 P1 的 Request ≤ Work，标记 Finish[1]=true，回收其资源，Work=(0, 2, 0)，此时可用资源不能满足其余进程中任何一个的需要，因而 Finish[*i*]=false，出现死锁。

4. 死锁检测的时刻

何时进行死锁检测，主要取决于两个因素，一是死锁发生的频率，二是死锁所涉及的进程数。如果死锁发生的频率较高，则死锁检测的频率也应较高，否则会影响系统资源的利用率，也可能使更多的进程被卷入死锁，对死锁进程所对应的事件也会带来某种影响。死锁检测也会增加系统开销，影响系统执行效率。通常可以在如下时刻进行死锁检测。

1）进程等待时检测

因为仅当进程发出资源申请命令且此申请不能立即满足时才有可能发生死锁，所以每当进程等待时，便进行死锁检测，那么在死锁形成时就能够被发现。

2）定时检测

为了减少死锁检测所带来的系统开销，可以采取每隔一段时间进行一次死锁检测的策略。比如每隔 2 个小时检测一次。此时，一次检测可能会发现多个死锁。

3）资源利用率降低时检测

由于死锁的发生会使系统中可运行的进程数量降低，因而使处理机的利用率下降。可以在 CPU 的利用率降低到某一界限时开始死锁检测。

4.4.5 死锁的解除

当死锁已经发生并且被检测到时，应当将其消除以使系统从死锁状态中恢复过来。通常可以采取以下策略消除死锁。

1. 系统重启

系统重新启动是最简单、最常用的死锁解除方法。不过它的代价却是很大的，因为在此之前所有进程已经完成的计算工作都将付之东流，不仅包括参与死锁的所有进程，也包括未参与死锁的全部进程。

2. 剥夺资源

剥夺资源即剥夺死锁进程所占有的全部或部分资源。在实现时往往分两种情况。一种情况是逐步剥夺，即一次剥夺死锁进程所占有的一个或一组资源。如果死锁尚未解除，再继续剥夺，直至死锁解除。另一种情况是一次剥夺，即一次性地剥夺死锁进程所占有的全部资源。剥夺资源在很多情况下需要人工干预，特别是在大型主机上的批处理系统，往往由管理员强行把某些资源从占有者进程那里取过来分给其他进程。

3. 撤销进程

通过撤销参与死锁的进程，并回收它们所占用的资源，死锁也能得到解除。这里有两种处理策略。一种策略是一次性地撤销所有参与死锁的进程，这种处理方法简单，但是代价很高。比如有些进程可能已经计算了很长一段时间，把它们都终止了，必定丢失了先前所做的很多工作，以后还需要从头开始。另一种策略是逐一撤销参与死锁的进程，即按照一定的算法选择一个死锁进程，将其撤销并回收其占有的全部资源，然后判断是否还存在死锁。如果是，则选择并淘汰下一个将被淘汰的进程。如此反复，直至死锁被解除。

4. 进程回退

所谓进程回退就是让参与死锁的进程回退到以前没有发生死锁的某个节点上，并由此点开始继续执行，希望进程在交叉执行时不再发生死锁。进程在回退过程中释放部分资源，由系统分配给其他死锁进程。进程回退需要的系统开销是巨大的，它需要进程建立保存检查点、回退以及重启机制等措施，这需要花费大量的时间和空间。另外，一个进程回退应当处理好它在回退点到死锁点之间所造成的影响，如修改某一文件、给其他进程发消息等。这些在实现时往往难以做到。

4.4.6 饥饿与活锁

1. 饥饿

在一个动态系统中，资源请求与释放是经常发生的进程行为。对于每类系统资源，操作系统需要确定一种分配策略。当多个进程同时申请某类资源时，由分配策略来决定资源的分配次序。资源分配策略可能是公平的，能够保证请求者在有限的时间内获得所需资源；资源分配策略也可能是不公平的，即保证不了进程等待时间的最大上限。在这种情况下，即使系统没有发生死锁，进程也可能会无限期延迟。

当等待时间给进程推进和响应带来明显影响时，称发生了进程饥饿。当饥饿到一定程度的进程所赋予的任务即使完成也不再具有实际意义时，称该进程被饿死。饥饿没有其产生的必要条件，随机性很强，并且饥饿可以被消除。

死锁与饿死有一定相同点：二者都是由于竞争资源而引起的。但它们又有明显差别，主要表现在以下几个方面。

(1) 从进程状态考虑，死锁进程都处于等待状态，忙式等待(处于运行或就绪状态)的进程并非处于等待状态，但却可能被饿死。

(2) 死锁进程等待永远不会被释放的资源，饿死进程等待会被释放但却不会分配给自己的资源，表现为等待时限没有上界(排队等待或忙式等待)。

(3) 死锁一定发生了循环等待，而饿死则不然。这也表明通过资源分配图可以检测死锁存在与否，但却不能检测是否有进程饿死。

(4) 死锁一定涉及多个进程，而饥饿或被饿死的进程可能只有一个。

(5) 在饥饿的情形下，系统中有至少一个进程能正常运行，只是饥饿进程得不到执行机会。而死锁则可能会最终使整个系统陷入死锁并崩溃。

由于饥饿和饿死与资源分配策略有关，因而解决饥饿与饿死问题可从资源分配策略的公平性考虑，确保所有进程不被忽视。如时间片轮转算法(RR)，它将 CPU 的处理时间分成一个个时间片，就绪队列中的诸进程轮流运行一个时间片，当时间片结束时，就强迫运行程序让出 CPU，该进程进入就绪队列，等待下一次调度。同时，进程调度又去选择就绪队列中的一个进程，分配给它一个时间片，以投入运行。如此方式轮流调度。这样就可以在不考虑其他系统开销的情况下解决饥饿的问题。

2. 活锁

在忙式等待条件下发生的饥饿，称为活锁。它是指进程虽然没有被阻塞，但是由于某种条件不满足，一直尝试重试，却总是失败。例如，系统从就绪队列中找出一个进程，让其执行某一个任务。如果任务执行失败，那么将该进程重新加入就绪队列，继续等待执行。假如任务总是执行失败，或者某种依赖的条件总是不满足，那么进程一直在繁忙，却没有任何结果。

程序中错误的循环引用和判断有可能导致活锁。当某些条件总是不能满足的时候，可能陷入死循环的境地。进程间的协同操作也有可能导致活锁。例如，如果两个进程发生了某些条件的碰撞后重新执行，那么如果再次尝试后依然发生了碰撞，长此下去就有可能发生活锁。解决活锁的一种方案是对重试机制引入一些随机性。如果检测到冲突，那么就暂停随机的一定时间进行重试。这能大大减少碰撞的可能性。

4.4.7 死锁的综合处理

死锁的预防、避免和检测三种基本方法，在处理死锁方面有着不同的策略，但是每一种方法都有局限性，没有哪一种方法能够对操作系统遇到过的所有资源分配问题都能做到合适的处理。1973 年，有计算机专家提出把前面所讲的基本方法组合起来，使得系统中各级资源都以最优化的方式加以利用。其思想是，把系统中的全部资源分成几大类，整体上采用资源顺序分配法，再对每类资源根据其特点选择最合适的方法。

例如，将系统资源分成以下四类：

① 内部资源，指系统所用的资源，如 PCB 表、I/O 通道等。

② 主存、处理机。

③ 作业资源，如行打印机、磁带驱动器、文件等。

④ 辅助存储器。

可以将①、②、③、④类资源编号设置为 1、2、3、4，按编号递增次序申请资源。对于第 1，4 两类资源采用预分配法；对于第 2 类资源采用剥夺法；对于第 3 类资源采用死锁避免法。而对那些哪种方法也不适合的资源，可用死锁检测程序定期对系统进行检测，发现死锁后再排除死锁。

除此之外，还可以采取“鸵鸟政策”，即完全置之不理。如果一个系统采用这种方法，它既不能保证死锁从不发生，又不提供死锁检测和解除的机制，当死锁真正发生且影响系统的正常运行时，只有手工干预——重新启动。这是目前实际系统采用最多的一种策略。

不同的人对此持有不同的看法。数学家们认为这是完全不能接受的，他们认为死锁必须完全摒弃，无论代价如何。而工程师们则考虑死锁发生的频率和可能造成的后果。如果死锁平均每 2 年发生一次，而硬件故障、软件漏洞所造成的系统瘫痪频率远高于每 2 年一次，避免死锁所付出的代价毫无意义。UNIX 和 Windows 等商用系统都采用这种做法，一般用户宁愿忍受系统偶然性故障带来的损失，也不愿意经常进行死锁处理而牺牲系统性能。

4.5 典型例题讲解

4.5.1 单项选择题

【例 4.1】(　　)是作业存在的唯一标志。

A．作业名　　B．进程控制块　　C．作业控制块　　D．程序名

解析：作业控制块是作业存在的唯一标志，故本题答案为 C。

【例 4.2】设四个作业同时到达，每个作业的执行时间均为 2 个小时，它们在一台处理机上按单道方式运行，则平均周转时间为(　　)。

A．1 个小时　　B．5 个小时　　C．2.5 个小时　　D．8 个小时

解析：由于四个作业同时到达且按单道方式运行，则平均周转时间为：

$$[2+(2+2)+(2+2+2)+(2+2+2+2)]/4=5$$

故本题答案是 B。

【例 4.3】既考虑作业等待时间，又考虑执行时间的调度算法是(　　)。

A．响应比高者优先　　B．短作业优先

C．优先级调度　　D．先来先服务

解析：响应比高者优先调度算法既考虑作业的等待时间，又考虑作业的执行时间。故本题答案为 A。

【例 4.4】某一作业 8:00 到达系统，估计运行时间为 1 小时。若 10:00 开始执行该作业，其响应比是(　　)。

A．2　　B．1　　C．3　　D．0.5

解析：该作业的响应比为 1+(10-8)/1=3，故本题答案为 C。

【例 4.5】下列进程调度算法中，(　　)可能会出现进程长期得不到调度的情况。

A．静态优先权算法　　B．抢占式调度中采用的动态优先权算法

C．分时处理中时间片轮转算法　　D．非抢占式调度中采用 FIFO 算法

解析：抢占式动态优先权算法中，优先权可以随着时间的延长而不断增加，因此一个低优先级的进程最终也能获得一个较高的优先级。时间片轮转算法中，每个进程依次按时间片轮流进行，每个进程都会得到调度。先来先服务中不存在一个进程长期得不到调度的情况。静态优先权算法中，由于优先权是在创建进程时确定的，且在整个运行期间保持不变，这样一来，低优先权进程将会受到后来进入系统的一些高优先权进程的“排挤”，以致长期得不到运行。故本题答案为 A。

【例 4.6】下列对多级队列调度和多级反馈队列调度不同点的叙述中，错误的是(　　)。

A．多级队列调度用到优先权，而多级反馈队列调度中没有用到优先权

B．多级反馈队列调度中就绪队列的设置不是像多级队列调度一样按作业性质划分，而是按时间片的大小划分

C．多级队列调度中的进程固定在某一个队列中，而多级反馈队列调度中的进程不固定。

D．多级队列调度中每个队列按作业性质不同而采用不同的调度算法，而多级反馈队列调度中除了个别队列外，均采用相同的调度算法。

解析：由于多级队列调度和多级反馈队列调度都用到了优先权，所以选项 A 不正确。其他几个选项是对多级队列调度和多级反馈队列调度不同点的总结。故本题答案是 A。

【例 4.7】为多道程序提供的可共享资源不足时，可能出现死锁。但是，不适当的(　　)也可能产生死锁。

A．进程优先权　　B．资源的线性分配

C．进程推进顺序　　D．分配队列优先权

解析：产生死锁的原因是系统资源不足以及进程推进顺序非法，故本题正确答案为 C。

【例 4.8】资源的按序分配策略可以破坏(　　)条件。

A．互斥使用资源 B．占有且等待资源　　C．非剥夺资源　　D．循环等待资源

解析：采用有序资源分配法，可以保证系统中诸进程对资源的请求不能形成环路，故本题答案为 D。

【例 4.9】银行家算法在解决死锁问题中是用于(　　)的。

A．预防死锁　　B．避免死锁　　C．检测死锁　　D．解除死锁

解析：银行家算法用于避免死锁，故本题答案为B。

【例 4.10】某系统中有 3 个并发进程，都需要同类资源 4 个，试问该系统不会发生死锁的最少资源数是(　　)。

A．9　　B．10　　C．11　　D．12

解析：因系统中存在 3 个进程，每个都需要同类资源 4 个，当系统中资源数等于 10 时，无论怎样分配资源，其中至少有一个进程可以获得 4 个资源，该进程可以顺利运行完毕，从而可将资源回收，再分配给其他进程。如果资源数目是 9 且每个进程都已获得 3 个资源时，此时系统已无空闲资源，当其中一个进程再次申请资源时，则进入等待状态，其他进程的情况类似，此时出现死锁。故本题答案为B。

4.5.2　填空题

【例 4.11】________调度是处理机的高级调度，________调度是处理机的低级调度。

解析：作业调度是处理机的高级调度，进程调度是处理机的低级调度。故本题答案为作业和进程。

【例 4.12】一个作业可以分成若干顺序处理的加工步骤，每个加工步骤称为一个________。

解析：一个作业可以分成若干顺序处理的加工步骤，每个加工步骤称为一个作业步。故本题答案是作业步。

【例 4.13】确定作业调度算法时应注意系统资源的均衡使用，使________作业和________作业搭配运行。

解析：为了有利于系统资源的均衡使用，应使 I/O 繁忙作业和 CPU 繁忙作业搭配运行。故本题答案为 I/O 繁忙和 CPU 繁忙。

【例 4.14】进程调度方式有两种，一种是________，另一种是________。

解析：进程调度有非抢占方式和抢占方式两种。故本题答案是非抢占式和抢占式。

【例 4.15】若使当前运行进程总是优先级最高的进程，应选择________进程调度算法。

解析：抢占式优先权调度算法总是把处理机分配给具有最高优先权的进程。故本题答案是抢占式优先权。

【例 4.16】在有 m 个进程的系统中出现死锁，死锁进程的个数 k 应该满足的条件是________。

解析：当多个进程竞争资源时，才有可能引起死锁，且死锁进程的个数不可能大于系统中的进程总数。故本题答案是 $2 \leqslant k \leqslant m$。

【例 4.17】进程调度算法采用时间片轮转法时，如果时间片过大，就会使轮转法转化为________调度算法。

解析：当时间片过大，大到每个进程都能在一个时间片内完成，就会使轮转法转化为先来先服务算法。故本题答案是先来先服务。

4.5.3　综合题

【例 4.18】关于处理机调度，试问：①什么是处理机的三级调度？②处理机的三级调度分别在什么情况下发生？③各级调度分别完成什么工作？

解析：①处理机的三级调度是指高级调度(作业调度)、中级调度(交换调度)和低级调度(进程调度)。

② 高级调度在需要从后备作业队列中选择作业进入内存运行时发生；低级调度在需要选

择一个就绪进程投入运行时发生；中级调度在内存紧张不能满足进程运行需要时发生。

③ 高级调度决定把外存中处于后备队列的那些作业调入内存，并为它们创建进程和分配必要的资源，然后将新创建的进程放入就绪队列准备执行。低级调度则决定把就绪队列中的哪个进程将获得处理机，并将处理机分配给该进程使用。中级调度是在内存资源紧张的情况下将暂时不运行的进程(或进程的一部分)调至外存，待内存空闲时再将外存上具备运行条件的就绪进程(或进程的一部分)重新调入内存。

【例 4.19】若后备作业队列中等待运行的同时有三个作业 J1、J2、J3，已知它们各自的运行时间为 a、b、c，且满足 a<b<c，试证明采用短作业优先算法调度能获得最小平均作业周转时间。

解析：采用短作业优先算法调度时，三个作业的总周转时间为：

$$T1=a+(a+b)+(a+b+c)=3a+2b+c \quad ①$$

若不按短作业优先算法调度，不失一般性，设调度次序为：J2、J1、J3。则三个作业的总周转时间为：

$$T2=b+(b+a)+(b+a+c)=3b+2a+c \quad ②$$

令②–①式得到：

$$T2-T1=b-a>0$$

可见，采用短作业优先算法调度才能获得最小平均作业周转时间。

【例 4.20】假定要在一台处理机上执行如表 4-16 所示的作业，且假定这些作业在时刻 0 以 1、2、3、4、5 的顺序到达。①说明分别使用 FCFS、RR(时间片＝1)、SJF 以及非剥夺式优先调度算法时，这些作业的执行情况。(注意优先权高的数值小)②针对上述每种调度算法，给出平均周转时间和平均带权周转时间。

表 4-16　作业状况图

作业	执行时间	优先级
1	10	3
2	1	1
3	2	3
4	1	4
5	5	2

解析：采用 FCFS 调度算法的作业运行情况如表 4-17 所示。

表 4-17　FCFS 调度算法中各个作业的执行情况和周转时间

作业执行次序	执行时间	等待时间	开始时间	完成时间	周转时间	带权周转时间
1	10	0	0	10	10	1
2	1	10	10	11	11	11
3	2	11	11	13	13	6.5
4	1	13	13	14	14	14
5	5	14	14	19	19	3.8
作业平均周转时间		$\overline{T}=(10+11+13+14+19)/5=13.4$				
作业平均带权周转时间		$\overline{w}=(1+11+6.5+14+3.8)/5=7.26$				

采用 RR 调度算法时，各作业在系统中的执行轨迹如表 4-18 所示，作业运行情况如表 4-19 所示。

表 4-18　RR 算法中各个作业的执行次序

时间片	0	1	2	3	4	5	6	7	8	9
进程	1	2	3	4	5	1	3	5	1	5
时间片	10	11	12	13	14	15	16	17	18	19
进程	1	5	1	5	1	1	1	1	1	1

表 4-19　RR 算法中各个作业的运行情况

作业执行次序	执行时间	提交时间	完成时间	周转时间	带权周转时间
1	10	0	19	19	1.9
2	1	0	2	2	2
3	2	0	7	7	3.5
4	1	0	4	4	4
5	5	0	14	14	2.8
作业平均周转时间		$\overline{T}=(19+2+7+4+14)/5=9.2$			
作业平均带权周转时间		$\overline{w}=(1.9+2+3.5+4+2.8)/5=2.84$			

采用 SJF 调度算法的作业运行情况如表 4-20 所示。

表 4-20　SJF 算法中各个作业运行情况

作业执行次序	执行时间	等待时间	开始时间	完成时间	周转时间	带权周转时间
2	1	0	0	1	1	1
4	1	1	1	2	2	2
3	2	2	2	4	4	2
5	5	4	4	9	9	1.8
1	10	9	9	19	19	1.9
作业平均周转时间		$\overline{T}=(1+2+9+4+19)/5=7.0$				
作业平均带权周转时间		$\overline{w}=(1+2+2+1.8+1.9)/5=1.74$				

系统采用非剥夺式优先调度算法时，作业运行情况如表 4-21 所示。

表 4-21　非剥夺优先调度算法中各个作业运行情况

作业执行次序	优先级	执行时间	等待时间	周转时间	带权周转时间
2	1	1	0	1	1
5	2	5	1	6	1.2
1	3	10	6	16	1.6
3	3	2	16	18	9
4	4	1	18	19	19
作业平均周转时间		$\overline{T}=(1+6+16+18+19)/5=12$			
作业平均带权周转时间		$\overline{w}=(1+1.2+1.6+9+19)/5=6.36$			

【例 4.21】某系统有 R1、R2 和 R3 共 3 种资源，在 T0 时刻 P1、P2、P3 和 P4 这 4 个进程对资源的占有和需求情况如表 4-22 所示，此时系统的可用资源向量为(2, 1, 2)。试问：①将系统中各种资源总数和此刻各进程对各资源的需求数目用向量或矩阵表示出来。②如果此时 P1 和 P2 均发出资源请求向量 Request(1,0,1)，为了保证系统的安全性，应该如何分配资源给这两个进程？③ 如果②中两个请求立即得到满足后，系统此时是否处于死锁状态？

表 4-22　T0 时刻的资源分配表

进程	Max			Allocation		
	R1	R2	R3	R1	R2	R3
P1	3	2	2	1	0	0
P2	6	1	3	4	1	1
P3	3	1	4	2	1	1
P4	4	2	2	0	0	2

解析：①系统中资源总量为某时刻系统中可用资源量与各进程已分配资源量之和，即(2, 1, 2)+(1, 0, 0)+(4, 1, 1)+(2, 1, 1)+(0, 0, 2)=(9, 3, 6)

各进程对资源的需求量为各进程对资源的最大需求量与进程已分配资源量之差，即：

$$\begin{bmatrix} 3 & 2 & 2 \\ 6 & 1 & 3 \\ 3 & 1 & 4 \\ 4 & 2 & 2 \end{bmatrix} - \begin{bmatrix} 1 & 0 & 0 \\ 4 & 1 & 1 \\ 2 & 1 & 1 \\ 0 & 0 & 2 \end{bmatrix} = \begin{bmatrix} 2 & 2 & 2 \\ 2 & 0 & 2 \\ 1 & 0 & 3 \\ 4 & 2 & 0 \end{bmatrix}$$

② 若此时 P1 发出资源请求 Request(1,0,1)，按银行家算法进行检查：

Request(1,0,1) ≤ Need(2,2,2)

Request(1,0,1) ≤ Available(2,1,2)

试分配并修改相应的数据结构，由此形成的资源分配情况如表 4-23 所示。再利用安全性算法检查是否安全，可用资源 Available(1,1,1)已不能满足任何进程，系统进入不安全状态，此时系统不能将资源分配给 P1。此时 P2 发出资源请求 Request(1,0,1)，按银行家算法进行检查：

Request(1,0,1) ≤ Need(2,0,2)

Request(1,0,1) ≤ Available(2,1,2)

试分配并修改相应的数据结构，由此形成的资源分配情况如表 4-24 所示。

表 4-23　P1 请求资源后的资源分配表

进程	Allocation			Need			Available		
	R1	R2	R3	R1	R2	R3	R1	R2	R3
P1	2	0	1	1	2	1	1	1	1
P2	4	1	1	2	0	2			
P3	2	1	1	1	0	3			
P4	0	0	2	4	2	0			

③ 如果②中的两个请求立即得到满足，此刻系统并没有立即进入死锁状态，因为这时所有进程没有提出新的资源请求，全部进程均没有因资源请求没有得到满足而进入阻塞状态。只有当进程提出资源请求且全部进程都进入阻塞状态时，系统才处于死锁状态。

表 4-24　P2 请求资源后的资源分配表

进程	Allocation			Need			Available		
	R1	R2	R3	R1	R2	R3	R1	R2	R3
P1	1	0	0	2	2	2	1	1	1
P2	5	1	2	1	0	1			
P3	2	1	1	1	0	3			
P4	0	0	2	4	2	0			

再利用安全性算法检查是否安全，可得到如表 4-24 所示的安全检测情况。从表 4-25 可用看出，此时存在一个安全序列{P2,P3,P4,P1}，故该状态是安全的，可以立即将 P2 所申请的资源分配给它。

表 4-25　P2 请求资源后的安全性检查

进程	Work			Need			Allocation			Work+Allocation			Finish
P2	1	1	1	1	0	1	5	1	2	6	2	3	True
P3	6	2	3	1	0	3	2	1	1	8	3	4	True
P4	8	3	4	4	2	0	0	0	2	8	3	6	True
P1	8	3	6	2	2	2	1	0	0	9	3	6	True

4.6　本 章 小 结

在本章中，首先讲述了处理机调度的三个层次。在三级调度中重点讨论了高级调度和低级调度。高级调度也称为作业调度，它决定把外存中处于后备队列的那些作业调入内存，并为它们创建进程和分配必要的资源，然后将新创建的进程放入就绪队列准备执行。低级调度则决定把就绪队列中的哪个进程将获得处理机，并将处理机分配给该进程使用。由于处理机调度都将涉及作业或进程的队列，所以本章又讨论了三种类型的调度队列模型。

然后本章又讨论了影响作业调度的因素，以及选择调度方式和算法的准则。这些准则有的是面向用户的，有的是面向系统的。面向用户的准则包括周转时间短、响应时间快、截止时间的保证和优先权准则等。面向系统的准则有吞吐量高、资源利用率好和各类资源平衡利用。

本章中重点讨论了 FCFS、SJF、HRRF、HPF、RR 和多级反馈队列等调度算法的运行原理、适用范围以及优缺点等。同时也简要说明了实现实时调度的基本条件、算法的分类，介绍了两种实时调度算法，分别是最早截止时间优先算法和最低松弛度优先算法。

最后介绍了一个重要的操作系统概念——死锁。首先讲述了死锁产生的原因和必要条件。产生死锁的原因主要有两点，一是资源竞争，二是推进顺序不当。必要条件包括互斥条件、请求和保持条件、不剥夺条件和环路等待条件。根据这四个必要条件，讨论了死锁预防的基本方法。死锁的预防是一种静态策略，这种方式降低了资源的利用率和系统的吞吐量。而死锁的避免，是一种动态策略，它不限制进程有关申请资源的命令，而是对进程发出的每个申请资源命令加以检查，根据检查结果决定是否进行资源分配。在死锁避免中着重讲述了银行家算法。然后又论述了死锁的检测，可以采用化简资源分配图的方法来检测系统中有无进程处于死锁状态。如果检测到死锁，有四种方法可以解除死锁。然后介绍了与死锁有关的两个概念，一个是饥饿，一个是活锁。最后介绍了死锁综合处理的方法。

习　　题

一、单项选择题

1．现有三个同时到达的作业 J1、J2 和 J3，它们的执行时间分别为 T1、T2 和 T3，且 T1<T2<T3。系统按单道方式运行且采取短作业优先调度算法，则平均周转时间是(　　)。

A．T1+T2+T3　　B．(T1+T2+T3)/3　　C．(3T1+2T2+T3)/3　　D．(T1+2T2+3T3)/3

2．作业调度程序从处于(　　)状态的队列中选取适当的作业投入运行。

A．运行　　B．提交　　C．完成　　D．后备

3．三种主要类型的操作系统中都必须配置的调度是(　　)。

A．作业调度　　B．中级调度　　C．低级调度　　D．I/O 调度

4．当作业进入完成状态，操作系统(　　)。

A．将删除该作业并收回其所占资源，同时输出结果

B．将该作业的控制块从当前作业队列中删除，收回其所占资源，并输出结果

C．将收回该作业所占资源并输出结果

D．将输出结果并删除内存中的作业

5．(　　)是指从作业提交给系统到作业完成的时间间隔。

A．周转时间　　B．响应时间　　C．等待时间　　D．运行时间

6．发生死锁的必要条件有 4 个，要防止死锁的发生，可以通过破坏这 4 个必要条件之一来实现，但破坏(　　)条件是不太实际的。

A．互斥　　B．不可抢占　　C．部分分配　　D．循环等待

7．采用资源剥夺法可以解除死锁，还可以采用(　　)方法解除死锁。

A．执行并行操作　　B．撤销进程　　C．拒绝分配新资源　　D．修改信号量

8．在(　　)的情况下，系统出现死锁。

A．计算机系统发生了重大故障

B．有多个封锁的进程同时存在

C．若干进程因竞争资源而无休止地相互等待他方释放已占有的资源

D．资源数远远小于进程数或进程同时申请的资源数远远超过资源总数

9．(　　)优先权是在创建进程时确定的，确定之后在整个进程运行期间不再改变。

A．先来先服务　　B．静态　　C．动态　　D．短作业

10．从下面有关安全状态和非安全状态的论述中，正确论述的是(　　)。

A．安全状态是没有死锁的状态，非安全状态是有死锁的状态

B．安全状态是可能有死锁的状态，非安全状态也是可能有死锁的状态

C．安全状态是可能没有死锁的状态，非安全状态是有死锁的状态

D．安全状态是没有死锁的状态，非安全状态是可能有死锁的状态

二、填空题

1．在一个具有分时兼批处理的计算机操作系统中，如果有终端作业和批处理作业混合运行，________作业应优先占用处理机。

2．系统中有 n 个进程并发，共同竞争资源 X，且每个进程都需要 m 个 X 资源。为使该系统不会发生死锁，资源 X 最少要有________个。

3．进程调度机制由三个逻辑功能模块组成，分别是队列管理程序、___________和分派程序。

4．在三级调度方式中，中级调度实际上就是存储器管理中的________。

5．在面向用户的准则中，利用________可以衡量不同调度算法对相同作业流的调度性能，这个值越小越好。

6．________调度算法结合了先来先服务算法与最短作业优先算法两种方法的特点，兼顾了运行时间短和等候时间长的作业，公平且吞吐量大。

7．在含有硬实时任务的实时系统中，广泛采用________调度机制。

8．死锁定理是指，系统处于死锁状态的充分必要条件是________。

9．当等待时间给进程推进和响应带来明显影响时，称发生了进程________。

10．活锁是指________。

三、综合题

1．作业调度的影响因素有哪些?

2．在批处理系统、分时系统和实时系统中，各采用哪几种进程(作业)调度算法?

3．在时间片轮转法中，应如何确定时间片的大小?

4．在一个具有两个作业的批处理系统中，作业调度采用短作业优先的调度算法，进程调度采用以优先数为基础的抢占式调度算法，有如表 4-26 所示的作业序列(表中所列作业优先数即为进程优先数，数值越小优先级越高)。要求：①列出所有作业进入内存时间以及结束时间；②计算平均周转时间。

表 4-26　作业情况表

作业	到达时间	估计运行时间	优先数
A	10:00	40 分钟	5
B	10:20	30 分钟	3
C	10:30	50 分钟	4
D	10:50	20 分钟	6

5．在银行家算法中，若系统中出现如表 4-27 所示的资源分配情况，问：①该系统是否安全?②若进程 P2 此时提出资源申请(1, 2, 2, 2)，系统能否将资源分配给它?为什么?

表 4-27　系统资源分配情况

进程	Allocation				Need				Available			
	A	B	C	D	A	B	C	D	A	B	C	D
P0	0	0	3	2	0	0	1	2	1	6	2	2
P1	1	0	0	0	1	7	5	0				
P2	1	3	5	4	2	3	5	6				
P3	0	3	3	2	0	6	5	2				
P4	0	0	1	4	0	6	5	6				

第 5 章　存储器管理

内容提要:

本章主要包括以下内容：①程序的链接过程与装入过程；②连续分配方式，包括单一连续分配、固定分区分配、可变分区分配、可重定位分区分配；③基本分页存储管理方式，包括页表、地址变换机构、两级或多级页表、分页共享；④基本分段存储管理方式，包括段表、地址变换机构、分段共享及分段与分页的主要区别；⑤段页式存储管理方式，包括段表、页表、地址变换机构；⑥虚拟存储器的定义；⑦请求分页存储管理方式，包括请求分页存储管理方式的实现原理、内存分配策略、调页策略和页面置换算法(最佳置换算法、FIFO 置换算法、LRU 置换算法、Clock 置换算法等)；⑧请求分段存储管理方式，包括请求分段存储管理方式的实现原理、分段共享实现和运行时动态链接实现。

学习目标:

了解程序的生成过程，理解程序的链接及装入过程；掌握多任务系统内存连续分配算法；理解基本分页存储管理和基本分段存储管理程序逻辑地址到内存物理地址的映射过程；掌握虚拟存储器的定义，理解请求分页存储管理和请求分段存储管理的工作原理；掌握请求分页存储管理方式页面置换算法。

存储器是计算机系统的重要组成部分，程序都必须进入内存方可运行。存储器的管理，不仅涉及存储空间的分配与回收，存储器资源利用率的提高，还影响着程序的链接、装入和运行过程，因此，存储器管理是操作系统内核的重要组成部分。

5.1　存储器管理概述

5.1.1　存储器概述

存储器是计算机系统的重要组成部分，通常包括外存、内存、Cache、寄存器等四个级别的设备，体系结构如图 5-1 所示。外存存储容量相对较大，通常有几百 GB 到几 TB，可以永久地保存程序和数据，但存取速度相对较低，常见设备如磁盘。内存用于存储运行中的程序及数据，容量相对较小，通常有 2GB 到 4GB，存储空间采用一维地址编码，按照从低到高的顺序编排，掉电后其中的信息会全部丧失。寄存器位于 CPU 芯片内部，通常包含的个数不是太多，例如，Intel 8086 微处理器包含 14 个 16 位寄存器，用于存放 CPU 当前执行指令相关的数据。Cache 介于内存和寄存器之间，通过硬件以块为单位缓存内存中的数据，此过程对程序员来说是透明的，例如 Intel 酷睿 i5 微处理器包含三级高速缓存，容量为 8MB。本章所讲的存储器管理主要指的是内存管理。

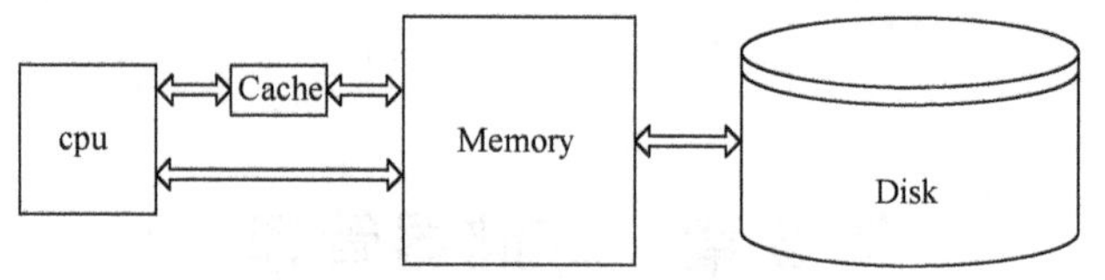

图 5-1 存储系统层次结构

5.1.2 存储器管理的主要功能

存储器管理是操作系统内核的重要组成部分，就多任务系统而言，其目标在于程序编译时地址独立，多道程序共享内存，互不干扰，充分提高内存的利用率，功能主要包括内存分配、地址映射、内存扩充和内存保护等。

1. 内存分配

多任务系统环境中，进程创建需要向操作系统提出内存分配申请，用于存储程序指令和数据。作为操作系统，必须实时记录内存的使用情况，包含空闲空间和占用空间使用情况。内存分配就是操作系统从空闲空间中划分出适当的空间给进程的过程，该过程决定了多道程序如何共享内存。根据程序占用内存空间是否连续，可以将内存分配分为连续内存分配(给程序分配一块连续的内存空间以存储程序的所有指令和数据)和离散内存分配(以页或段为单位给程序分配内存空间，页或段不必是连续的)。

2. 地址映射

内存由顺序编址的存储单元(通常为字或字节)组成，每个存储单元都有一个与之对应的地址，通常将该地址称为内存物理地址，或者物理地址。内存物理地址与计算机体系结构息息相关，由处理器地址引脚与存储器地址信号线的连接方式决定，对于 32 位计算机来说由 32 位无符号整数表示。高级语言源程序或汇编语言源程序经过编译，转变为 CPU 可以识别的指令或数据，这些指令或数据参照于一个假想的地址空间，程序中的数据传送、转移等指令均使用这个假想的地址，通常将该假想地址称为程序逻辑地址，或者逻辑地址。内存物理地址和程序逻辑地址是两个不同的概念，若要程序在具体的计算机上运行，必须将程序逻辑地址转换为内存物理地址，CPU 才可以依次正确执行程序中的指令。

3. 内存扩充

尽管现代计算机内存空间已经有了很大发展，以 GB 为单位，但相对于更加庞大复杂的系统和应用程序而言，内存仍显得非常珍贵。当有一个比内存容量还要大的程序要运行时，或者同时在内存要运行更多的程序时，就需要操作系统利用外存对内存容量进行伪扩充，将内存中暂时不用的程序临时转移到外存上，利用软件技术使外存作为内存的后备存储空间。这个过程与硬件上扩充内存容量不同，对用户来说，应该是透明的。

4. 内存保护

在多任务系统环境中，多个进程共享内存，为了避免进程间侵犯领地，尤其是为了防止用户进程侵犯系统进程占用的内存空间，必须采用内存保护措施。内存保护功能一般由硬件和软件配合实现，例如，Intel 80x86 微处理器，当 CPU 的当前特权级(Current Privilege Level,

CPL）为 0 时，即在内核态，才可以访问段描述符特权级（Descriptor Privilege Level，DPL）为 0 的段；同样，当 CPU 处于内核态时，才能对 User/Supervisor 标志为 0 的页面或页表进行访问。当要访问内存某一单元时，首先由硬件检查是否允许访问，若允许则执行；否则，产生中断，转由操作系统进行相应的处理。另外，不同内存区域访问权限也不相同，例如，Intel 80x86 微处理器，段的访问权限可以是读、写、执行，页的访问权限只可以是读或写。

5.1.3 程序的链接

用户源程序从编辑到在内存中执行需要经历编译、链接和装入三个过程，如图 5-2 所示。编译就是将高级语言书写的源程序转换成目标计算机所能识别的指令，即生成目标模块。目标模块常常由于不完整而不可以独立运行。链接是将目标模块及所需要的库函数组装在一起，形成一个装入模块，通常指可执行程序。装入是将存储于外存的装入模块写入内存，准备执行。现代操作系统中，程序的生成和运行大多是在集成开发环境中完成的，例如 Visual C++ 6.0，用户可以使用它完成程序源代码的编辑、编译（Compile）、链接（Build）和运行（Run）。而装入过程包含在用户运行可执行程序的操作中，用户对此过程感受并不是很明显。

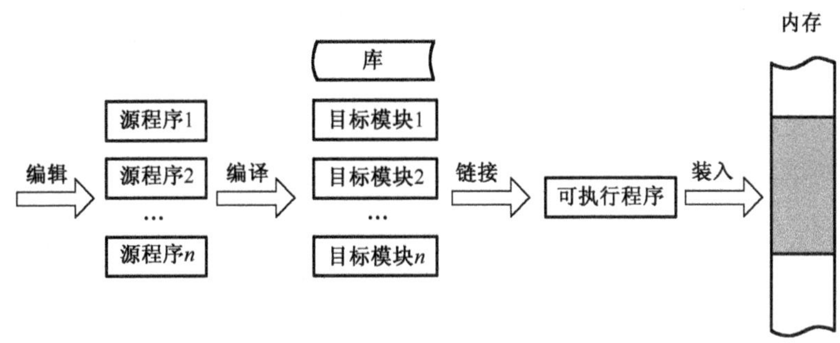

图 5-2 用户程序处理过程

用户源程序经过编译，将得到一个或多个目标模块，其中有些目标模块并不依赖于任何其他目标模块，独自构成完整的程序，可以直接装入内存运行；有些目标模块依赖于其他目标模块，这些目标模块合在一起构成一个完整程序；有些模块除了依赖于其他目标模块外，还依赖于函数库，这些目标模块和函数库合在一起才能构成一个完整程序。目标模块的组合过程就是链接过程。根据目标模块的链接时机，可以把链接分成静态链接、装入时动态链接和运行时动态链接。

1. 静态链接

程序运行之前，多个目标模块及所需的库函数链接成一个完整的装入模块存储于外存，以后不再拆分，我们把这种链接方式称为静态链接。很多集成开发环境都支持这种链接方式。例如，使用 VC++ 6.0 创建 MFC AppWizard[exe]工程时，若要静态链接 MFC 库，可以在工程设置对话框的常规标签，Microsoft 基础类下拉列表中选择“使用 MFC 作为静态链接库”。使用 MFC 作为静态链接库生成的可执行文件容量较大，但可以在任何 Windows 操作系统上运行，即使系统不包含 MFC 共享 DLL 库。

实现静态链接时，需解决一些问题。如图 5-3 所示，源程序经过编译得到三个目标模块 A、B、C，它们的长度分别为 0x20、0x50 和 0x30。目标模块 A 和目标模块 B 中分别定义了函数

A()和函数 B()，目标模块 C 中定义了一个全局变量 m。函数 A()调用函数 B()通过跳转指令"jump B"实现，函数 B()通过"store m，3"指令向全局变量 m 中存放了一个数值 3。

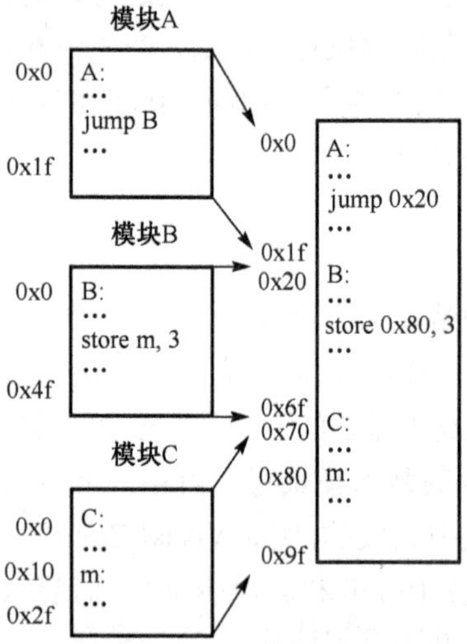

图 5-3　模块链接示意图

目标模块 A、B、C 链接时，由于函数名 B 及变量 m 都是外部调用符号，编译时地址处于待定，链接时必须解决两个问题：

1）修改目标模块的相对地址

编译程序所产生的目标模块都有一个起始地址，一般为 0，目标模块中的指令和数据地址都参照于这个起始地址计算。链接目标模块 A、B、C 时，目标模块 B、C 的起始地址不再是 0，而分别是 0x20 和 0x70。

2）变换外部调用符号

函数名及全局变量名均为外部调用符号，目标模块指令中的外部调用符号地址均处于待定状态。链接时待修改完目标模块的相对地址，外部调用符号地址确定下来后，需要对程序指令中的所有外部调用符号地址修正，即将目标模块 A 中的转移指令修正为"jump 0x20"，目标模块 B 中对全局变量 m 的数据存储指令修正为"store 0x80，3"。

2. 装入时动态链接

目标模块在装入内存时，边装入边链接，即在装入一个目标模块时，如果发生其他模块调用，将引起装入程序查找相应的目标模块，并将此目标模块装入内存并进行链接。装入时动态链接方式有两个优点：

1）便于目标模块的修改和更新

由于目标模块是独立存放，单个目标模块的修改和更新不会引起其他目标模块的改动，程序装入内存时仅需链接新的目标模块即可。而静态链接方式，单个目标模块的修改和更新会影响到装入模块，需要目标模块重新链接生成新的装入模块。

2）有利于实现目标模块的共享

静态链接方式生成的装入模块各自独立，自成一体，不存在目标模块共享。而对于装入时动态链接方式，装入模块可以在装入时共享相同的目标模块，实现多个程序对目标模块的共享。

3. 运行时动态链接

运行时动态链接是在程序执行中，当发现某个被调用目标模块尚未链接，立即由操作系统去找到该目标模块并将之装入内存，再把它链接到调用者模块上。运行时动态链接是对装入时动态链接的进一步改进，因为程序运行过程中无法预期目标模块的执行情况，在运行前就将所有的目标模块进行链接并装入内存，这样做显然是低效的。有些目标模块在本次运行根本不会被用到，例如，错误处理模块，还有程序中的大量分支结构注定有些目标模块是运行不到的。

综合考虑这三种链接方式，静态链接在程序运行前将其所依赖的所有目标模块组装在一起，外存上存放时会占用较多的存储空间，但是静态链接的程序相对独立，运行时不受约束。

装入时动态链接只是将链接过程推迟到程序装入内存时刻，因此，程序在外存上存放时会占用较少的外存空间。运行时动态链接是当前最流行的链接方式，进一步推迟链接时机，该种方式下凡未被用到的目标模块都不会被调入内存和被链接到装入模块上，除了可以节省外存空间外，还可以减少不必要的链接工作，同时节省大量的内存空间。

5.1.4 程序的装入

程序的装入是由装入程序将程序从外存装入内存，等待运行。程序的装入分为绝对装入方式、可重定位装入方式和动态运行时装入方式。

1. 绝对装入方式

绝对装入方式根据程序在内存中将要驻留的起始地址，选择该地址作为目标模块的链接起始地址，产生与驻留内存物理地址一致的装入模块，即程序逻辑地址与内存物理地址完全相同。程序每次装入内存，需要装入内存固定位置，运行时不再需要对逻辑地址进行转换。绝对地址装入方式对程序员有较高的要求，需要程序员熟悉计算机内存的使用情况。若将图 5-3 链接生成的程序装入到内存起始地址为 0x30008000 的一片连续内存空间，则在链接目标模块时起始地址即参考 0x30008000，程序中转移指令、数据传送指令中的地址也参考于此起始地址，程序在外存和内存中的视图如图 5-4(a)所示。

2. 可重定位装入方式

绝对装入方式必须将程序装入内存固定位置，因此，绝对装入方式只适应于单任务操作系统。而在多任务系统环境，程序链接时均参考统一的逻辑起始地址，例如 0x0。若链接产生的装入模块不加修正，随机装入内存指定位置，则会发生程序逻辑地址与内存物理地址不一致问题，例如，图 5-3 链接生成的程序不加修正装入内存起始地址为 0x30008000 的一片连续内存空间，“jump 0x20”指令会跳转到程序所占内存空间以外的地址，导致程序执行异常。可重定位装入方式就是在装入程序时，根据操作系统为其分配的内存空间起始地址，将程序指令中的逻辑地址转换为与之对应的内存物理地址，图 5-3 链接生成的程序装入到内存起始地址为 0x30008000 的一片连续内存空间后，“jump 0x20”指令会被修正为“jump 0x30008020”，如图 5-4(a)所示。通常把装入程序时对程序指令中的地址修正过程称为重定位。又因为可重定位装入方式是在程序装入时一次完成，以后不再改变，故又称为静态重定位。

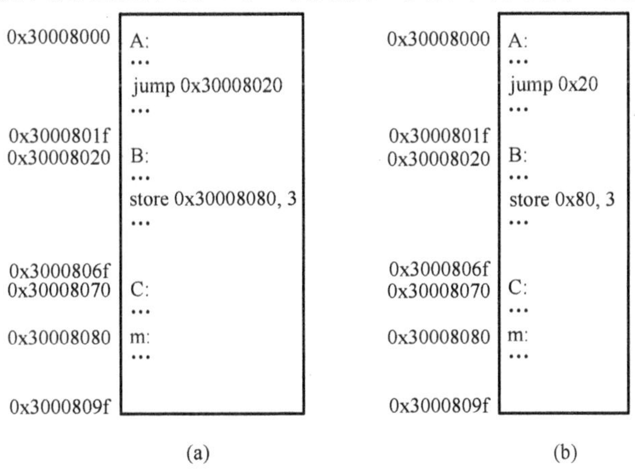

图 5-4 模块装入示意图

3. 动态运行时装入方式

可重定位装入方式可以将程序装入到内存的任何位置，但不允许在内存中移动位置。因为，程序若在内存中移动，意味着程序在内存的起始物理地址发生了改动，必须再次修正程序指令中的逻辑地址。然而，多任务环境往往出于某种原因需要程序在内存中移动位置，此时就应该采用动态运行时装入方式。

动态运行时装入方式在把装入模块装入内存时，并不立即把装入模块中的逻辑地址转换为绝对地址，而是把这种地址转换推迟到程序真正运行时才进行。图 5-3 链接生成的程序采用动态运行时装入方式装入内存后，指令中的逻辑地址不做修正，如图 5-4(b)所示。

采用动态运行时装入方式，程序运行时逻辑地址到内存物理地址的转换靠硬件地址转换机构来实现，硬件系统中通常是设置一个重定位寄存器，加载操作系统为程序分配的内存空间起始物理地址。程序在执行时，真正访问的内存物理地址是程序逻辑地址与重定位寄存器相加的和，如图 5-5 所示。由于地址变换是在程序执行期间，随着对每条指令或数据的访问自动进行，故称为动态重定位。程序若要在内存中移动，程序本身并不需要做任何改动，仅需要修改重定位寄存器中的内容即可。

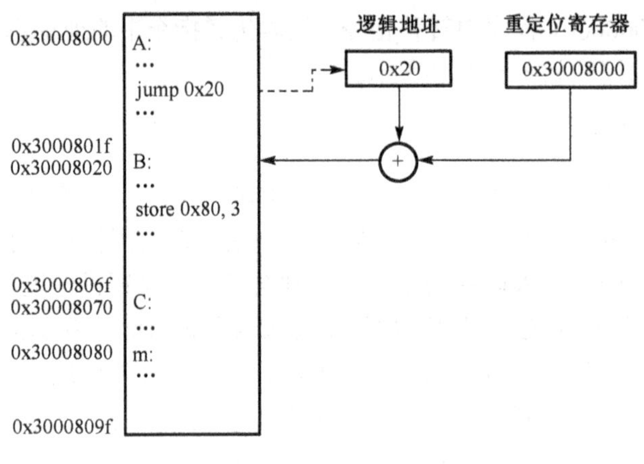

图 5-5　动态重定位

5.2　连续分配方式

所谓连续分配方式就是给每一个程序分配一片连续的存储空间，其容量为程序运行时所需的最大空间。连续分配方式包含单一连续分配、固定分区分配、动态分区分配以及动态重定位分区分配四种方式，其中固定分区分配、动态分区分配及动态重定位分区分配都属于分区分配方式，即多任务系统环境下的内存分配策略。

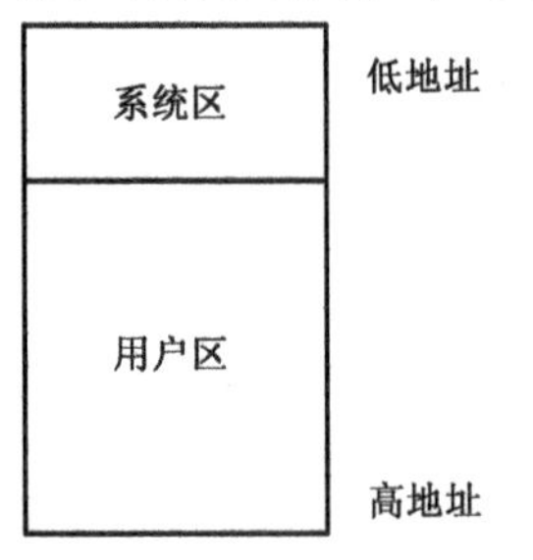

图 5-6　单一连续分配管理方式

5.2.1　单一连续分配管理方式

单一连续分配管理方式是将内存分为系统区和用户区两个区域，如图 5-6 所示。系统区提供给操作系统使用，用户区提供给用户程序使用，一次只能装入一个程序运行。单一连续分配管理方式是最简单的一种存储器管理方式，适用于单任务操作系统，例如 MS-DOS 操作系统。

5.2.2 固定分区分配管理方式

固定分区分配管理方式是将内存划分成固定数目的区域，每一个这样的区域称之为一个分区。操作系统在运行时，每一个分区容纳一个程序，内存中可以同时驻留多个程序运行。按照内存分区的划分策略，可以将固定分区分配管理方式分为等分和差分两种方式，如图 5-7 所示。等分方式就是每一个内存分区大小相等，这种方式简单，但是未考虑程序本身的尺寸，程序太小则浪费空间，程序太大则无法运行。差分方式就将内存划分成大小不同的分区，程序装入时，根据程序的大小给其分配最适当的分区。

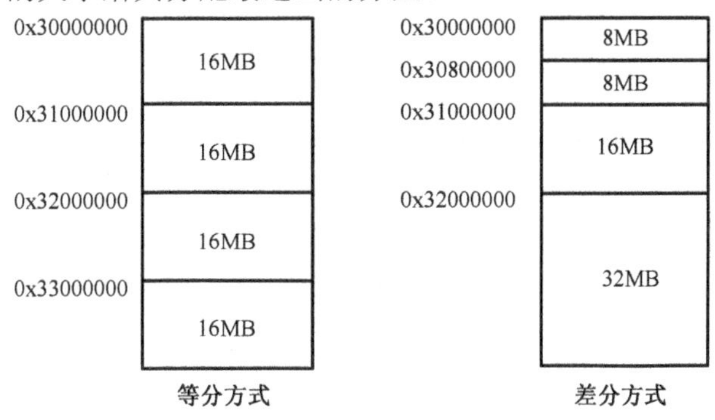

图 5-7　固定分区分配方式

为了能管理内存分区，实现分区的分配和回收，需要在内存中建立一个固定分区分配表，如表 5-1 所示。固定分区分配表中记录分区号、长度、起始地址和状态等信息，状态记录分区的使用情况，若分区已经分配，则记录为“已分配”，若分区处于空闲，则记录为“未分配”。程序装入时，遍历固定分区分配表，从中找出“未分配”且长度满足用户需求的分区。

表 5-1　固定分区分配表

分区号	长度	起始地址	状态
1	8MB	0x30000000	未分配
2	8MB	0x30800000	未分配
3	16MB	0x31000000	未分配
4	32MB	0x32000000	未分配

固定分区分配管理方式简单，但是由于分区大小固定，并不能很好地适应每个程序，分区内部会有小部分存储空间被浪费掉。我们将分区内部浪费掉的空间称之为内碎片。固定分区存储管理方式适用于一些专用场合的计算机系统，例如工业控制系统，计算机每次运行时总是运行固定数目程序。

5.2.3 可变分区分配管理方式

为了更好地适应程序对内存的需求，操作系统并不预设固定数目的分区，而是按照程序的内存需求为其划分存储空间，内存中的分区数目动态变化，我们将这种存储器管理方式称为可变分区分配管理方式，也称之为动态分区分配管理方式。

1. 适用数据结构

为了实现可变分区分配管理，即内存空间的分配和回收，操作系统必须建立适当的数据结构，记录内存的使用情况，常用的数据结构有空闲分区表和空闲分区链。

1）空闲分区表

空闲分区表就是在操作系统中定义一张表，记录所有的空闲分区；每一个表项描述一个空闲分区，包含分区号、分区始址、分区大小、状态等字段。状态字段表示该表项是“未用表项”，还是“已用表项”。空闲分区表实现时可以使用数组定义，如表 5-2 所示。

表 5-2　空闲分区表

分区号	分区始址	大小	状态
1	0x30002000	16KB	已用表项
2	0x30008000	8KB	已用表项
3	—	—	未用表项
4	—	—	未用表项
…	…	…	…

2）空闲分区链

空闲分区链就是在每个空闲分区的首部和尾部设置一些管理分区分配的信息，例如分区大小，以及分区链接指针，如图 5-8 所示。前向指针指向上一个空闲分区，后向指针指向下一个空闲分区，从而将所有的空闲分区链接成一个双向链表。

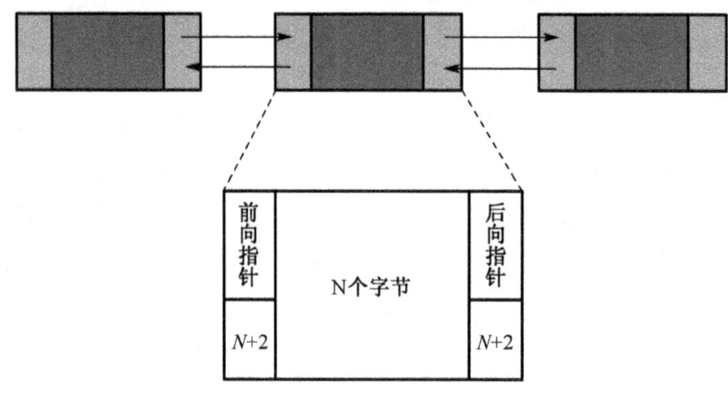

图 5-8　空闲分区链

2. 适用分配算法

把一个程序装入内存时，在空闲分区表或空闲分区链中可能存在多个空闲分区满足需求(凡是分区大小不小于程序需求即可)，若要从中选取一个，操作系统常常有四种策略，即首次适应算法、循环首次适应算法、最佳适应算法和最差适应算法。

1）首次适应算法

首次适应算法要求空闲分区以地址递增的次序排列。以空闲分区链为例，每次从链首开始顺序查找，直到找到一个大小能满足需求的空闲分区为止；然后再按照程序的大小，从该分区中划分出一块内存空间给请求者，余下的空闲部分仍留在空闲分区链中。若从空闲分区链中找不到合适的空闲分区，则分配失败。该分配算法每次都从低地址空间开始查找，内存空间使用不均衡，低地址空间的频繁使用会留下许多难以利用的小空闲分区，造成查找开销的增加；但是，高地址空间的较低使用会留下部分大的空闲分区，为大程序内存分配创造了机会。

2）循环首次适应算法

循环首次适应算法是对首次适应算法的改进，要求所有的空闲分区组织成一个环，每次查找从上次找到空闲分区的下一个空闲分区开始查找，不再都从链首开始查找。为了实现该算法，应设置一个当前查找指针，指向下次查找的起始空闲分区。该算法能较好地均衡内存空间的使用，但是会造成内存大空闲分区缺乏。

3）最佳适应算法

最佳适应算法是按照最佳匹配原则，将能满足要求又是最小的空闲分区分配给程序，避免“大材小用”。为了加速查找，该算法要求将所有的空闲分区按大小顺序排列。从每个程序孤立地看，最佳适应算法似乎是最佳的，但是每次分配切割下来的剩余部分总是最小的，系统中会留下许多难以利用的小空闲分区。

4）最差适应算法

最差适应算法则与最佳适应算法相反，每次从空闲分区中选择最大的空闲分区分配给程序，以便切割剩余的空闲分区空间不太小。

不管采用何种算法，分配时总不能找到与所需容量一样的空闲分区，切割操作会留下或大或小的空闲分区，如图 5-9 所示。我们将这些永远不会被分配的小空闲分区称为外碎片。为了减少外碎片，节省系统开销，若切割后剩余空闲空间较小则把找到的空闲分区整体分配，不再切割。

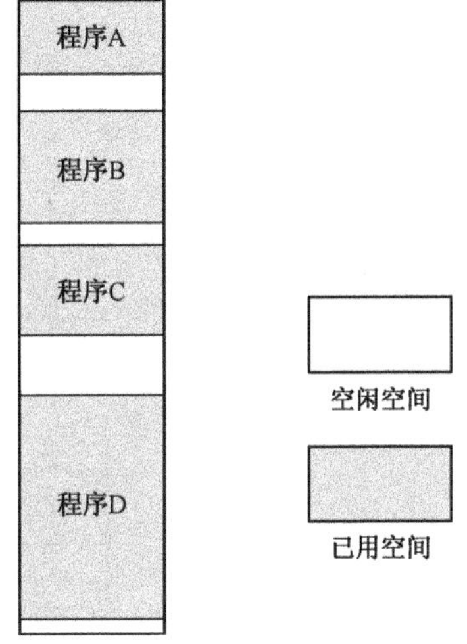

图 5-9　外碎片示意图

3. 可变分区分配管理操作

可变分区分配管理方式中，主要的操作是分配内存和回收内存。

1）分配内存

按照某种分配算法，从空闲分区表(链)中找到所需的分区。设请求的分区大小为 u.size，空闲分区表(链)中每个分区的大小为 m.size，若 m.size－u.size≤size(size 是事先约定的不再切割的剩余空闲空间大小)，则剩余部分太小，不再切割，将该空闲分区直接分配给请求者；否则，从该空闲分区中划分出一部分空间给请求者，余下的部分作为一个新的空闲分区留到空闲分区表(链)中。最后，将分配分区的首地址返回给申请者。

2）回收内存

当程序运行结束退出内存时，需要回收程序占用的内存分区。将回收分区插入到空闲分区表(链)时，可能出现以下四种情况：

(1) 回收分区与插入点前一个空闲分区相邻。如图 5-10(a)所示，此时应将回收分区与插入点前一个空闲分区合并，不必为回收分区创建新表项，只需修改前一个空闲分区的大小。

(2) 回收分区与插入点后一个空闲分区相邻。如图 5-10(b)所示，此时应将回收分区与插入点后一个空闲分区合并，合并后的空闲分区首地址为回收分区的起始地址，大小为两者之和。

(3) 回收分区与插入点前、后两个空闲分区相邻。如图 5-10(c)所示，此时需将三个分区合并，合并后的空闲分区首地址为插入点前一个空闲分区的起始地址，大小为三者之和，释放插入点后一个空闲分区表(链)项。

(4) 回收分区与插入点前、后两个空闲分区均不相邻。对于空闲分区表数据结构，首先要分配一个空闲分区表项，然后将空闲分区表项插入到空闲分区表中；对于空闲分区链数据结构，修改回收分区的首部和尾部、插入点前一个空闲分区的后向指针、插入点后一个空闲分区的前向指针，使回收分区链接到空闲分区链中。

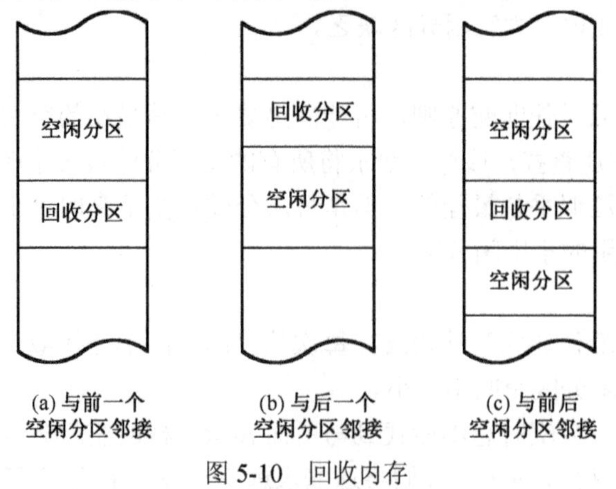

图 5-10 回收内存

5.2.4 可重定位分区分配管理方式

1. 紧凑

可变分区分配管理方式可能会产生大量的内存外碎片，就单个外碎片而言，无法满足程序的需求，但如果把所有外碎片集中起来，或许能满足程序的需求。为了实现这种想法，就需要移动内存中已装入的程序，把原来分散的多个小空闲分区拼接成一个大分区，如图 5-11 所示，我们把这种技术称之为“紧凑”或“拼接”。

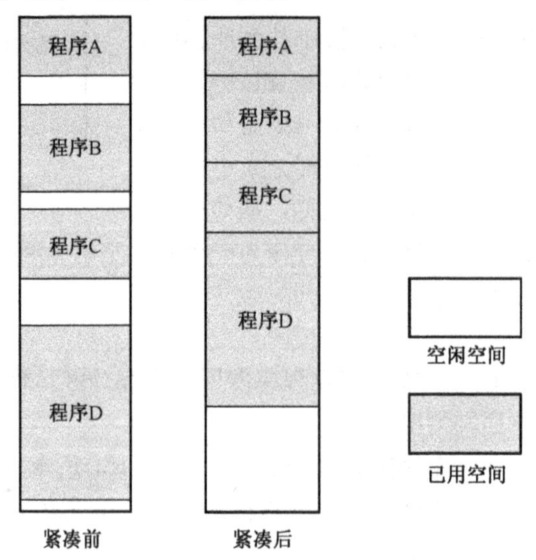

图 5-11 紧凑示意图

紧凑后的用户程序在内存中的位置发生了变化，若不对程序指令和数据中的地址加以修正，则程序必然无法执行。为此，移动了的程序必须对程序逻辑地址进行重定位。以动态运行时装入方式为例，由于程序在装入内存时所有的地址仍然采用逻辑地址，所以重定位的实现仅需要修改重定位寄存器的值，即将程序在内存中新的起始物理地址加载到重定位寄存器中即可。

2. 可重定位分区分配

可重定位分区分配管理方式与可变分区分配管理方式基本相同，差别在于这种方式增加了紧凑功能，允许程序在内存中移动，当找不到足够大的空闲分区来满足用户需求且所有空闲分区和不小于用户需求时，程序可以在内存中移动，从而拼接出一个大的可用空闲分区。

5.3 覆盖与对换

在多任务系统中，分区分配方式(包括固定分区分配管理方式、可变分区分配管理方式和可重定位分区分配管理方式)还有一些不足，程序运行时需要将程序的全部信息一次装入内存，程序所需空间大于内存空闲分区之和时则无法运行，这些不足限制了在计算机系统上开发较大程序的可能性，阻碍了程序在计算机系统上执行并发性和并行性的提高。覆盖与交换就是为了解决这些不足，为程序运行提供更多的可用空闲空间，换而言之，对内存进行逻辑扩充。

5.3.1 覆盖

程序通常由若干个功能相互独立的功能模块组成，每个功能模块对应于一个程序段。程序的一次执行只会用到其中的若干段，不会涉及所有的程序段，故而可以让那些不会同时执行的程序段共用一个内存区。我们把没有任何依赖的程序段重复使用同一个内存区称为覆盖技术。如图 5-12 所示，主程序分为子程序 1 和子程序 2 两个功能模块，子程序 1 又具体细化为子程序 11 功能模块，子程序 2 具体细化为子程序 21 和子程序 22 功能模块。运行时程序从主程序模块进入，主程序必须单独占用一个内存区。子程序 1 和子程序 2 之间由于不存在任何依赖关系，可以共用一个内存区；同理，子程序 11、子程序 21、子程序 22 之间也可以共用一个内存区。我们把共用一个内存区、可以相互覆盖的单个程序段称为覆盖，而把共用的内存区称为覆盖区。所有共用一个内存区的覆盖合在一起称为覆盖段，覆盖段与覆盖区一一对应。图 5-12 中，子程序 1 和子程序 2 为一个覆盖段，子程序 11、子程序 21 和子程序 22 为另一个覆盖段。为了使覆盖段中的所有覆盖能够装入覆盖区，则覆盖区的大小应为每个覆盖段中最大覆盖。

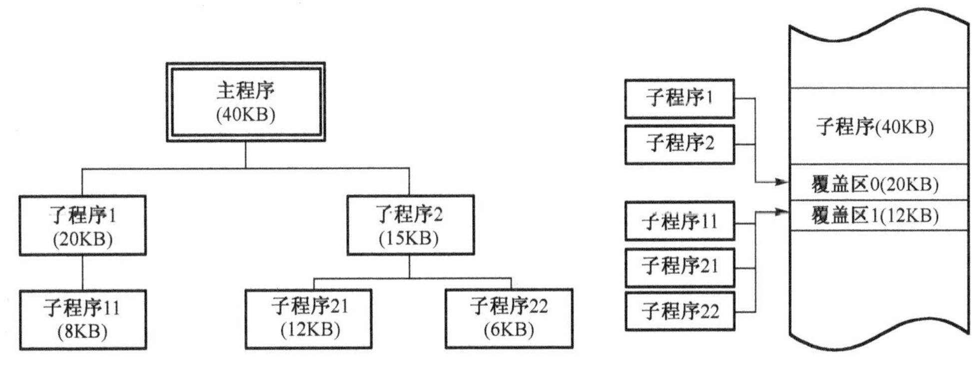

图 5-12　覆盖

覆盖管理通过系统覆盖管理控制程序实现，由其根据程序覆盖结构决定程序的装入，程序调用当前未装入覆盖区的覆盖时，同样由其将所需的覆盖调入覆盖区。覆盖技术的核心是覆盖结构，它需要程序员事先给出，但对于一个规模较大或比较复杂的程序来说分析和建立覆盖结构比较困难。覆盖技术的主要特点是打破了程序必须完整装入内存才可以运行的限制，在一定程度上解决了内存紧张的问题。

5.3.2 对换

所谓对换就是系统根据需要把内存中暂时不运行的某个(或某些)进程部分或全部移到外存，以便腾出足够的内存空间，再把外存中某个已具备运行条件的程序移到相应的内存区。利用这种反复的进程换入换出，可以实现小容量内存运行多个用户程序。该技术出现于 20 世纪 60 年代，曾广泛应用于早期的小型分时系统存储器管理中。

从内存换出到外存的进程被组织到外存对换区。对换区采用连续存储管理，提高进程换入和换出的速度。另外，换出对象优先考虑处于阻塞状态且优先级低的进程，减少进程的换入换出频率。对换技术打破了程序进入内存持续运行到程序结束的限制，利用外存空间存放内存中暂时不运行的进程，临时解决内存紧张问题，同样是对内存的逻辑扩充。

5.4 基本分页存储管理方式

连续分配方式要求程序装入一片连续的内存区域，如果内存中不存在这样的区域，则需要通过紧凑，拼接出这样的区域，耗费系统很大的开销。如果允许将程序分散地装入到不邻接的分区中，则无需进行紧凑，由此产生了离散存储管理方式。如果离散分配的基本单位是页，则称为分页存储管理方式；如果离散分配的基本单位是段，则称为分段存储管理方式。

在分页存储管理方式中，如果不具备页面对换功能，则称为基本的分页存储管理方式或纯分页存储管理方式，其要求把程序以页为单位全部装入内存后方能运行。

5.4.1 页面与页表

1. 页面

分页存储管理是将程序的逻辑地址空间划分成等大小的块，每块称为页面。同样，内存也被划分成等大小的块，每块称为页框。页面大小与页框等大小，程序进入内存时，被装入到若干个可以不邻接的页框中。程序大小常常不会是页面的整数倍，因此，最后一个页面装入页框后会形成不可利用的碎片，称之为页内碎片。

页面的大小应选取适中，通常为 512B～8KB。例如，Intel 80386 微处理器定义页面大小为 4KB，HP 的 Alpha 微处理器定义页面大小为 8KB。页面太大或者太小，对操作系统来说都不利，页面太大，会增加页内碎片；页面太小，则程序被分割得过于零碎，会增加页表的长度。

2. 地址结构

处理器启用分页功能后，程序逻辑地址被划分为两部分，前一部分为页号，后一部分为页内偏移。以 32 位的逻辑地址为例，若页面大小为 4KB，则页号用 12～31 位表示，页内偏移用 0～11 位表示，如图 5-13 所示。就程序大小而言，最多有 1M 个页面。

3. 页表

程序的逻辑地址并不能直接用于内存访问，必须转换为内存物理地址方可。在分页存储管理方式中，逻辑地址到物理地址的转换需要借助于页表，它记录了页面到页框的映射关系。如图 5-14 所示，0 号页面对应于 2 号页框，1 号页面对应于 4 号页框，等等。

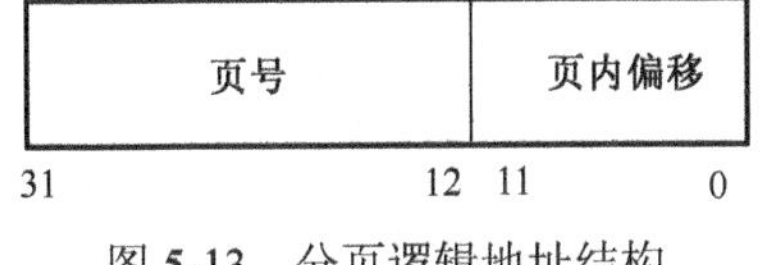

图 5-13　分页逻辑地址结构

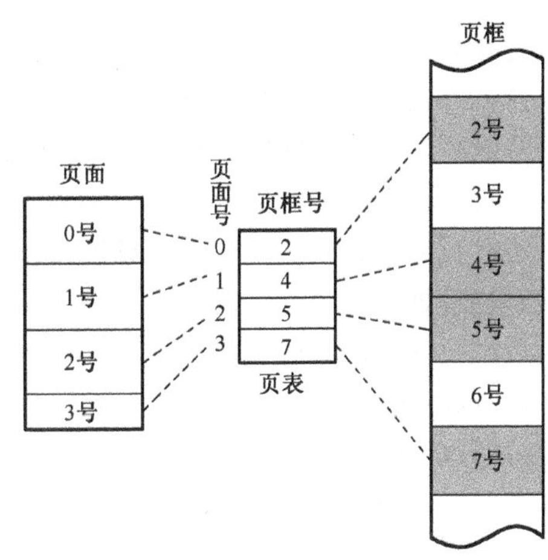

图 5-14　页表

5.4.2　地址变换机构

1. 基本的地址变换机构

为了能够实现逻辑地址到物理地址的转换，处理器必须设置相应的机构，一般为页表寄存器，例如，Intel 80x86 微处理器的 cr3 控制寄存器。页表寄存器用于存放页表在内存中的起始地址，即页表基址。进程创建时，进程控制块中存放页表基址和页表长度，每次进程从就绪状态变为执行状态，需要将进程控制块中的页表基址和页表长度装入页表寄存器。

程序逻辑地址到内存物理地址的转换过程如图 5-15 所示。当要访问某个逻辑地址时，处理器会自动将逻辑地址分为页号和页内偏移两部分，先将页号与页表长度进行比较，若页号不小于页表长度，则表示本次所访问的逻辑地址越界；否则将页号与页表寄存器中的页表基址相加，得到该页号所对应的页表项在内存中的物理地址，进而得到页面所对应的页框号，随即将页框号装入物理地址寄存器中。最后将页内偏移地址直接送入物理地址寄存器中的块内地址字段中。这样，便完成了逻辑地址到物理地址的转换。

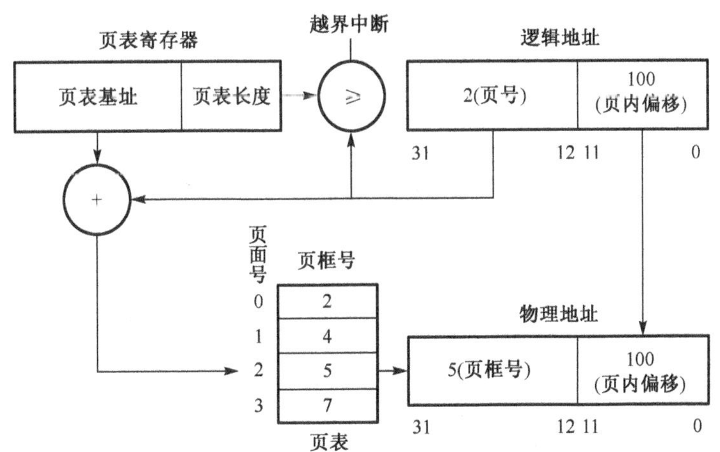

图 5-15　基本分页存储管理地址变换机构

2. 具有快表的地址变换机构

由于页表存放于内存中，因此从给出逻辑地址开始到实现对真实内存单元的访问，需要经历两次内存访问，第一次是根据页号对页表的访问，第二次是根据物理地址对内存单元的访问，这样就降低了指令的执行速度。为了改善这种状况，在硬件上增加了一个具有并行查寻能力的特殊高速缓冲存储器，称为快表或联想存储器。

快表由页号和页框号两部分组成，如图 5-16 所示。当把一个页号交给快表时，它同时和快表中的所有页号比较，若其中有与此匹配的页号，便直接从快表中读出该页所对应的页框号，并送到物理地址寄存器中；若在快表中未能找到匹配的页号，则还要再访问内存中的页表，找到后把页面所对应的页框号送到物理地址寄存器中，同时，还要将此页表项存入快表中。例如，Intel 80x86 微处理器包含一个名为 TLB(Translation Lookaside Buffer)的高速缓存，用于缓存访问过的逻辑地址所对应的物理地址。

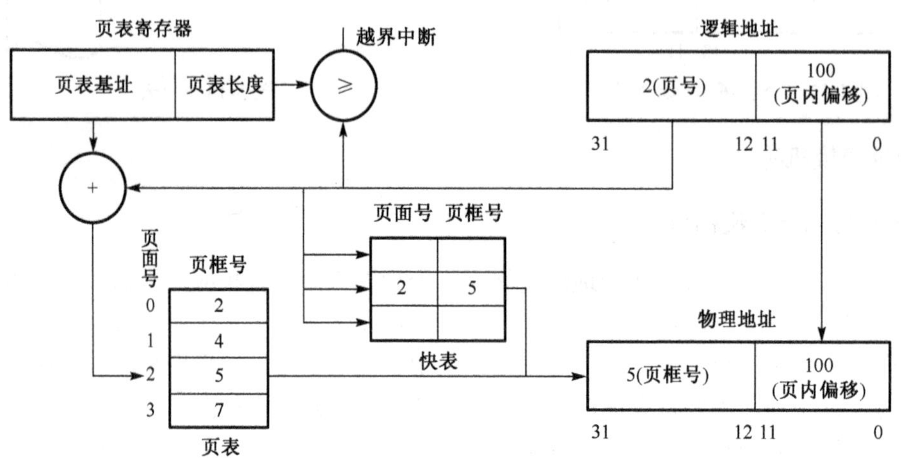

图 5-16 具有快表的基本分页存储管理地址变换机构

基于成本考虑，快表不可能做得很大，通常只存放 16～512 个页表项，这对中、小型程序来说，已有可能把全部页表项放入快表中，但对于大型程序，只能将其一部分页表项放入快表中。由于程序指令执行和数据访问都有局限性，因此，快表的命中率还是比较高，统计结果显示可达 90%以上，降低了因地址变换而造成的程序执行速度下降。

5.4.3 两级和多级页表

1. 两级页表

对于 32 位逻辑地址程序，若规定页面大小为 4KB，则程序装入内存时页表项可达 1M 个。又因为每个页表项要占用若干个字节记录页框号(字节数应能够记录页框号)，所以每个进程的页表就要占用几兆的内存空间；并且为了实现随机访问，还要求页表存储空间是连续的。为了解决这个问题，我们可以离散存储页表，将页表以页为单位分隔存储，建立页表的页表，即外层页表，以记录页表所在页框号。

以 32 位逻辑地址程序为例，按页面大小为 4KB 离散存储，把产生的 1M 个页表项进一步分成若干个页存储，并建立外层页表。若每个页表项占用 4B(足够表示页框号)，则一个页框会容纳 1K 个页表项。对于 1M 个页表项来说，可以分割成 1K 个页表，每个页表占用一个页框。再为这 1K 个页表建立外层页表，用一个页框正好可以容纳下 1K 个外层页表项，如图 5-17 所示。

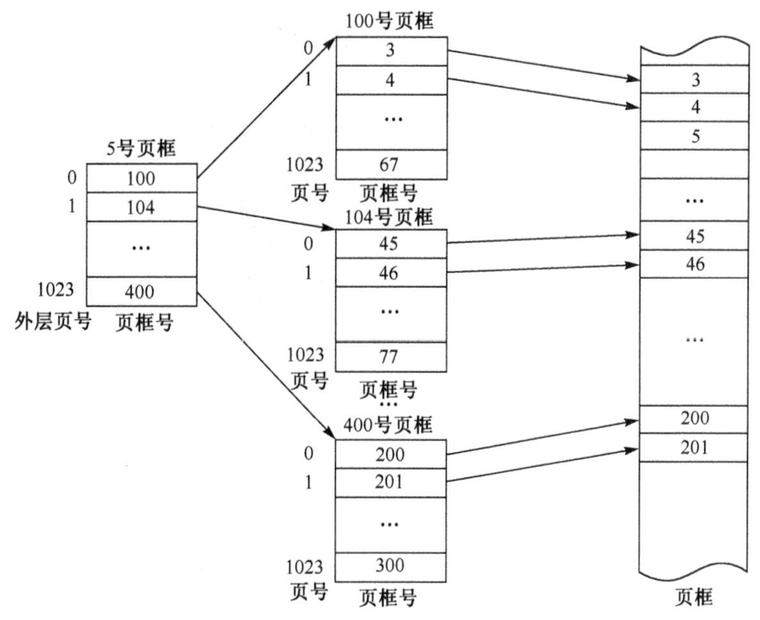

图 5-17　两级页表

按照两级页表，32 位逻辑地址可以分为外层页号、页号和页内偏移。由于外层页表和页表容纳 1K 个页表项，则外层页号用 32 位逻辑地址的 22～31 位，页号用 32 位逻辑地址的 12～21 位，页内偏移用余下的 0～11 位，如图 5-18 所示。

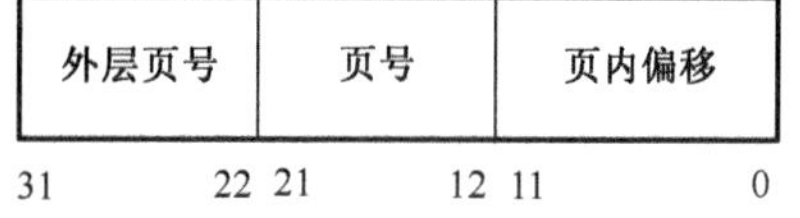

图 5-18　两级页表逻辑地址结构

为了实现地址变换，系统需要增加一个外层页表寄存器。当进程从就绪态转到执行态，需要将外层页表的起始物理地址，即外层页表基址，装入外层页表寄存器中。对于任一个逻辑地址，利用其外层页号作为外层页表的索引，从外层页表中获取页表在内存中的页框号；再利用页号作为页表的索引，从页表中获取所要访问的页面在内存中的页框号；最后，将页框号与页内偏移拼接即可构成要访问的内存物理地址。图 5-19 显示了两级页表地址变换过程，外层页表位于 5 号页框，页表位于 104 号页框。采用两级页表，对逻辑地址所对应的物理地址访问需要经过三次内存访问，第一次是对外层页表的访问，第二次是对页表的访问，第三次是对相应内存单元的访问。

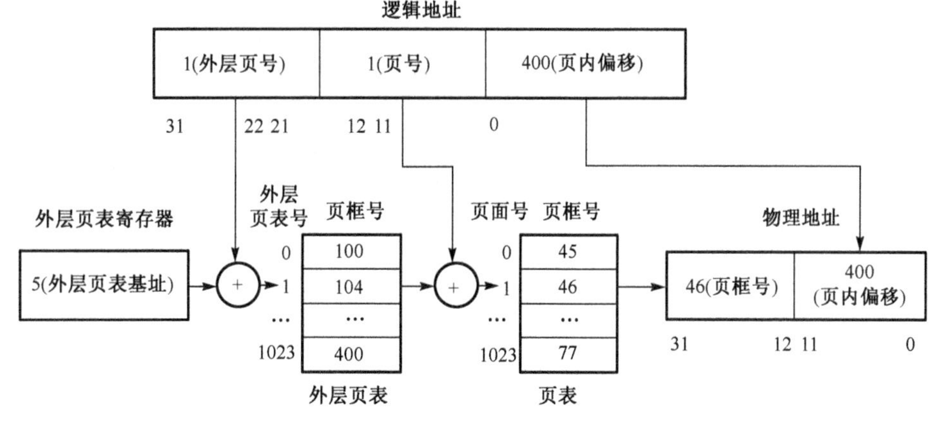

图 5-19　两级页表地址变换机构

两级页表突破了页表需要大量连续内存空间存储的限制，并且，程序运行时仅需要构造外层页表和部分页表，从而减少页表占用的内存空间。以 32 位程序逻辑地址空间为例，外层页表号 10 位，则正好是 2^{22} 的倍数，且与 2^{22} 地址对齐的漏洞(这里漏洞是指程序中未用的逻辑地址空间)所对应的页表可以不用构建。另一方面，页表也可以部分构建，在外层页表项中增设一个状态位 P，表示某页面的页表是否已经调入内存，为 0 表示尚未调入内存，为 1 表示已经调入内存。程序运行时，根据逻辑地址去索引外层页表，若外层页表项 P 位为 0，则产生一中断信号，请求 OS 将该页表调入内存。对于一级页表，即使程序不使用全部的逻辑地址空间，程序中存在某些地址空间漏洞，页表中仍要有这些漏洞对应的页表项，以实现页表的随机访问。

2. 多级页表

对于 32 位计算机，程序逻辑地址空间采用 32 位表示，两级页表结构是合适的。但对于 64 位计算机，程序逻辑地址空间采用 64 位，采用两级页表就有些问题。如果页面仍然采用 4KB，那么页表项会有 2^{52} 个。页框同样存储 2^{10} 个页表项，则外层页表项还有 2^{42} 个，用一个页框是无法容纳下这些外层页表项的。因此，还要对外层页表进行分页，从而建立多级页表。例如，HP 64 位 Alpha 微处理器采用三级页表结构。

5.4.4 分页共享

分页存储管理方式中，为了实现代码共享，需要为所有的进程建立相同的页表项。若有 40 个用户共享文本编辑程序，文本编辑程序有 160KB 的代码和 40KB 的数据区，需要为每个用户建立 40 项相同的程序页表项和 10 项独立的数据页表项，其中进程 1 和进程 2 的页表如图 5-20 所示。

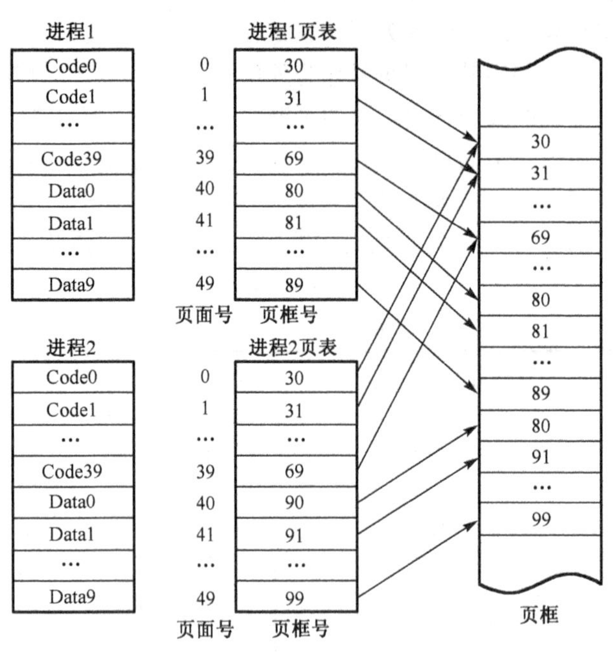

图 5-20 分页代码共享

分页技术并不有利于代码共享，若共享的信息不是页的整数倍，将最后零头所在的页共享，可能造成一些本该私有的东西共享，使信息发生泄漏。

可重入代码又称为“纯代码”，是一种允许多个进程同时共享的代码，上述的文本编辑程序即为可重入代码。为使各个进程所执行的代码完全相同，可重入代码在执行中绝对不允许有任何改变。事实上，大多数代码在执行时都有可能改变，如控制程序执行次数的变量、指针、信号量及数组等，为此，在每个进程中都必须配以局部数据区，把在执行中可能改变的部分拷贝到局部数据区，这样，程序在执行时只对该数据区中的内容进行修改，而不用去改变共享的代码。

5.5 基本分段存储管理方式

前述的程序逻辑地址空间与内存存储单元组织结构相同，是一维的线性空间，也称之为线性地址空间。这种地址空间不能反映程序代码内在的逻辑性，另外，程序所有的数据都在一个地址空间中分配，不同的数据占用不同部分的逻辑地址空间，当一个数据发生增长时，就会冲撞到相邻的数据区而造成无法增长。为了解决该问题，引入了分段管理技术，让程序使用多个地址空间。

5.5.1 分段与段表

1. 分段

分段就是把程序代码划分到若干个独立的地址空间内，每一个地址空间称为一个段，段内独立编址。例如，2.4 版的 Linux 内核在 Intel 80x86 微处理器上被分为内核代码段、内核数据段、用户态下所有进程所共享的用户代码段、用户态下所有进程所共享的用户数据段、任务状态段、1 个所有进程共享的缺省局部描述符表(Local Descriptor Table，LDT)段、4 个与高级电源管理支持相关的段。程序代码和数据的运行权限不同，程序代码可以被执行，而数据只能被读和写，因此，程序代码和数据一般分成两个段存放。通常，用户程序编译时，编译程序会自动将代码归类到若干个段中，如 GCC 编译器编译 C 语言程序时会自动创建代码段、初始化数据段、未初始化数据段和栈段，代码段存放程序指令，初始化数据段存放全局初始化数据，未初始化数据段存放全局未初始化数据，栈段用于存放函数调用断点、局部变量。分段管理就是将一个程序按照逻辑单元分成多个程序段，每一个段使用自己单独的地址空间。这样，一个段占用一个地址空间，就不会发生单地址空间动态内存增长引起的地址冲突问题。

2. 程序地址结构

程序采用分段结构后，整个程序由若干个段组成，每个段都有段名，程序内部用段号表示。段内指令和数据都从 0 开始编址，允许存放指令和数据的数量称为段长。因此，采用分段管理的程序逻辑地址是二维的，由段号和段内偏移组成，如图 5-21 所示。在该地址结构中，一个程序最多允许有 64K 个段，每个段最大段长为 64KB。

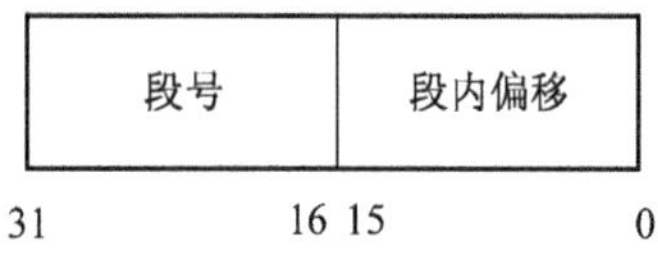

图 5-21 分段逻辑地址结构

3. 段表

分段存储管理方式中，系统需要为每个段分配一个连续的内存空间，程序的所有段离散地进入内存中的不同分区。分段存储管理方式中，内存分配可以采用可变分区分配管理方式。为了实现逻辑地址到物理地址的转换，同分页存储管理方式一样，需要在系统中为每个运行的程序建立一个段表。段表记录了段与分区的映射关系，每个段表项记录了段号、段长、段在内存中的起始地址(又称为基址)等信息，如图 5-22 所示。段表位于内存中，但是为了提高地址转换速度，段表项可以存放在一组寄存器中，例如 Intel 的 80x86 处理器提供一种附加的非编程寄存器(不能被程序员所设置的寄存器)，自动加载段寄存器中值所指定的段描述符。

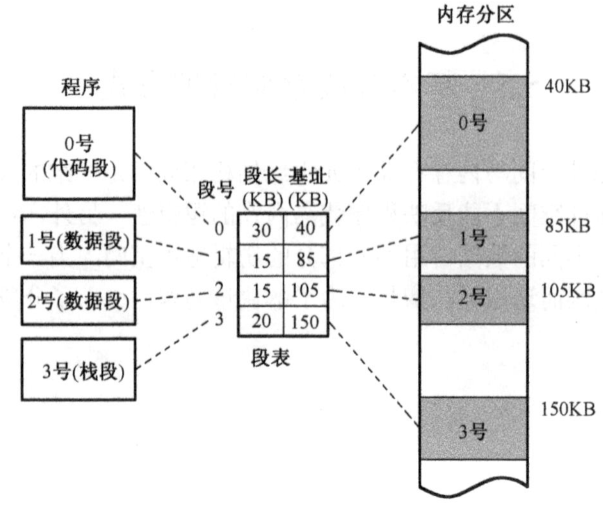

图 5-22　段表

5.5.2　地址变换机构

分段存储管理方式的地址转换在硬件上需要增加段表寄存器，加载段表在内存中的起始地址，即段表基址。进行地址变换时，系统将逻辑地址中的段号与段表长度进行比较，若段号不小于段表长度，则访问越界，产生越界中断信号；否则，将段号与段表基址相加，获得段在内存中存放的基址和段长。检查段内偏移地址是否超过了段长，若超过了段长，则同样产生越界中断信号；否则，将段内偏移地址与基址相加，即可得到要访问的内存单元物理地址。图 5-23 显示了分段存储管理方式地址转换过程。

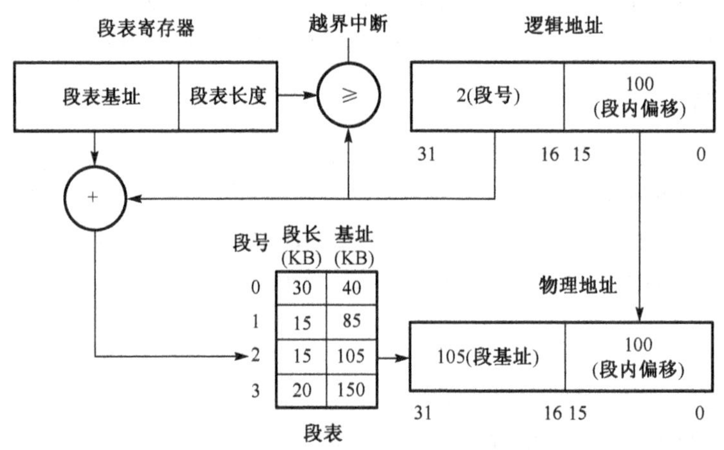

图 5-23　基本分段存储管理地址变换机构

例如，Intel 的 80x86 微处理器，提供有 gdtr 和 ldtr 寄存器，分别用于加载全局段描述符表(Global Descriptor Table，GDT)和局部段描述符表(Local Descriptor Table，LDT)在内存中的起始地址，通常进程只定义一个 GDT，如果还需要创建附加的段，就可以有自己的 LDT。另外，处理器还提供 6 个段寄存器，称之为 cs、ss、ds、es、fs 和 gs。段寄存器用于存放段选择符，段选择符中包含段选择符和段描述符表索引，通过段选择符指定是使用 GDT，还是使用 LDT；再根据段描述符表索引检索相应的段描述符表就可以获取段基址。

5.5.3 分段共享

分段管理有利于信息共享与信息保护。同样，若 40 个用户共享文本编辑程序，文本编辑程序有 160KB 的代码和另外 40KB 的数据区，在分段存储管理系统中，只需为每个用户分别建立一个包含程序段项和数据段项的段表，所有用户的程序段基址相同，数据段基址指向各自独立的内存空间，如图 5-24 所示。由于段是信息的逻辑单位，因此，分段存储管理方式实现信息的共享要比分页存储管理方式容易得多。

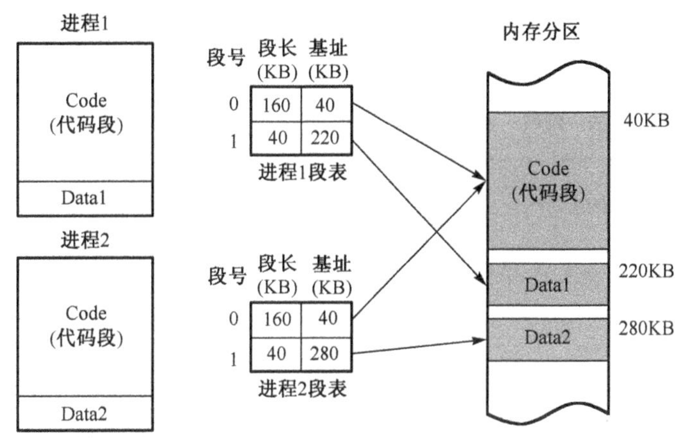

图 5-24　分段代码共享

5.5.4 分页和分段的主要区别

分页存储管理方式和分段存储管理方式存在着较多的相似之同，两者都采用离散的内存分配，程序运行时需要在内存中分别建立页表或者段表，计算机硬件上需要增加页表寄存器或者段表寄存器，都要经过逻辑地址到物理地址的转换。但两者还有一些区别，主要表现在：

1. 信息单位不同

页是信息的物理单位，是为了提高内存的利用率，消减内存的外碎片，根据系统需要而设定的物理划分单位；而段则是信息的逻辑单位，是为了用户组织程序代码而设定的逻辑划分单位，它包含一组意义相对完整的信息。

2. 大小不同

页的大小固定，由系统硬件把逻辑地址划分为页号和页内偏移两部分，因而在整个系统内只有一种大小的页面；而段的大小不固定，由用户在编译链接时对段的定义决定。

3. 维数不同

分页存储管理方式的程序逻辑地址空间是一维的，即线性地址空间；而分段存储管理方式的程序逻辑地址空间是二维的，由段号和段内偏移标识。

5.6 段页式存储管理方式

分页存储管理方式和分段存储管理方式各有各的优点，分页存储管理方式能够有效地提高内存的利用率，而分段存储管理方式能够很好地按用户逻辑组织程序代码，如果能够将两种方式有机地结合在一起，既可以解决内存外碎片问题，又可以满足用户需求，易于代码共享、保护、可动态链接等，会是一种较好的策略。段页式存储管理方式正是基于该种思想发展而成。

5.6.1 基本原理

段页式存储管理方式是分段存储管理方式和分页存储管理方式的结合，即先将程序分成若干个段，再把每个段分成若干个页。图 5-25 显示了程序的逻辑地址结构，由段号、段内页号和页内偏移地址三部分组成。

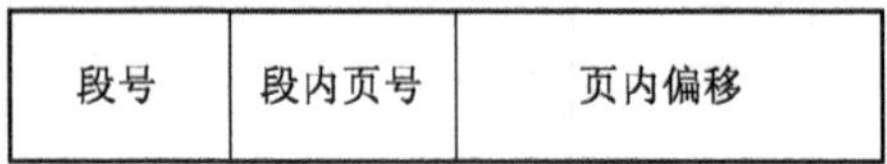

图 5-25 段页式逻辑地址结构

段表记录段号、页表大小、页表基址等信息。页表基址记录了页表在内存中存放的起始地址，页表大小用于判断段内页号是否发生越界。页表记录页号、页框号等信息。段表和页表的结构如图 5-26 所示。

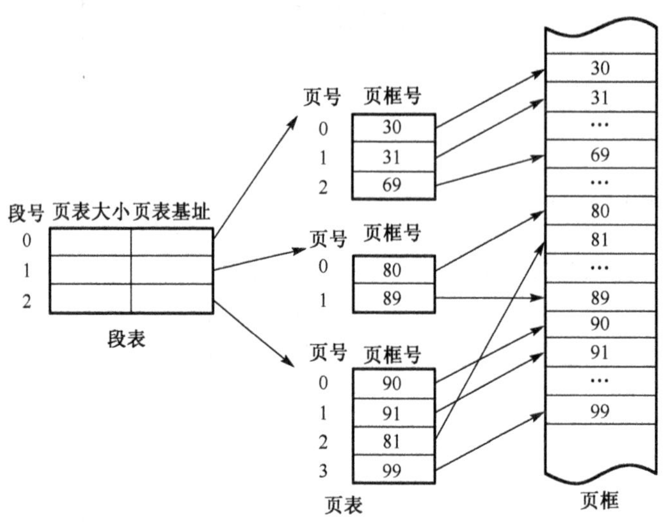

图 5-26 段表和页表

5.6.2 地址变换机构

段页式存储管理方式，从宏观上来说仍然采用的是分段存储管理方式，只是在局部上再细化为分页存储管理方式，因此，段页式存储管理方式同分段存储管理方式地址转换一样，需要在硬件上增加段表寄存器。进程从就绪态转换为执行态时，需要将进程的段表基址加载到段表寄存器中。地址转换时，首先将段号与段表长度比较，判断是否越界；其次，将段号与段表基址相加，获得段的页表在内存中存放的基址；再次，将页号与页表基址相加，获得页框号；最后，利用页框号和页内偏移构成要访问逻辑地址对应的内存单元地址。地址变换过程如图 5-27 所示。

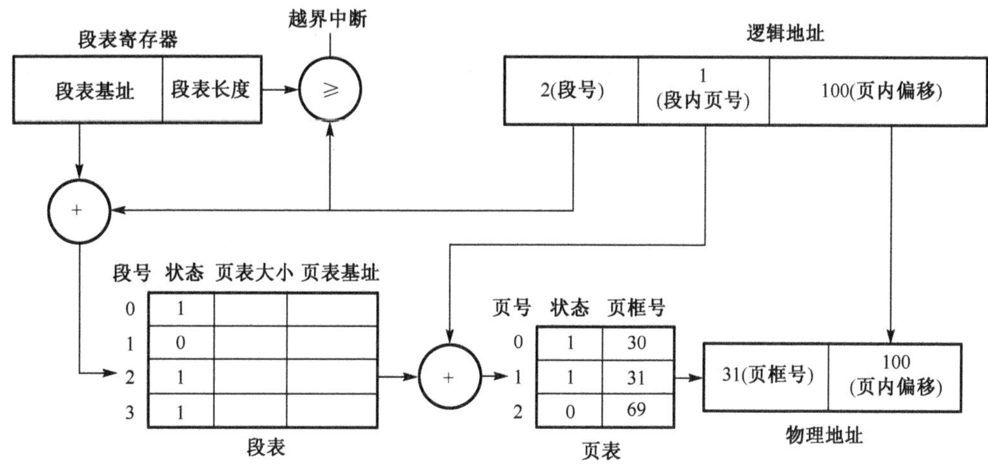

图 5-27　段页式存储管理地址变换机构

段页式存储管理方式访问一条指令或数据需要经过三次内存访问，第一次是访问内存中的段表，第二次是访问内存中的页表，第三次是访问相应内存单元。显然，这使内存访问次数提高了两倍，降低了指令执行速度。为了解决这个问题，需要在系统中增加高速缓冲寄存器，缓存部分段表项和页表项。

5.7　虚拟存储器

在多任务环境下，内存数量相对于程序需求来说总是紧张的，为了扩展内存，一方面可以通过增加内存条，但这需要较大的经济投入；另一方面可以实现虚拟存储器技术。

5.7.1　虚拟存储器概述

前述的几种存储器管理方式都有一个共同的特点，即程序要求一次性全部装入内存，且在内存中驻留直到程序结束。这个特点会对内存的有效利用产生一些问题，程序每次运行时并非全部程序指令和数据都要用到，如果将程序全部装入内存，则会造成内存的浪费；另外，尽管程序很早就开始运行了，但是由于 I/O 操作而阻塞，占用内存也是对内存的浪费。因此，该特点使一些大的程序或者急迫需要执行的程序由于内存不足而无法运行。

类似于人的思维有一定的局限性，程序的执行过程也有局限性。就是说，在较短的时间内，只有一部分程序得到执行；另外，程序所访问的存储空间也局限于某一部分。早在 1968 年，Denning. P 就曾指出，程序在执行时呈现出局部性规律，即在一较短的时间内，程序的执行仅局限于某部分，包括以下几个论点：

(1) 程序执行时，除了少部分的转移和过程调用指令外，在大多数情况下仍是顺序执行的。

(2) 尽管函数调用会使程序的执行发生跳转，但过程调用的深度在大多数情况下都不会超过 5，程序将会在一段时间内局限在这些函数范围内。

(3) 程序中存在许多循环结构，它们将多次执行。

(4) 程序中还包括许多对数据结构的处理，如对数组进行操作，它们往往都局限于很小的范围内。

为此，引入了虚拟存储器。所谓虚拟存储器是指具有请求调入功能和置换功能，能从逻辑上对内存容量加以扩充的一种存储器，其逻辑容量由内存容量和外存容量之和所决定，其运行速度接近于内存速度，而每位的成本又接近外存。虚拟存储器使程序的逻辑地址空间真正独立于内存物理地址空间，为程序提供一个比真实内存空间大得多的地址空间。程序在执行时，首先将其最小程序集装入内存。运行中如果所访问的内容已在内存，则继续操作；否则，执行请求调入功能。执行请求调入功能时，如果内存已满，则还要执行置换功能。

现代操作系统大多都采用了虚拟存储器技术，例如 Windows 操作系统，在系统属性对话框高级标签中，通过设置“性能”，可以更改系统的虚拟内存。并且，虚拟存储器都毫无例外地建立在离散存储分配管理方式的基础上，因此，虚拟存储器又分为分页虚拟存储器和分段虚拟存储器，也可以将二者结合起来，构成段页式虚拟存储器。

5.7.2 虚拟存储器的特征

虚拟存储器与其他内存管理方式相比，具有虚拟性、部分装入、对换性等 3 个主要特征。

1. 虚拟性

虚拟存储器不是扩大物理内存空间，而是让程序的逻辑地址空间真正独立于内存物理地址空间，为程序提供一个比真实内存空间大得多的地址空间，用户编程时不需要考虑内存的大小。

2. 部分装入

每个程序不是全部一次性装入内存，最初时只装入程序运行最小集，后续可能要多次进行程序装入。

3. 对换性

内存中暂时不被使用的程序和数据可能随时被换出到外存，在需要时，又可以被重新调入到内存。

5.8 请求分页存储管理方式

请求分页存储管理方式是建立在基本分页存储管理方式的基础上，为了支持虚拟存储器技术发展而来，程序装入和对换的基本单位是页。

5.8.1 实现原理

为了实现请求分页存储管理方式，系统在基本分页存储管理方式的基础上，还必须提供一些额外的软件和硬件支持，包括页表的改进和缺页中断。

1. 页表

与基本分页存储管理方式相同，请求分页存储管理方式中逻辑地址到物理地址的转换也离不开页表，其中同样记录页面所对应的页框号。另外，为了支持虚拟存储器技术，实现程序的部分装入和对换，还需要增加若干个字段，包括状态位(P)、访问位(A)、修改位(M)和外存始址，如图 5-28 所示。状态位用于记录页面是否已经调入内存；访问位用于记录页面在一段时间内的访问次数，或者记录最近未被访问的时间；修改位记录页面在调入内存后是否被修改过；外存始址记录页面被换出内存后在外存上的存放位置。其中访问位和修改位用于页面置换算法的实现，可以参考后续 5.8.4 页面置换算法小节。

页框号	P	A	M	外存始址

图 5-28　请求分页页表项

2. 缺页中断

在请求分页存储管理方式中，每当程序所要执行的页面不在内存中时，处理器便会产生一次缺页中断，将所缺之页调入内存。缺页中断与其他硬中断、软中断略有差异，它发生在指令执行期间，而非指令执行的间隙；另外，一条指令在执行期间可能要多次访问内存，因而会产生多次中断。

3. 地址转换流程

请求分页存储管理方式中，由于所访问指令或数据所在的页面可能不在内存中，因此，逻辑地址到物理地址的转换就会复杂一些，完整流程如图 5-29 所示。当所要访问的页面存在于内存时，地址的变换过程与基本分页存储管理方式相同。若要访问的页面不在内存时，便会执行缺页中断处理程序，完成页面调入和页面置换功能。逻辑地址到物理地址的转换由计算机硬件自动实现，而页面调入和页面置换作为中断处理程序的功能由软件实现。但是，这也并不是绝对，软件和硬件的关系紧密，有些系统中用硬件实现上述软件功能，以加快指令执行速度。

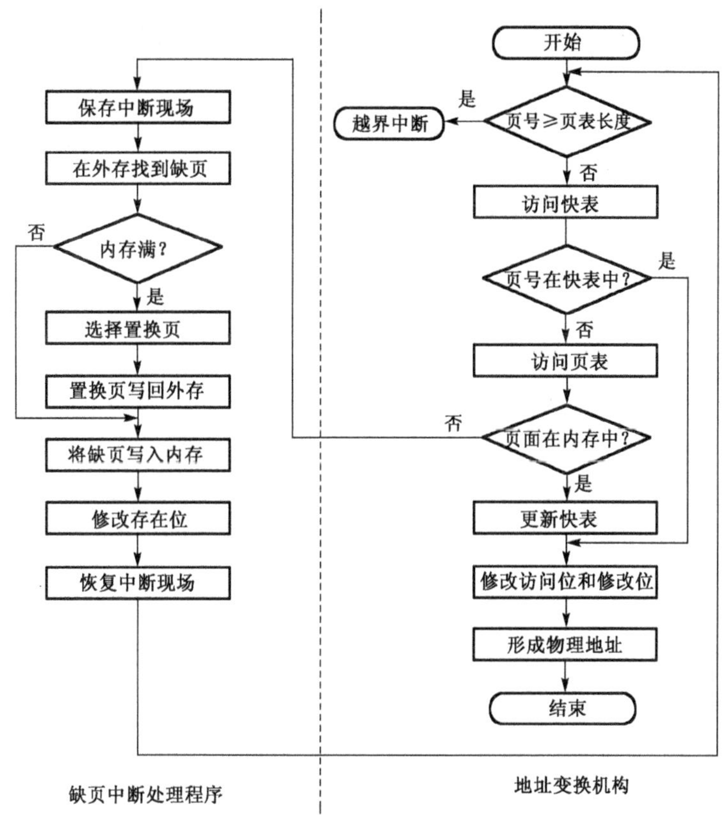

图 5-29　地址变换流程图

5.8.2 内存分配策略

由于请求分页存储管理方式中程序占用的页框数处于动态的变化中，因此，将涉及三个问题，一是最小页框数，二是页框分配算法，三是页面置换范围。

1. 最小页框数

最小页框数是指保证程序正常运行所需要页框的最小值。当系统为进程分配的页框数小于最小页框数时，进程将无法正常执行，频繁地发生页面的换入与换出。进程应分配的最小页框数与计算机硬件结构有关，取决于指令的格式、功能和寻址方式。对于精简指令集处理器，若是单地址指令且采用直接寻址方式，则所需的最小页框数为 2，一个用于存放指令所在页面，一个用于存放数据所在页面。如果该机器允许间接寻址，则至少需要 3 个页框，多出的一个页框用于存放数据地址。对于功能较强的计算机，则需要更多数目的最小页框数。

2. 页框分配算法

在请求分页存储管理方式中，每个进程占用的页框数可以采用以下几种算法分配。

1）平均分配算法

系统将内存所有可供分配的页框平均分配给各个进程，这种分配算法简单，但是没有考虑到程序自身的大小，同样的页框数对于较大的程序而言显得略有不足。

2）按比例分配算法

根据进程的大小按比例将所有可供分配的页框分配给各个进程。如果系统中共有 n 个进程，每个进程的页面数为 P_i，则系统中所有进程的页面数总和为：$S= \sum P_i$；又假定系统中可用页框数为 m，则每个进程所能分配到的页框数为 $m \cdot P_i / S$。

3）优先权算法

为了照顾某些重要、紧迫的作业，使其尽快地完成，应为其分配较多的页框数。通常是把内存中可供分配的页框分成两部分，一部分按比例分配给各进程；另一部分则根据进程优先权，适当地增加高优先权进程分配的页框数。

3. 置换范围

当内存页框紧张，需要换出页面时，可以采用两种策略，一种是全局置换，另一种是局部置换。所谓全局置换是指换出的页面可以是内存中任一进程的，而局部置换是指换出的页面限定于当前执行进程所属的页面。局部置换不会影响其他进程占用的页框数，但是不能充分利用系统的整体资源，造成不同进程页面使用不平衡，即有的进程页面有富余，而有的进程却频繁缺页。

5.8.3 调页策略

调页策略是将进程运行所需的页面调入内存，包含页面调入的时机和页面调入的位置。

1. 页面调入时机

页面调入时机可以分为预调页策略或请求调页策略，预调页策略主要用于进程运行前预调入某些页面。预调页策略很有吸引力，但是成功率偏低。因此，页面调入主要采用请求调页策略。程序运行过程中，发现所需页面不在内存中，便立即发生缺页中断，由操作系统将所需的页面调入内存。

2. 页面调入位置

页面从内存中换出，存放于外存时可以采用两种方案，一是存放于外存的文件区，另一种是存放于对换区。文件区存放是将换出的页面以文件的形式存放于外存，由于文件在磁盘中是以离散的方式存储的，故而会消耗较大的磁盘读/写时间；对换区是从外存中划分出一片连续的存储空间，页面在对换区中的存放可以采用连续分配方式。由于页面在外存中连续存储，因此，对换区方式可以节省磁盘读/写时间。例如 Linux 操作系统，在安装时便会询问用户是否创建 swap 分区，默认情况下是创建 swap 分区。

有了对换分区，系统从何处换入页面便有三种情况：一是全部从对换区调入页面，该种方式在进程运行前，便须将与该进程有关的内容从文件区拷贝到对换区；二是程序运行过程中，修改过的页面换出时存入对换区，这类页面调入时从对换区调入，其他从文件区调入；三是程序运行过程中，运行过的页面换出后存入对换区，这类页面调入时从对换区调入，其他未运行过的页面从文件区调入。例如，UNIX 操作系统采用的就是第三种方式。

5.8.4 页面置换算法

请求分页存储管理方式中，当内存空闲空间已经用完无法保证程序能够继续正常运行时，就必须把内存中的一个或部分页面换出内存。我们把选择换出页面的算法称为页面置换算法。页面置换算法的好坏将直接影响系统的性能，好的页面置换算法会带来较少的缺页中断次数和较少的页面对换次数。从理论上讲，应该将那些以后不会再访问的页面换出，或把那些在较长时间内不会再访问的页面调出。

1. 最佳置换算法

最佳置换算法是由比莱迪(Belady)于 1966 年提出的一种理论算法，其方法是选择以后永不使用的，或许是在未来最长时间内不再被访问的页面。假定为某进程分配了三个页框，并考虑有以下的页面引用顺序：2—3—2—1—5—2—4—5—3—2—5—2。

程序运行过程中，当第一次访问 5 号页面时，系统给其分配的三个页框已经用完，会发生页面置换。按照最佳置换算法，应该将 1 号页面换出，因为 1 号页面是以后不再使用的页面。当第一次访问 4 号页面时，同样也会发生页面置换，应该将 2 号页面换出，因为在 2、3、5 三个页面中，2 号页面是最久才被访问的。图 5-30 显示了采用最佳置换算法页面在内存中的置换过程和缺页中断次数。

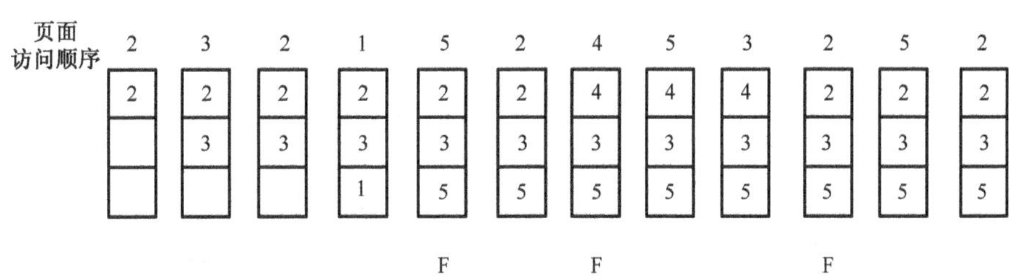

图 5-30 最佳置换算法示意图

由于人们无法预测将来会发生什么事，因此，最佳置换算法是一种理想化的算法。但是，最佳置换算法可以保证最低的缺页中断次数。因此，利用最佳置换算法可以衡量其他算法的优劣。

2. 先进先出置换算法

先进先出（First In First Out，FIFO）置换算法是最早出现的页面置换算法，它总是淘汰最先进入内存、在内存中驻留时间最久的页面。该算法将所有的页面按照进入内存的顺序组织成一个队列，则队首元素始终是最先进入内存的页面。每次淘汰页面时，仅需要将队首页面置换出内存，在腾出的页框中装入新换入的页面。如图 5-31 所示，当第一次访问 5 号页面时，队首是 2 号页面，置换页面时选择 2 号页面换出，装入 5 号页面，然后队首指向 3 号页面。

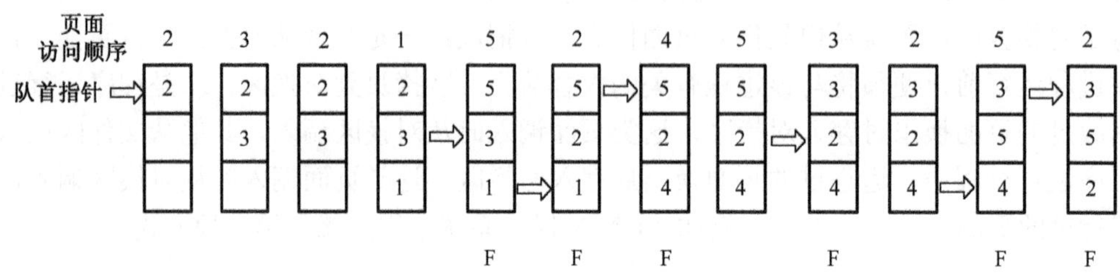

图 5-31　先进先出置换算法

先进先出置换算法较为简单，但是，与进程实际页面访问规律不相适应，因此，有些经常被访问的页面往往被淘汰掉了。如图 5-31 所示，第一次访问 5 号页面时，队首 2 号页面是后续经常要访问的页面，而在先进先出置换算法将其淘汰掉了。

3. 最近最久未使用置换算法

为了能够更好地适应页面访问规律，达到最佳置换算法的效果，人们只能利用最近的过去判断最近的将来，认为最近的过去近似于最近的将来，因此，最近最久未使用置换算法（Least Recently Used，LRU）的核心思想就是选择最近最久未使用的页面予以淘汰。为了判断最近程序的哪一个页面最久未被使用，可以采用寄存器或者栈两种技术。

1）寄存器

寄存器由 n 位组成，定义为：$R_{n-1}R_{n-2}R_{n-3}\cdots R_2R_1R_0$。程序的每一个页面均配备一个这样的寄存器。当进程访问某页面时，将其寄存器的最高位（即 R_{n-1} 位）置 1。另外，系统的定时信号每隔一定的时间将所有页面的寄存器右移一位。页面置换时，具有最小数值的寄存器所对应的页面就是最近最久未使用的。图 5-32 示出了采用寄存器实现进程在内存中的页面某时刻寄存器值的情况，2 号页面寄存器的值最小，说明在最近一段时间内最久没有被访问过；而 0、1、3 号页面的最高位都为 1，说明它们在过去的一个时钟周期内都被访问过最少一次。

页面号	寄存器（$R_7R_6R_5R_4R_3R_2R_1R_0$）							
0	1	1	1	0	0	0	0	0
1	1	1	0	0	0	0	0	0
2	0	0	1	0	0	0	0	0
3	1	0	1	0	0	0	0	0

图 5-32　LRU 置换算法页面寄存器值

2）栈

用栈存放位于内存中的所有页面，每访问一个页面，便将该页面从栈中移出，放在栈顶，其他页面在栈中的次序保持不变。这样，栈顶始终放的是最近最常使用的页面，而最近最久未使用的页面位于栈底。页面置换时仅需将位于栈底的页面淘汰，而将新进入内存的页面放在栈顶。图 5-33 显示了使用栈结构的最近最久未使用页面置换过程，当第二次访问 2 号页面时，需要将 2 号页面从栈底挪出，放到栈顶；第一次访问 5 号页面时，淘汰 3 号页面，5 号页面放入栈顶。

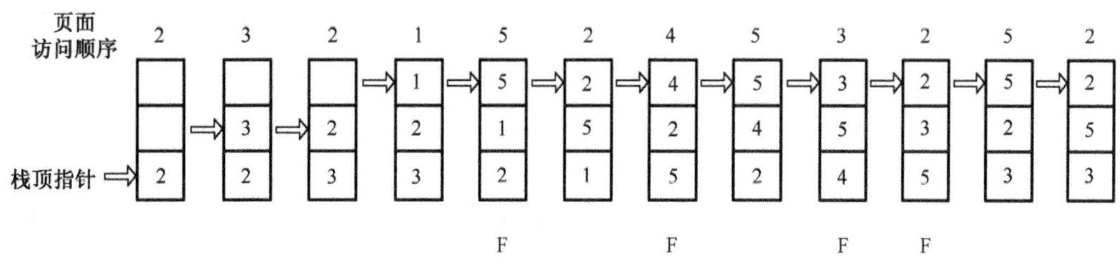

图 5-33　LRU 置换算法（栈结构）

4. Clock 置换算法

最近最久未使用置换算法是较好的置换算法，但它要求较多的硬件支持，故在实际应用中，大多采用的是它的近似算法。Clock 算法是用得较多的一种 LRU 近似算法。

1）简单 Clock 置换算法

简单 Clock 置换算法只为内存中的页面设置一个访问位，当页面被访问时，便将访问位置 1。内存中的所有页面组织在一个循环链表中，并设置一个指针 pointer，用于指示页面查找的起始位置，如图 5-34 所示。需要置换页面时，从指针位置开始，查看指针所指页面的访问位是否为 1，如果是 1，则将该页面的访问位修改为 0，否则，挑选该页面换出内存，并将新的页面换入内存，置新页面访问位为 1；最后让指针指向下一个页面。第 1 圈扫描结束后，若没有找到淘汰的页面，则进行第 2 圈扫描，此时，必定能够找到淘汰的页面。

由于该算法是循环地扫描内存中的所有页面，所以称为 Clock 算法。简单 Clock 置换算法仅用一位描述页面最近的使用情况，0 和 1 只能反映页面的过去一段时间内用了还是未用，故又把该算法称为最近未用算法（Not Recently Used，NRU）。

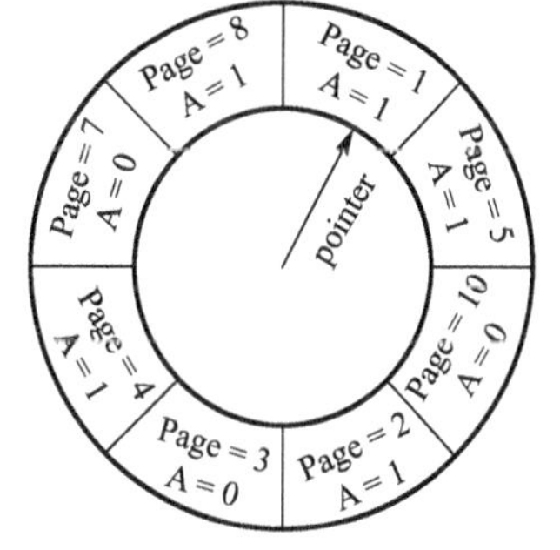

图 5-34　简单 Clock 置换算法

2）改进型 Clock 置换算法

选择页面置换时，如果该页面已经被修改，便需要将该页面写回到磁盘；但如果该页面未被修改过，则可以不将其写回磁盘，省略了磁盘 I/O 操作。因此，在简单 Clock 置换算法的基础上，稍微做了一下改动，增加了一个修改位，用于记录页面是否被修改过，1 表示修改，0 表示未修改。此时，内存中所有页面的状态由访问位和修改位决定，因此，页面可以分成四种，如表 5-3 所示。

2 类页面怎么会出现？一个页面被修改却没有被访问，难道修改不是被访问吗？2 类页面的出现是由于访问位定期清零产生的。访问位如果不定期清零，则一段时间后所有的页面都是被访问的，这样，访问位就没有任何意义了；而修改位是标识页面是否需要写回磁盘，清零则会产生错误。在这四类页面中，3、4 类页面的访问位都是 1，1、2 类页面的访问位都是 0，这说明 3、4 类页面最近被访问过，而 1、2 类页面最近没有被访问过，所以应该优先淘汰 1、2 类页面，其次是 3、4 类页面。为了避免写回磁盘操作，1、2 类页面中优先置换 1 类页面，3、4 类页面中优先置换 3 类页面，由此，形成了 1、2、3、4 类页面的淘汰顺序。

表 5-3　页面状态

类别	访问位	修改位	描述
1	0	0	最近既未被访问，又未被修改
2	0	1	最近未被访问，但是被修改过
3	1	0	最近被访问，但是未被修改
4	1	1	最近既被访问，又被修改

如图 5-35 所示，改进型 Clock 置换算法描述如下：

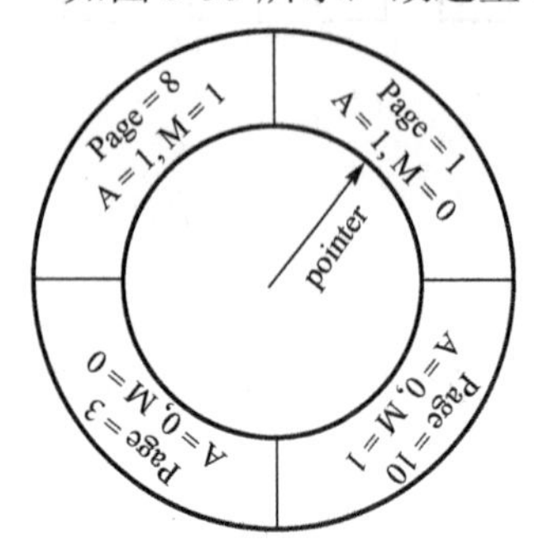

图 5-35　改进型 Clock 置换算法

(1) 从 pointer 开始遍历寻找 1 类页面，若找到，则将其置换出内存，调入新页面，并使 pointer 指向下一个页面，退出；否则，继续第②步。

(2) 从 pointer 开始遍历寻找 2 类页面，若找到，则将其置换出内存，调入新页面，并使 pointer 指向下一个页面，退出；否则，继续第③步。该步遍历时，需要将扫描过的页面的访问位置 0。

(3) 重复(1)和(2)。

改进型 Clock 置换算法通过对第(1)步和第(2)步执行两遍，一定可以找到淘汰的页面。因为，在极端情况下(所有页面是 4 类页面)，第一遍执行完后，即使没有找到淘汰的页面，内存中所有页面的状态也都在第(2)步变成了 1 类或 2 类页面。

5. 最少使用置换算法

最少使用置换算法(Least Frequently Used，LFU)在最近时期内选择使用次数最少的页面作为淘汰页。其实现同 LRU 的寄存器实现机制，每次访问某页面时，便将该移位寄存器的最高位置 1，再每隔一定时间右移一次，这样，最近一段时间使用最少次数的页面便是ΣR_i值最小的页面。

由于内存具有较高的访问速度，例如 100ns，在 1ms 时间内可能对某页连续访问成千上万次，因此，不能直接利用软件计数来记录某页被访问的次数。LFU 采用寄存器机制并不能准确地反应页面最近一段时间使用的次数，在一个时间间隔内只用一位记录页面的使用次数，则访问一次页面同访问 10000 次是等效的。

5.8.5　内存抖动

页面置换的过程中可能会出现刚被淘汰的页面很快又被访问，置换出旧的页面，换入新的页面；下一次访问又是访问刚被置换出去的页面，重新置换旧的页面，换入新的页面；每一次程序访问恰好是对一个不在内存中的页面进行访问，这样，每次内存访问都会发生一次缺页中断，系统运行时间大部分用于页面的调入调出，造成 CPU 利用率急剧下降，这种现象称为内存抖动。

发生内存抖动时，系统的效率将与停滞差不多，几乎看不到进程有任何进展迹象。内存抖动发生原因比较复杂。首先页面置换算法失误，可能造成较多次缺页中断；其次，一个进程需求的页框数太多，系统为其分配的页框数满足不了其需要的最小页框数，也会造成其缺页中断次数的提高；最后，系统内同时运行的进程太多，每个程序无法保证其频繁使用的页面都在内存，造成内存紧张，系统缺页中断次数提高。

5.8.6 比莱迪异常

内存抖动产生最直观的原因是系统运行的进程数太多了，每个进程分配的页框数太少了。然而，给每个进程分配更多的页框数，缺页中断次数一定会减小吗？例如，一个进程的页面访问顺序为 4、3、2、1、4、3、5、4、3、2、1、5。假定分配给进程的初始页框数为 3，则按照先进先出置换算法，页面更新和缺页中断次数如图 5-36 所示。

如果给进程分配 4 个页框，则页面更新和缺页中断次数如图 5-37 所示。

从计算结果可以看出，为进程分配的页框数从 3 变为 4，进程缺页中断的次数并没有减少。如果将初始页面进入内存引起的缺页中断次数计算在内，缺页中断次数反而增加了一次，从 9 次增加到 10 次。这种增加页框数而导致缺页次数增加的现象称为比莱迪异常(Belady's anomaly)。比莱迪异常并不是一个常见现象，只不过提醒我们为进程增加页框数时能够注意到比莱迪异常，发现页框数增加而缺页中断次数并没有降低时，可以继续为进程分配页框，直到异常现象消失。

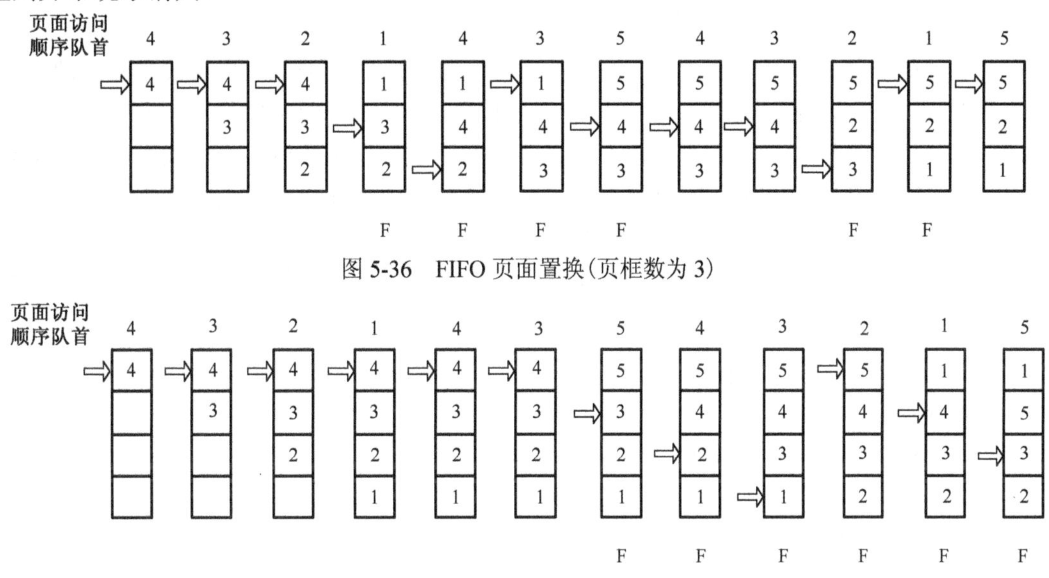

图 5-36 FIFO 页面置换(页框数为 3)

图 5-37 FIFO 页面置换(页框数为 4)

5.9 请求分段存储管理方式

请求分段存储管理方式是在基本分段存储管理方式的基础上支持虚拟存储器技术，当访问的段不在内存中时，可由操作系统将所缺的段调入内存。

5.9.1 实现原理

与请求分页存储管理方式类似，请求分段存储管理方式也需要在系统中增加一些硬件和软件机构，支持段部分装入和请求分段功能。

1. 段表机制

在基本分段存储管理方式中，段表仅能实现逻辑地址到物理地址的转换。为了支持虚拟存储器技术，段表中还需要增加若干项，以供程序对换使用。图 5-38 显示了一个请求分段存储管理方式段表项，除了段名、段长、段的基址除外，其他各字段的含义如下：

(1) 存取方式。用于标识分段的存取属性，如执行、只读、读/写等。

(2) 访问位(A)。用于记录分段被访问的情况，如多久未访问、访问次数等。

(3) 修改位(M)。用于标记分段是否被修改过。

(4) 存在位(P)。用于指示本段是否已经调入内存。

(5) 增补位。这是请求分段存储管理方式中特有的字段，用于表示分段在运行过程中是否做过动态增长。

(6) 外存始址。用于记录分段在外存中的起始地址。

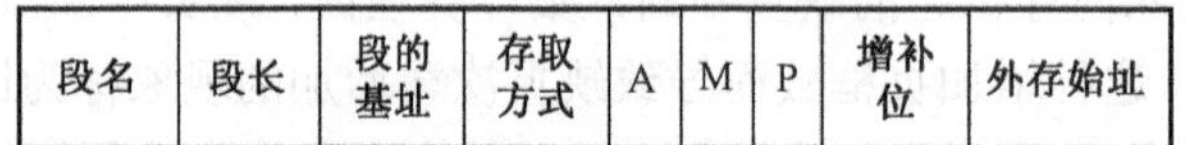

段名	段长	段的基址	存取方式	A	M	P	增补位	外存始址

图 5-38 请求分段存储管理段表项

2. 缺段中断

在请求分段存储管理方式中，当所访问的段不在内存中时，便会产生缺段中断。缺段中断与缺页中断类似，产生于指令的执行期间。处理器接受到缺段中断信号后，便转入缺段中断处理程序，按段的需求，在内存中找一块足够大的分区，用于存放段。如果内存中找不到这样的空闲分区，则判断空闲分区容量和是否可以满足需求，如果可以满足，则进行紧凑技术以形成一个合适的空闲分区；否则，置换内存中的一个或几个分段以形成一个合适的空闲分区。最后，从空闲分区中划分空间装入所需要的段。缺段中断处理程序的执行流程如图 5-39 所示。

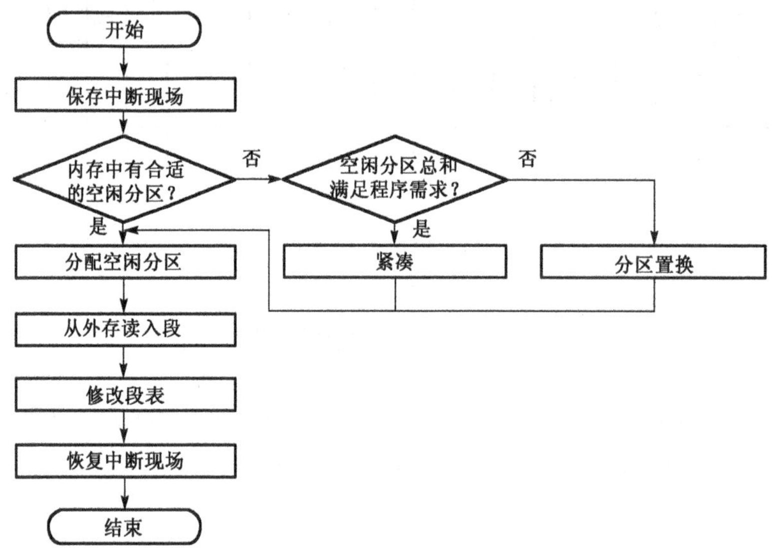

图 5-39 缺段中断处理程序

3. 地址转换流程

请求分段存储管理方式的地址转换与基本分段存储管理方式的地址转换类似，只是在地址转换前需要判断段是否在内存中，若不在内存中，则会引发缺段中断。

5.9.2 分段共享实现

为了在请求分段存储管理方式中实现分段共享，操作系统应设置相应的数据结构，并定义对共享段操作。

1. 共享段表

为了实现段共享，可在操作系统中设置一张共享段表，记录共享段的段名、段长、内存始址、状态、外存始址、共享进程计数等信息，并记录共享此段的进程信息，如状态、进程名、进程号、段号、存取控制等，共享段表项如图 5-40 所示。对于不同的进程，共享段在每个进程段表中的段号通常不同，并且，进程对共享段的操作权限也不尽相同，有的可以读/写，有的只可以读，还有的只可以执行。

<table>
<tr><td>段名</td><td>段长</td><td>内存始址</td><td>状态</td><td>外存始址</td></tr>
<tr><td colspan="5">共享进程计数</td></tr>
<tr><td>状态</td><td>进程名</td><td>进程号</td><td>段号</td><td>存取控制</td></tr>
<tr><td colspan="5">……</td></tr>
</table>

图 5-40 共享段表项

2. 共享段的内存分配与回收

共享段的内存分配由第一个请求使用该段的进程发起，操作系统在内存中为该共享段分配一个分区，再把该共享段调入内存，在进程的段表和操作系统共享段表中填写相关数据，此时共享段表的共享进程计数为 1。随后，当又有其他进程共享该共享段时，由于该共享段已经进入内存，故无须再为该段分配内存，只需要在调用进程的段表中增加一个段表项，并在操作系统共享段表中记录调用进程的相关信息，使共享进程计数加 1。

当进程不再需要共享段时，应该撤销进程段表中与共享段相关的段表项，在操作系统共享段表中撤销进程的相关记录信息，并使共享进程计数减 1。若共享段表项的共享进程计数为 0，则说明系统中没有任何进程使用此共享段，操作系统才可以回收该共享段占用的内存空间。

5.9.3 运行时动态链接实现

装入时动态链接在程序装入内存时完成所有的链接工作，但程序运行过程中不一定会用到所有的模块。为了进一步避免不必要的链接，可以仅在进程用到某个分段时才对它进行链接，即运行时动态链接。请求分段存储管理方式允许程序运行时装入部分代码，代码不在内存中可以请求调入，同时，分段管理也可以较好地满足代码共享，故而，可以在请求分段存储管理方式的基础上实现运行时动态链接。1964 年，由贝尔实验室、麻省理工学院及美国通用电气公司共同参与研发的用于大型主机的 MULTICS（Multiplexed Information and Computing System）多任务分时操作系统就采用了运行时动态链接。

1. 间接寻址和间接字

为了支持运行时动态链接，系统还需要为动态链接段附加间接寻址和链接指示位两个硬件设施。间接寻址是指令中的地址部分指向所需段地址的地址，而不是所需段的地址。如图 5-41(a)所示，采用间接寻址，Load 指令的地址部分是 200，200 存储单元中的数据 300 才是真正需要加载的存储单元地址；而图 5-41(b)所示，采用直接寻址，Load 指令的地址部分是 300，300 即为所要加载的存储单元地址。在程序中，包含寻址单元地址的存储单元称为间接字。

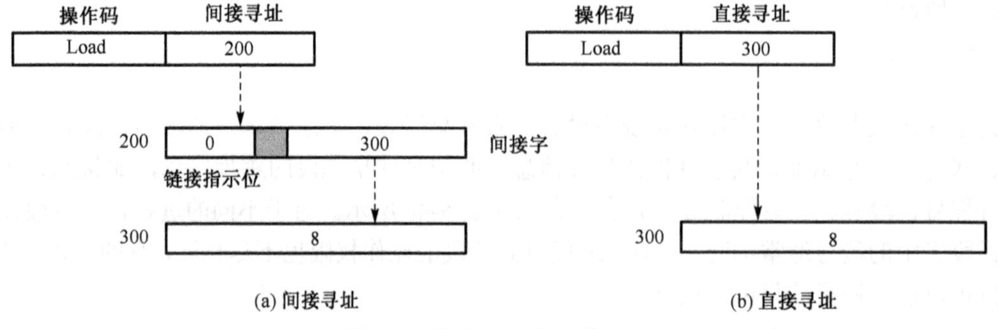

图 5-41　间接寻址和直接寻址

间接字中除了包含寻址单元的地址外，还包含链接指示位，0 表示段已经链接，1 表示段尚未链接。如果所要访问的段尚未链接上，即指令间接寻址时，发现链接指示位为 1，则会产生链接中断，转向操作系统的链接中断处理程序。

2. 链接中断处理

如图 5-42 所示，程序执行过程中有一条间接寻址加载指令“Load *1，3[100]”，它是从 3 号段偏移地址为 100 的存储单元得到间接地址。由于链接指示位为 1，所以产生链接中断。操作系统执行链接中断处理程序，根据间接字中存放的地址“3[106]”，从“3[106]”存储单元中获悉所要链接的对象“X[Y]”，X 是所要链接到的段名，Y 是 X 段内链接标识符。操作系统找到 X 段后为其分配一个段号，例如 4，再根据 Y 标识符找到段内偏移量，例如 100，最后修改间接字，地址部分修改为“4[100]”，链接指示位清 0。链接工作结束后，程序重新执行“Load *1，3[100]”指令，则会将 4 号段内偏移为 100 的存储单元中的数据加载到寄存器中。

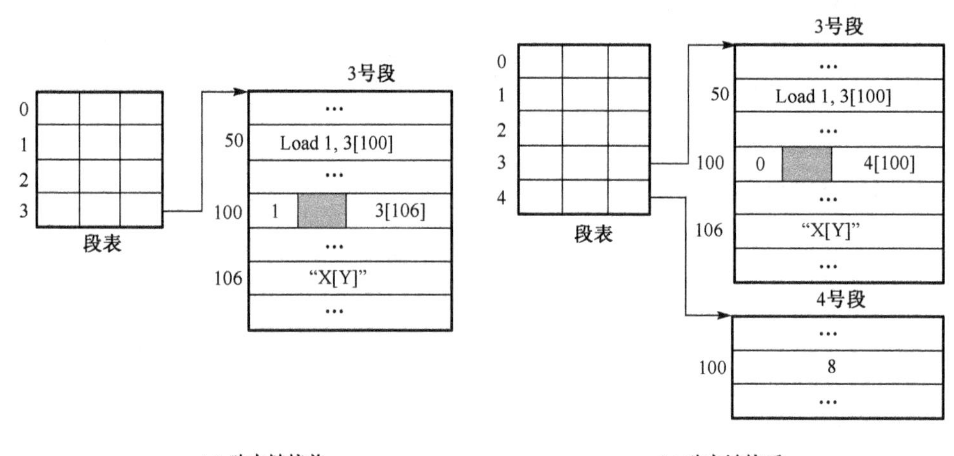

图 5-42　段的动态链接示意图

分段动态链接后并不意味着分段就在内存，分段的运行时动态链接主要完成分段在段表中的段号分配，间接字的修改；而分段是否在内存中，由段表项的存在位指示，若分段不在内存中，则会产生缺段中断。分段装入内存后，程序才能正常地执行下去。

5.10 典型例题讲解

5.10.1 单项选择题

【例 5.1】可变分区分配管理方式中，(　　)总是能找到满足程序要求的最小空闲分区分配。

A．最佳适应算法　　　　B．首次适应算法

C．最坏适应算法　　　　D．循环首次适应算法

解析：最佳适应算法要求空闲分区表(链)按照空闲分区的大小降序排列，每次从表(链)首查找到的第一个适合空闲分区即为满足程序要求的最小空闲分区。故本题答案为 A。

【例 5.2】某基于可变分区分配管理方式的计算机，其主存容量为 55MB(初始空间)，采用最佳适应算法，分配和释放空闲分区的顺序为：分配 15MB，分配 30MB，释放 15MB，分配 8MB，分配 6MB，此时主存中最大空闲分区的大小是(　　)。

A．7MB　　B．9MB　　C．10MB　　D．15MB

解析：按照空闲分区分配和释放的顺序，操作结束后，内存空闲分区布局如图 5-43 所示。故本题答案为 B。

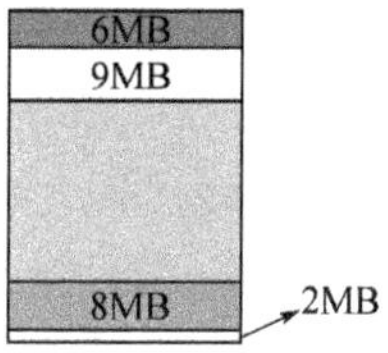

6MB
9MB
8MB
2MB

图 5-43　空闲分区布局

【例 5.3】可重定位分区分配管理方式宜采用以下(　　)。

A．绝对地址装入方式　　B．可重定位装入方式

C．动态运行时装入方式　　D．其他装入方式

解析：可重定位分区分配管理方式要解决的问题是程序在内存中动态移动，因此，程序装入内存后，不宜将程序的逻辑地址修改为物理地址，故本题答案为 C。

【例 5.4】如图 5-44 所示，程序装入内存时，如果采用可重定位装入方式，则“？”处的地址是(　　)。

A．2500　　B．12500　　C．不确定　　D．13000

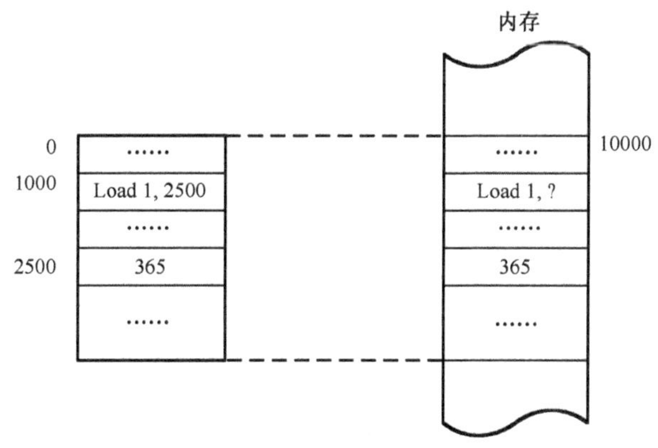

“Load 1,2500”代表将地址为 2500 的内存单元数据加载到 1 号寄存器中

图 5-44　程序装入内存示意图

解析：采用可重定位装入方式，程序在外存上存储时采用逻辑地址空间，而在装入内存时需要将逻辑地址转换为物理地址，装入内存的起始物理地址为 10000，则“？”处的物理地址是逻辑地址与起始物理地址之和，即 12500。故本题答案为 B。

外层页号	页号	页内偏移

图 5-45 逻辑地址结构

【例 5.5】某计算机采用二级页表分页存储管理方式，按字节编制，页面大小为 2^{10} 字节，页表项大小为 2 字节，逻辑地址结构如图 5-45 所示。

程序逻辑地址空间大小为 2^{16} 页，则表示整个逻辑地址空间的外层页表中包含的表项个数至少是(　　)。

A．64　　B．128　　C．256　　D．512

解析：程序逻辑地址空间为 2^{16}，则共有 2^{16} 个页表项；每个页面大小为 2^{10}，则每个页框可以容纳 2^9 个页表项；将所有的页表项除以 2^9，则外层页表中需要有 2^7 个页表项。故本题答案为 B。

【例 5.6】分段存储管理方式中的程序逻辑地址格式是(　　)地址。

A．线性　　B．一维　　C．二维　　D．三维

解析：分段存储管理方式中，程序逻辑地址由段号和段内偏移组成，因此，是二维地址。故本题答案为 C。

【例 5.7】虚拟存储器不具备(　　)功能。

A．部分装入　　B．请求调入　　C．页面置换　　D．动态链接

解析：结合虚拟存储器技术，对存储器管理进一步改造，实现运行时动态链接，提高系统的整体性能，故本题答案为 C。

【例 5.8】LRU 置换算法淘汰(　　)的页。

A．最近最少使用　　B．最近最久未使用

C．最先进入内存　　D．将来最久使用

解析：根据定义 LRU 置换算法是淘汰最近最久未用的页面，衡量的是最近一段时间内哪个页面最长时间未用；LFU 置换算法是淘汰最近最少使用的页面，衡量的是最近一段时间内哪个页面使用的次数最少。故本题答案是 B。

【例 5.9】页面置换算法中，(　　)不是基于程序执行的局部性理论。

A．FIFO 置换算法　　B．LRU 置换算法

C．Clock 置换算法　　D．LFU 置换算法

解析：先进先出置换算法是按照页面进入内存的时间顺序选择淘汰页面，未考虑页面的使用状况；页 LRU 置换算法、Clock 置换算法、LFU 置换算法是以最近一段时间内页面的使用状况选择淘汰页面，因而是基于程序执行的局部性理论淘汰页面的。故本题答案为 A。

5.10.2 填空题

【例 5.10】在基本分页存储管理方式中，如果采用一级页表机制，当要按照给定的逻辑地址进行读/写时，需要________次访问内存。

解析：采用一级页表机制的基本分页存储管理方式，实现对给定逻辑地址所对应的内存单元访问需要进行两次内存访问，一次是页表访问，另一次是对应内存单元访问。故本题答案为 2。

【例 5.11】所谓虚拟存储器是指具有________功能和__________功能，能从________上对内存容量进行扩充的一种存储系统。

解析：请求调入和页面置换功能是虚拟存储器的核心功能，容量的扩充仅是逻辑上的扩充，只是通过技术手段借助外存空间可以运行比真实内存空间大的程序，不是对内存的物理扩充。故本题答案为请求调入、页面置换和逻辑。

【例 5.12】请求分页存储管理方式中，需________、缺页中断和________等机构实现逻辑地址到物理地址的转换。

解析：请求分页存储管理方式逻辑地址到物理地址的转换在内存中需要页表，处理器中需要增加页表基址寄存器，同时还能够响应缺页中断。故本题答案是页表、页表基址寄存器。

5.10.3 综合题

【例 5.13】某系统采用分页存储管理方式，页面大小为 2KB，程序逻辑空间为 32 页，内存物理空间为 1MB。

① 写出逻辑地址的格式。

② 若不考虑访问权限等，进程的页表有多少项？每项至少有多少位？

③ 如果物理空间减少一半，页表结构应相应作怎样的改变？

解析：①程序逻辑空间不大，按照一级页表构造，程序的逻辑地址格式如图 5-46 所示。

② 由于程序逻辑空间有 32 页，所以，进程的页面有 32 项。页表中存放页面所对应的页框号，内存有 1MB，每个页框 2KB，最多有 2^9 个页框，表示页框号最少要有 9 位，故每项至少有 9 位。

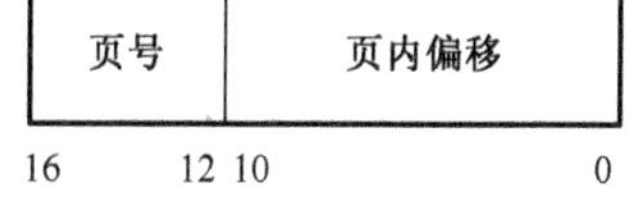

图 5-46 逻辑地址格式

③ 如果物理空间减少一半，则最多有 2^8 个页框，表示页框号最少要 8 位，故每项至少有 8 位。

【例 5.14】某系统存储器管理采用请求分页存储管理方式，接收了一个共 7 个页面的程序，程序执行时的页面访问顺序为 1、2、3、4、2、1、5、6、2、1、2、3、7、6、3。若采用最近最久未用(LRU)置换算法，程序在得到两个页框和四个页框时各会产生多少次缺页中断？如果采用先进先出(FIFO)置换算法又会有怎样的结果？

解析：对于最近最久未用置换算法，采用栈结构实现，总是淘汰栈底的页面，过程如图 5-47 所示。

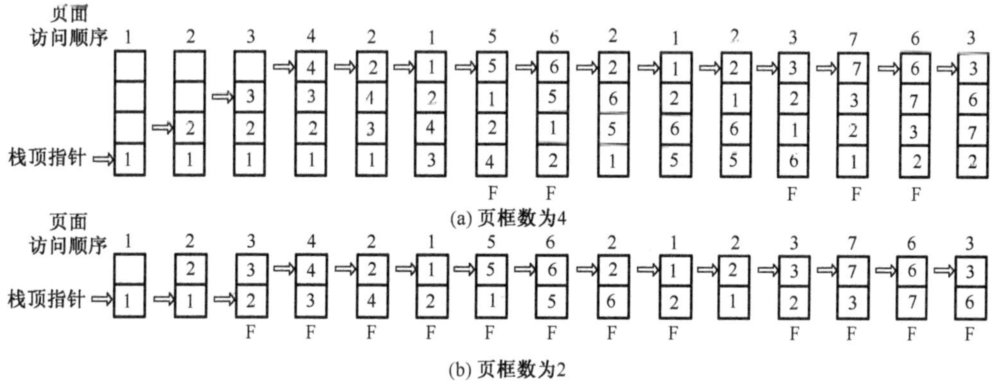

图 5-47 LRU 置换算法

先进先出置换算法，采用循环队列实现，总是淘汰队首的页面，过程如图 5-48 所示。

【例 5.15】设某计算机的逻辑地址空间和物理地址空间均为 64KB，按字节编址。若某进程最多需要 6 个页面存储空间，页面的大小为 1KB，操作系统采用固定分配局部置换策略为此进程分配 4 个页框，某个时刻页面装入内存状况如表 5-4 所示。

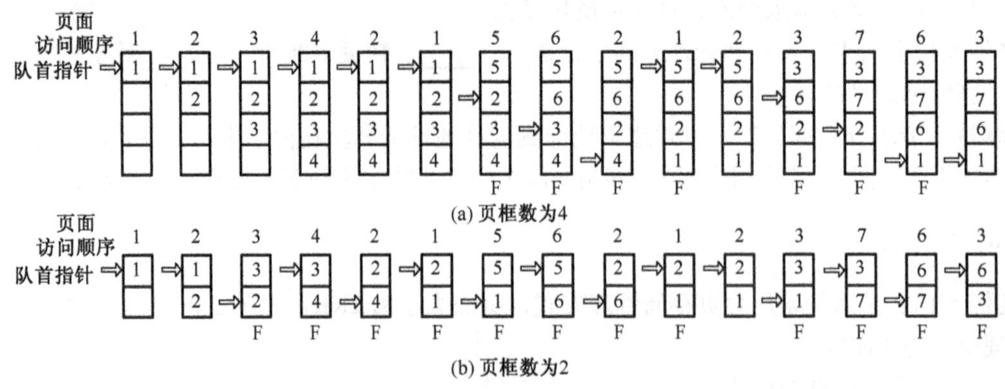

图 5-48 FIFO 置换算法

表 5-4 页面装入内存状况

页号	页框号	装入时刻	访问位
0	7	130	1
1	4	230	1
2	2	200	1
3	9	160	1

当该进程执行到时刻 260 时，要访问逻辑地址为 17CAH 的数据。请回答下列问题：

① 该逻辑地址对应的页号是多少？

② 若采用先进先出(FIFO)置换算法，该逻辑地址对应的物理地址是多少？

③ 若采用 Clock 置换算法，该逻辑地址对应的物理地址是多少？(设搜索下一页的指针沿顺时针方向移动，且当前指向 2 号页框，如图 5-49 所示。)

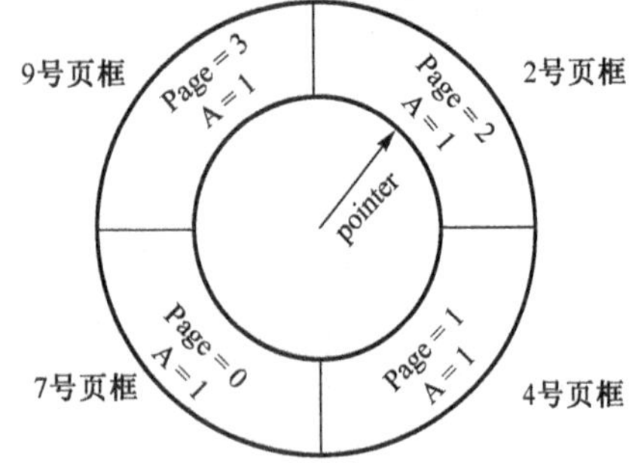

图 5-49 Clock 置换算法示意图

解析：17CAH=$(0001\ 0111\ 1100\ 1010)_2$

① 页大小为 1K，所以页内偏移地址为低 10 位，前 6 位是页号，所以页号为$(0001\ 01)_2$，即 5；

② 采用 FIFO 置换算法，被置换出的页面为 0 号页面，5 号页面装入 0 号页面所占用的页框 7，所以对应的物理地址为$(0001\ 1111\ 1100\ 1010)_2$=1FCAH。

③ 采用 Clock 置换算法，被置换出的页面为 2 号页面，5 号页面装入 2 号页面所占用的页框 2，所以对应的物理地址为$(0000\ 1011\ 1100\ 1010)_2$=0BCAH。

5.11 本章小结

本章首先介绍了程序的生成过程，重点叙述了程序的链接和装入过程。程序的链接是将编译生成的目标模块进行组装生成可执行程序，链接过程需要修改目标模块的相对地址和变换外部调用符号，从而将程序中出现的所有符号有机地联系在一起。按照链接发生的时机，可以将链接分为静态链接、装入时动态链接和运行时动态链接。静态链接发生在程序编译之后，装入时动态链接发生在程序装入内存时刻，而运行时动态链接发生在程序运行时刻。程序的装入是将可执行程序从外存装入内存，准备执行。程序的装入分为绝对装入方式、可重定位装入方式和动态运行时装入方式，绝对装入方式是指程序编译链接时参考的地址空间即为程序将来运行时要装入的内存空间，程序未运行前已经考虑了程序将要运行的环境。可重定位装入方式和动态运行时装入方式在程序编译链接时使用逻辑地址空间，区别在于前者在程序装入时修改程序逻辑地址为物理地址，且为永久性改变，后者在程序运行时借助硬件电路将逻辑地址转换为物理地址，程序本身不做任何修改。

其次，按照程序进入内存是否占用一块连续的内存空间，叙述了连续分配方式和离散存储管理方式。连续分配方式包括单一连续分配管理方式、固定分区分配管理方式、可变分区分配管理方式和可重定位分区分配管理方式，重点论述了它们实现的数据结构和算法。离散存储管理方式根据程序划分的单位，分为分页存储管理方式和分段存储管理方式，分页存储管理方式以页为单位将程序装入到内存若干不连续的页框中，分段存储管理方式以段为单位将程序装入到内存若干不连续的分区中。分页存储管理方式为了实现地址转换，需要设置页表和页表基址寄存器；分段存储管理方式为了实现地址转换，类似需要设置段表和段表基址寄存器。分页存储管理方式可以提高内存的利用率，分段存储管理方式有利于代码共享，段页式存储管理方式将两者的优点集于一身，宏观上采用分段管理，微观上在段内采用分页管理。

最后，为了实现程序运行时部分装入，论述了虚拟存储器技术。虚拟存储器基于离散存储管理方式实现，以页为单位称之为请求分页存储管理方式，以段为单位称之为请求分段存储管理方式。请求分页存储管理方式和请求分段存储管理方式要检测所要运行的程序是否在内存，分别需要对页表和段表进行补充，增加存在位。为了调入尚未进入内存的程序片，地址转换机构中分别增加了缺页中断和缺段中断。另外，为了缓解内存紧张，装入急迫运行的程序片，虚拟存储器允许选择部分进入内存的程序片置换出内存，重点论述了了请求分页存储管理方式中的页面置换算法，包括最佳置换算法、FIFO 置换算法、LRU 置换算法和 Clock 置换算法等。

习　　题

一、单项选择题

1．分区分配方式要求给每一个程序都分配(　　)的内存空间。

A．一个地址连续　　B．若干地址不连续的　　C．若干连续的页　　D．若干不连续的帧

2．可变分区分配管理方式中，程序终止后要回收其内存空间，该空间可能与相邻空闲分区邻接，修改空闲分区表使空闲分区始址改变但空闲分区个数不变的是(　　)情况。

A．有上邻空闲分区也有下邻空闲分区　　B．有上邻空闲分区但无下邻空闲分区

C．无上邻空闲分区但有下邻空闲分区　　D．无上邻空闲区且也无下邻空闲分区

3．可变分区分配管理方式中，若采用最佳适应算法，空闲分区表中的空闲分区按(　　)顺序排列。

A．长度递增　　B．长度递减　　C．地址递增　　D．地址递减

4．分页存储管理方式的主要特点是(　　)。

A．要求处理缺页中断　　B．要求扩充内存容量

C．不要求作业装入到内存的连续区域　　D．不要求作业全部同时装入内存

5. 基本分页存储管理方式不具备(　　)功能。

A. 页表　　B. 地址变换　　C. 快表　　D. 请求调页和页面置换

6. 虚拟存储器技术是(　　)。

A. 扩充内存物理空间技术　　B. 扩充内存逻辑地址空间技术

C. 扩充外存空间技术　　D. 扩充输入/输出缓冲区技术

7. 虚拟存储器实现的理论基础是程序的(　　)理论。

A. 全局性　　B. 虚拟性　　C. 局部性　　D. 动态性

8. 在下面的页面置换算法中，实际上(　　)是不可以实现的。

A. 先进先出置换算法　　B. 最近最久未使用置换算法

C. 最佳置换算法　　D. 简单 Clock 置换算法

9. 程序如图 5-52(a)所示，程序装入内存后的视图如图 5-52(b)所示。若采用可重定位装入方式，则 jump 指令的跳转地址在装入内存后，应为(　　)。

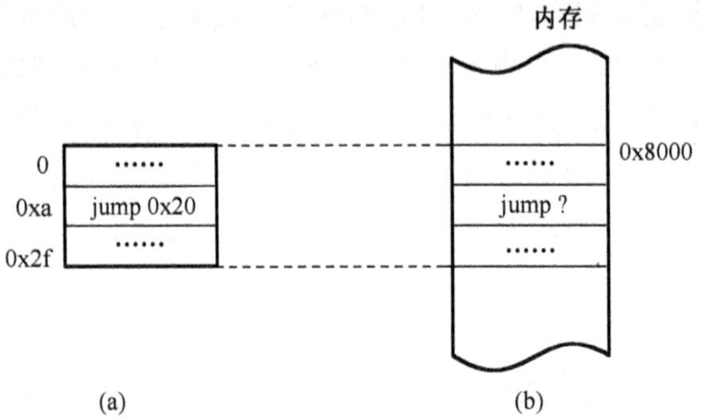

图 5-52　程序可重定位装入示意图

A. 0x8020　　B. 0x20　　C. 0x800a　　D. 不确定

10. 可变分区分配管理方式中，优先使用低地址部分空闲分区的算法是(　　)。

A. 最佳适应算法　　B. 首次适应算法

C. 最坏适应算法　　D. 循环首次适应算法

11. 请求分页存储管理方式中，若采用 FIFO 置换算法，当分配的页框数增加时，缺页中断的次数(　　)。

A. 减少　　B. 增加　　C. 无影响　　D. 可能增加也可能减少

二、填空题

1. 离散存储管理方式中，页是信息的________单位，段是信息的________单位。

2. 为了解决外碎片问题，可采用一种方法，将内存中的所有程序进行移动，使原来分散的多个小分区拼接成一个大分区，这种方法称为________。

3. 页表的作用是________。

4. 请求分页存储器管理方式中，常采用以下页面置换算法，其中________，淘汰不再使用或最远的将来才使用的页；________，选择淘汰在内存驻留时间最长的页；________，选择淘汰距当前时刻最近一段时间内最久不使用的页。

5. 如果一个程序为多个进程所共享，那么该程序的代码在执行过程中不能被修改，即代码应该是________。

6. 程序链接的方式有________、装入时动态链接方式和________方式。

三、综合题

1．某操作系统采用可变分区分配管理方式，用户存储区容量 512KB，采用空闲分区表管理，分配时采用从低地址部分开始，并假设初始状态存储区全为空。对于下述申请和释放操作：req(300KB)、req(100KB)、release(300KB)、req(150KB)、req(30KB)、req(40KB)、req(60KB)，请问(需要写出主要过程)：

① 若采用首次适应算法，完成申请和释放操作后都有哪些空闲分区？并指明空闲分区的大小和起始地址。

② 若采用最佳适应算法呢？

③ 若申请序列后再加上 req(90KB)，那么使用①、②两种不同算法得到的结果又将如何？

2．分页存储管理方式中，逻辑地址的长度为 16 位，页面大小为 4096B，现有一逻辑地址为 2F6AH，且第 0、1、2 页依次存放在 5、10、11 页框中，假设内存从 0x0 开始编址，问该逻辑地址对应的物理地址是多少？

3．请求分页存储管理方式中，假定系统为某进程分配了 4 个页框，页面的引用顺序为 7、1、2、0、3、0、4、2、3、0、3、2、7、0、1，采用 FIFO 置换算法、LRU 置换算法时分别产生多少次缺页中断？

4．请求分页存储管理方式中，采用 LRU 置换算法时，若一个程序的页面引用顺序为 4、3、2、1、4、3、5、4、3、2、1、5，当分配给该程序的页框数分别为 3 和 4 时，试计算在访问过程中发生的缺页次数。

5．请求分页存储管理方式中，假设分配给某进程的页框数为 3，若程序的页面引用顺序为 1、2、3、4、1、2、5、1、2、3、4、5，计算采用最佳置换算法时的缺页次数。

第6章 设 备 管 理

内容提要:

本章主要讲述以下内容:①设备管理的目标与功能;②I/O 设备的控制方式、分配及去配;③I/O 设备的驱动程序和缓冲技术;④磁盘的存储管理。

学习目标:

了解设备管理的目标、设备的分类及 I/O 设备的驱动程序;理解缓冲技术和 SPOOLing 技术;掌握设备管理功能、设备分配技术、I/O 设备的控制方式和磁盘存储管理。

对计算机外围设备的管理是操作系统主要任务之一。I/O 设备在功能与速度方面存在很大差异,计算机系统要采用多种方法来控制它们。I/O 设备技术呈现两个趋势,一方面,硬件和软件接口日益标准化,这有利于人们将设备集成到计算机和操作系统。另一方面,I/O 设备日益多样性,有的新设备与以前的设备差别很大,很难集成到计算机和操作系统中。这种困难需要共同用硬件和软件技术来解决。I/O 设备的端口、总线和设备控制器均适用于许多不同的设备。为了隐藏不同设备的细节和特点,在操作系统中设计了设备驱动程序模块,它为 I/O 系统提供统一接口,就像系统调用为应用程序和操作系统之间提供统一的标准接口一样。

6.1 设备管理概述

设备管理中要考虑到用户使用方便、设备无关性、效率高和统一管理等问题,设备管理应具有设备分配、处理和缓冲等功能。在 I/O 系统中,除了需要直接用于 I/O 和存储信息的设备外,还需要有相应的设备控制器,在有的大、中型计算机中,还配置了 I/O 通道。

6.1.1 设备管理的目标

由于设备的种类繁多,而其物理特性和使用方式各不相同。所以,设备管理这一部分在整个操作系统中占很大比重。设备管理要达到的目标主要是:

1) 使用方便

系统应向用户提供使用方便的界面,使用户摆脱具体设备的物理特性,按照统一的规则使用设备。即使简单的输入输出程序也至少需要几百条指令,要使用户从这种繁杂琐碎的事务中解放出来,必须由操作系统负责输入输出工作,例如用户可以用鼠标把要打印的文件拖到打印机图标上进行打印,而不用管打印机具体实现的过程。

2) 与设备无关

与设备无关即设备独立性,用户程序应与实际使用的具体设备无关,由操作系统考虑因实际设备不同需要使用不同的设备驱动程序等问题。这样,用户程序的运行就不依赖于特定设备是否完好、是否空闲,而由系统合理地进行分配,不论实际使用同类设备的哪一台,程序都应正确执行。还要保证用户程序可在不同设备类型的计算机系统中运行，不至于因设备型号的变化而影响程序的工作。

在已经实现设备独立性的系统中，用户编写程序时一般不再使用物理设备名，而使用虚拟设备名，由操作系统实现虚、实对应。例如在 UNIX 系统中，外部设备作为特别文件，与其他普通文件一样由文件系统统一管理，从而在用户面前对各种外设的使用就如同对普通文件那样，用户具体使用的物理设备由系统统一管理。

3）效率高

为了提高外设的使用效率，除合理的分配各种外部设备外，还要尽量提高外设和 CPU 及外设之间的并行性，往往采用通道和缓冲技术。另外，设备管理还要均衡系统中各设备的负载，最大限度地发挥所有设备的潜力。

4）管理统一

在设计上，对各种外设尽可能采用统一的管理方法，使得设备管理系统简单、可靠且易于维护。

6.1.2 设备管理的主要功能

为了实现上述目标，操作系统的设备管理要有以下功能：

1）设备分配

一个计算机系统中存在着许多设备以及控制器、通道，在系统运行期间它们完成各自的工作，并处于各种不同的状态。例如，系统内共有 3 台打印机，其中一台正在打印，一台出现故障，另一台空闲。系统要知道三台打印机的状态，当有打印请求时，就能进行合理地分配，把空闲的打印机分出去。所以，设备管理的功能之一就是记住所有的设备、控制器和通道的状态，以便有效地管理、调度和使用它们。

按照设备的类型和系统中所采用的分配算法，实施设备分配，即决定把一台 I/O 设备分给哪个要求该类设备的进程，并把使用权交给它。在大、中型系统中，还应分配相应的控制器和通道，以保证 I/O 设备与 CPU 之间有传送信息的通路。如果一个进程没有分到所需的设备或控制器和通道，那么它就进入相应的等待队列。完成这一功能的程序称为设备分配程序（或 I/O 调度程序）。

2）设备处理

通常完成这一部分功能的程序叫做设备驱动程序。在有通道的系统中，应根据用户提出的 I/O 要求，构成相应的通道程序。通道程序是由通道指令构成，这些通道指令可以实现简单的 I/O 控制和操作，通道程序由通道去执行。系统按照用户的要求调用具体的设备驱动程序，启动相应的设备，进行 I/O 操作，并处理来自设备的中断。操作系统中每类设备都有自己的设备驱动程序。

3）缓冲管理

为了使计算机系统中各个部分充分并行，不致因等待外设的 I/O 而妨碍 CPU 的计算工作，以及减少中断次数，大多数 I/O 操作都使用缓冲区。因此，系统应对缓冲区进行管理。

6.1.3 I/O 系统

设备管理是对计算机系统中除 CPU 和内存以外的所有其他设备的管理，主要包括 I/O 外部设备，也包括有关的支持设备，如通道和设备控制器等。

1. I/O设备分类

计算机的I/O设备种类很多，结构也较为复杂，管理起来比较困难。为了管理上的方便，通常按不同的观点、从不同的角度对设备进行分类。下面给出几种常见的分类。

1）从资源分配角度分类

（1）独占设备。指在一段时间内只允许一个用户(进程)访问的设备，即临界资源。对多个并发进程而言，应互斥地访问这类设备。系统一旦把这类设备分配给某个进程后，便由该进程独占，直至用完释放。应当注意，独占设备的分配有可能引起进程死锁。

（2）共享设备。指在一段时间内允许多个进程同时访问的设备。对于每一时刻而言，该类设备仍然只允许一个进程访问。共享设备可获得良好的设备利用率，典型的共享设备是磁盘。

（3）虚拟设备。指通过虚拟技术，如SPOOLing技术，将一台独占设备变换为共享设备，供若干个用户(进程)同时使用，通常把这种经过虚拟技术处理后的设备称为虚拟设备。

2）按设备的使用特性分类

（1）存储设备(或文件设备)。指计算机用来存储信息的设备，例如磁盘、磁带等。

（2）I/O设备。包括输入设备和输出设备两大类。输入设备是将信息输送给计算机的设备，如键盘、鼠标、扫描仪等；输出设备是将计算机处理或加工好的信息输出的设备，如打印机、显示器、绘图仪等。

3）按信息交换方式分类

（1）块设备。这类设备用于存储信息。由于信息的存取是以数据块为单位，故称为块设备，属于有结构设备。典型的块设备是磁盘。

（2）字符设备。用于数据的输入和输出。其基本单位是字符，故称为字符设备，属于无结构设备。字符设备的种类繁多，如交互终端、打印机等。字符设备传输速率较低，常采用中断驱动方式。

2. 设备控制器

设备控制器的主要功能是控制一个或多个I/O设备，以实现I/O设备和计算机之间的数据交换。设备控制器是CPU和I/O设备之间的接口，接收从CPU发出的命令，并控制I/O设备工作。设备控制器是一个可编址的设备，当它只控制一个设备时，控制器有唯一的一个设备地址；若控制器连接多个设备时，则应含有多个设备地址，使每一个设备地址对应一个设备。设备控制器的复杂性因设备而异，相差很大。这里可以把设备控制器分成两大类：一类是用于控制字符设备的控制器；另一类是用于控制块设备的控制器。

设备控制器主要完成以下功能：

（1）接收和识别命令。接收从CPU发来的命令，并识别这些命令。因此，在设备控制器中应具有相应的控制寄存器，用来存放接收到的命令和参数，并对所接收的命令进行译码。

（2）数据交换。指实现CPU与设备控制器之间、控制器与设备之间的数据交换。对于前者，是通过数据总线，由CPU并行地把数据写入控制器，或从控制器中并行地读出数据；对于后者，是设备将数据输入到控制器，或从控制器传送给设备。为此，在控制器中须设置数据寄存器。

（3）地址识别。系统中每一个设备都有一个地址，设备控制器必须能够识别自身所控制的每个设备的地址。为此，在控制器中应配置地址译码器。

(4) 标识和报告设备的状态。控制器应记下设备的状态供 CPU 了解。例如，仅当该设备处于发送就绪状态时，CPU 才启动控制器从设备中读出数据。为此，在控制器中应设置一个状态寄存器，存储当前设备的状态。CPU 可以从该寄存器中得到该设备的状态。

(5) 数据缓冲。由于 I/O 设备的速度较低而 CPU 和内存的速度较高，故在控制器中可以设置一个缓冲区，以缓和 I/O 设备和 CPU、内存之间的速度矛盾。

(6) 差错控制。设备控制器还负责对 I/O 设备传来的数据进行差错检测。若发现传送过程出现了差错，便将差错检测码置位，并向 CPU 报告，于是 CPU 将本次传送来的数据作废，并重新进行一次传送，这样可以保证数据传送的正确性。

I/O 控制器发展的一个趋势是不断增强控制器的功能，另外将控制器的一部分功能合并到 I/O 设备上，这样的 I/O 设备称为智能 I/O 设备。

3. 通道

在计算机系统中，增加设备控制器后，大大减少了 CPU 对 I/O 操作的干预，但当主机所配置的外部设备很多时，CPU 的负担仍然很重。为此，在 CPU 和设备控制器之间又增设了通道。其主要目的是为了建立独立的 I/O 操作，这样不仅使数据的传送能独立于 CPU，而且也希望对 I/O 操作的组织、管理及结束也尽量独立，以保证 CPU 有更多的时间去进行数据处理，也就是说，目的是使一些原来由 CPU 处理的 I/O 任务转由通道来承担，从而把 CPU 从繁忙的 I/O 操作中解放出来。在设置通道后，CPU 只需向通道发出一条 I/O 指令，通道收到该指令后，便从内存中取出本次要执行的通道程序，然后执行该通道程序，仅当通道完成了规定的 I/O 任务后，才向 CPU 发出中断信号。

实际上，I/O 通道是一种特殊的处理机，具有执行 I/O 指令的能力，并通过执行通道程序来完成对 I/O 的操作。但 I/O 通道又与一般的处理机不同，主要表现在两个方面：一是其指令类型单一，即由于通道硬件比较简单，其所能执行的指令，主要局限于与 I/O 操作有关的指令；另一方面是通道没有自己的内存，通道所执行的通道程序是存放在主机内存中的。换言之，通道和 CPU 共享内存。

由于通道的引入，现代计算机 I/O 系统的结构由通道、设备控制器和设备三级组成，如图 6-1 所示。I/O 操作要经过三级控制，第一级由 CPU 执行 I/O 指令，查询通道状态，启动或停止通道运行；第二级是通过接收 CPU 的 I/O 指令后，由通道执行为其准备的通道程序，向设备控制器发命令；第三级由设备控制器根据通道发出的命令控制设备完成 I/O 操作。

通道和设备控制器都是独立的功能部件，两者可以并行操作。在一个计算机系统中可以配置多个通道，一个通道也可以连接多个设备控制器，一个设备控制器可以连接多台同类型的设备。由于通道价格昂贵，致使计算机中所设置的通道数量较少，这又往往使其成为 I/O 系统的瓶颈，进而造成整个系统吞吐量的下降。解决瓶颈问题最有效的方法是，增加设备到主机之间的通路，而不增加通道，如图 6-2 所示，即系统可以将一台设备连接到几个控制器上，一个控制器也可以连接到几个通道上，以提高设备的利用率和灵活性。

根据信息交换的方式，通道可分成三种类型：字节多路通道、数组选择通道和数组多路通道。

1) 字节多路通道

字节多路通道以字节为单位传输信息。通道程序由通道指令组成，一个通道以分时方式同时执行几个通道程序，以管理多台外部设备的工作。这样，当通道执行一个设备的通道程序，实现该外设和内存之间的一个字节数据传送后，立即执行另一台外设的通道程序，以实现其外设和内存之间的字节数据传送。字节多路通道适用于连接打印机、终端等低速或中等速度的 I/O 设备。

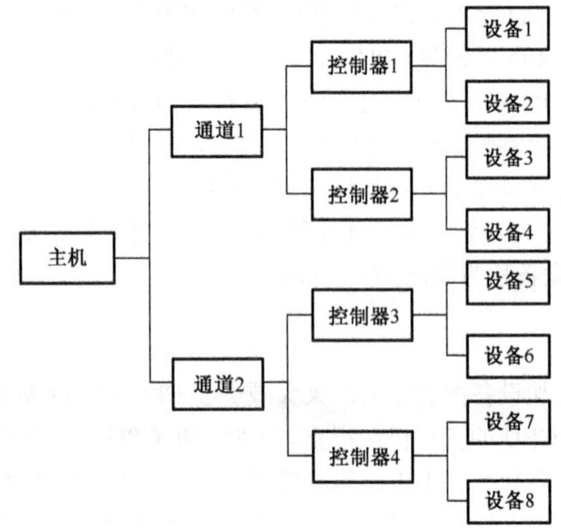

图 6-1　I/O 系统的三级结构

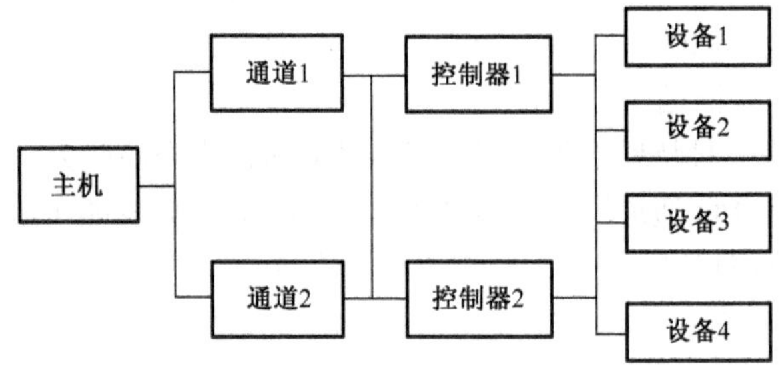

图 6-2　多通路 I/O 系统

2）数组选择通道

数组选择通道一次仅执行一个通道程序，以实现内存和外设之间的成批数据传送。当通道执行完一通道程序时，通道才执行另一台设备的通道程序，以实现该外设和内存之间的成批数据传送。数组选择通道一次仅控制一台设备工作，因而数据传送速率较高。该通道主要用来连接高速外部设备，例如磁盘、磁鼓等。

3）数组多路通道

数组多路通道以分时方式同时执行几个通道程序，每执行完一条通道指令，然后自动转换，为另一台设备执行一条通道指令。因为每条通道指令可以传送一批数据，所以数组多路通道既具有数组选择通道传输速率较高的优点，也具有字节多路通道可以同时管理多台设备 I/O 操作的优点，适用于连接传输速率介于两者之间的设备，如磁带等。

通道通过执行通道程序，与设备控制器共同实现对 I/O 设备的控制。通道程序是由一系列通道指令(或称为通道命令)所构成。通道指令与一般的机器指令不同，在每条指令中都包含下列信息：操作码，规定了指令所执行的操作，例如读、写、控制等操作；内存地址，标明字符送入内存(读操作)和从内存取出(写操作)时的内存首址；记录结束标志 R，R=0 表示本通道指令与下一指令所处理的数据是同属于一个记录，R=1 表示这是处理某记录的最后一条指令。

6.2 I/O 控制方式

随着计算机技术的发展，I/O 控制方式也在不断地发展。在早期的计算机系统中，是采用程序 I/O 方式；当在系统中引入中断机制后，I/O 方式便发展为中断驱动方式；此后，随着 DMA 控制器的出现，又使 I/O 方式在传输单位上发生了变化，即从以字节为单位的传输扩大到以数据块为单位进行转输，从而大大地改善了块设备的 I/O 性能；而通道的引入，又使对 I/O 操作的组织和数据的传送都能独立地进行而无需 CPU 干预。应当指出，在 I/O 控制方式的整个发展过程中，始终贯穿着这样一条宗旨，即尽量减少主机对 I/O 控制的干预，把主机从繁杂的 I/O 控制事务中解脱出来，以便更多地去完成数据处理任务。

6.2.1 程序 I/O 方式

主机与控制器之间的交互过程很复杂，控制器用状态位来协调与主机之间的关系。控制器通过状态寄存器的忙/闲位来显示当前状态。控制器工作忙时就把该位置位（置位就是将 1 写到位中，而清零就是将 0 写到位中）；而可以接受下一命令时就清零。主机通过命令寄存器中命令就绪位来表示是否有命令要执行。当主机有命令需要控制器执行时，就置命令就绪位。例如，当主机需要输出数据时，主机与控制器之间的交互过程如下：

(1) 主机不断地读取忙位，直到该位被清零。

(2) 主机设置命令寄存器中的写位并向数据输出寄存器中写入一个字节。

(3) 主机设置命令就绪位。

(4) 当控制器检测到命令就绪位已被设置，则设置忙位。

(5) 控制器读取命令寄存器，并执行写入命令。它从数据输出寄存器中读取一个字节，并执行 I/O 操作。

(6) 控制器清除命令就绪位，清除状态寄存器的故障位以表示设备 I/O 操作成功，清除忙位以表示完成。

输出每个字节都要执行以上循环。

在步骤(1)中，主机处于忙等待或查询：在该循环中，不断地读取状态寄存器直到忙位被清除。如果控制器和设备都比较快，那么这种方法比较合理。但如果等待时间长，那么主机可以切换到另一任务。但是，主机又怎样知道控制器何时变为空闲？对有些设备，主机应该很快地处理设备，否则数据会丢失。例如，当数据来自串口或键盘，且主机等待太长时间再来读取数据时，那么串口或键盘控制器上的小缓冲器可能会溢出，数据会丢失。

对许多计算机体系结构，查询设备只要使用三种 CPU 命令就足够了：读取设备寄存器，逻辑 AND 以提取状态位，根据是否为 0 进行跳转。很明显，基本查询操作的效率还是很高的。但是如果不断地重复查询，主机很少发现有准备好的设备，同时其他需要使用处理器处理的工作又不能完成，则效率就会变低。这时，如果让设备准备好时再通知处理器而不是由 CPU 查询外设 I/O 是否已完成，那么效率就会更高。能使外设通知 CPU 的硬件机制称为中断。

6.2.2 中断驱动 I/O 控制方式

基本中断机制如下：CPU 硬件有一条中断请求线(Interrupt Request Line，IRL)，CPU 在执行完每条指令后，都将判断 IRL。当 CPU 检测到已经有控制器通过中断请求线发送了信号，CPU 将保留少量状态，如当前指令位置，并且跳转到内存特定位置的中断处理程序(interrupt-handler)。中断处理程序判断中断原因，进行必要的处理，最后执行中断返回指令以便使 CPU 返回中断以前的执行状态。可以说，设备控制器通过中断请求线发送信号而引起中断，CPU 捕获中断并执行中断处理程序，中断处理程序通过处理设备 I/O 操作来清除中断。图 6-3 是中断驱动 I/O 方式的流程。

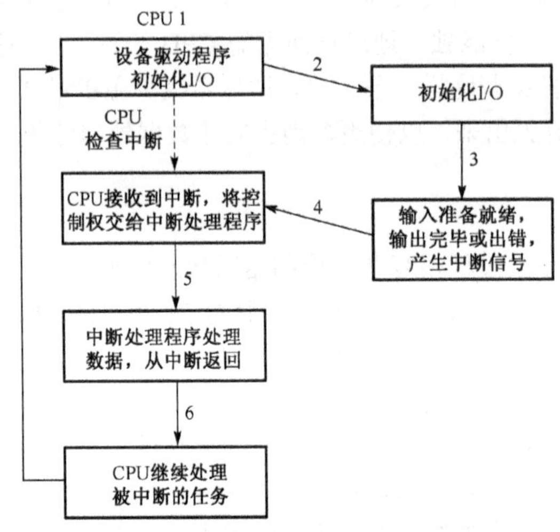

图 6-3　中断驱动 I/O 方式流程图

对于现代操作系统，需要更为复杂的中断处理程序。第一，CPU 在执行关键任务时，能够暂时不处理中断。第二，在不用对所有中断进行检查的情况下，能优先执行紧迫程度比较高的中断处理程序。第三，需要多级中断，这样操作系统能区分高优先级或低优先级的中断，能根据紧迫程度来响应。

绝大多数 CPU 有两类中断请求。一类是非屏蔽中断，主要用来处理如掉电、内存错误等紧急事件。另一类是可屏蔽中断，这类中断在 CPU 执行关键任务时，在其程序段前加上不可中断的指令序列加以屏蔽，可屏蔽中断可以被设备控制器用来请求服务。

现代操作系统可以与终端进行多种方式的交互。在启动时，操作系统检查硬件总线来发现哪些设备是存在的，并且安装相应的中断处理程序。在 I/O 操作时，各种设备控制器如果准备好服务后会触发中断，这些中断表示输出已完成，或输入数据已准备好，或已检测到错误，如被零除、访问一个受保护的或不存在的内存地址、企图在用户态执行一个特权指令等。

中断能保存少量处理器的状态并能调用内核中的特殊程序，在其他方面用得也很多，例如，许多操作系统使用中断机制进行虚拟内存分页管理，当出现缺页时，该中断会暂停当前进程并跳转到内核的缺页处理程序，该处理程序会保存当前进程状态，将所中断的进程放到等待队列中，进行页面缓存管理，安排一个 I/O 操作来把所缺页面调入内存。

另一个例子是系统调用的实现，系统调用是应用程序用来调用内核服务的函数。操作系统检查应用程序所给的参数，建立一个数据结构将应用参数传递给内核，并执行一个称为软中断(software interrupt)的特殊指令(或陷阱)。该指令有一个参数用来标识所需的内核服务，当系统调用执行陷阱指令时，中断硬件会保存用户态的状态，切换到内核模式，执行实现请求服务的内核程序。陷阱所赋予的中断优先级要比设备中断优先级低，因为设备中断程序如果不能及时执行，设备准备好的数据会溢出，产生数据丢失。

为了能使最紧迫的工作先做，现代计算机都使用中断优先级。设备控制器、硬件错误、系统调用都可以引发中断并触发内核程序。因为中断大量用于敏感事件的处理，所以高性能系统需要高效中断处理。

6.2.3 直接存储器访问 I/O 控制方式

对于需要大量数据传输的设备，例如磁盘驱动器，如果使用昂贵的通用处理器来观察状态位并按字节向控制器送入数据，对处理器来说是很大浪费。许多计算机为了避免增加 CPU 的负担，将一部分任务下放给被称为直接存储器访问（Direct Memory Access，DMA）的控制器。在开始 DMA 传输时，主机向内存中写入 DMA 命令块。该块包括传输的源地址指针、传输的目的地址指针、传输的字节数。CPU 在将该命令块的地址写入到 DMA 控制器中后，就继续其他工作。DMA 控制器则去直接操作内存总线，无需 CPU 的帮助即可以将地址放到总线上开始传输。一个简单的 DMA 控制器已经是个人计算机的标准部件。一般来说，采用总线控制 I/O 的主板都拥有自己的高速 DMA 硬件。

DMA 控制器与设备控制器之间的交互通过一对称为 DMA-request 和 DMA-acknowledge 的线来进行。当有数据需要传输时，设备控制器就通过 DMA-request 线发送信号，该信号会使DMA 控制器挪用内存总线，并在内存地址总线上放上所需地址，并通过DMA-ackknowledge 线发送信号。当设备控制器收到 DMA-ackknowledge 信号时，就可以向内存传输数据，并清除 DMA-request 请求信号。

当整个传输完成后，DMA 控制器中断 CPU。当 DMA 控制器挪用内存总线时，CPU 会暂时不能访问内存，但可以访问一级或二级高速缓存中的数据项。虽然周期挪用可能减少 CPU 计算，但是将数据传输工作交给 DMA 控制器能改善总体性能。有的计算机体系结构的 DMA 使用物理内存地址，而有的使用直接虚拟内存访问（Direct Virtual Memory，DVMA），这里所使用的虚拟内存地址需要转换成物理地址。DVMA 可以直接实现两个内存映射设备之间的传输，而无需 CPU 的干涉或使用主内存。如图 6-4 所示，首先，设备驱动器收到传递磁盘数据到地址为 X 处的缓冲区的命令；接着，设备驱动器告诉磁盘控制器传递磁盘的 C 个字节地址到 X 的缓冲区；磁盘控制器初始化 DMA 传输；磁盘控制器向 DMA 控制器发送字节；DMA 控制器向缓冲区 X 传输字节，增加内存地址并减少 C 到 0；DMA 中断 CPU，通知传输完毕。

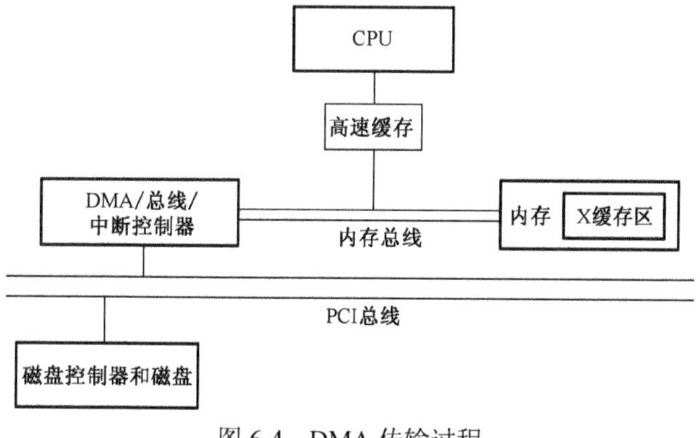

图 6-4　DMA 传输过程

为保护内核，操作系统通常不允许进程直接向设备发送命令。该规定保护数据以免违反访问控制，并保护系统不因设备控制器的错误使用而导致系统崩溃。操作系统有一些函数，这些函数可以被具有足够特权的进程用来访问低层硬件的底层操作。对于没有保护的内核，进程可以直接访问设备控制器。该直接访问可以提高性能，这是因为它避免了内核间通信、关联切换及内核软件的分层。不过，这也妨碍了系统安全与稳定。操作系统的发展趋势是保护内存和设备，这样系统可以预防错误或恶意应用程序的破坏。

6.2.4 I/O 通道控制方式

通道是专门负责输入输出操作的处理器，除了具有 DMA 数据块传输功能之外，通道还具有更强大的输入输出传输功能。通道与 DMA 的相同点有：以内存为中心，支持块传输。通道与 DMA 的不同点有：通道是专门的处理器，有自己的指令系统，可以实施复杂的输入输出控制。IBM 服务器等高性能计算机系统提供通道输入输出方式。

通道相当于一个功能单纯的处理器，那么它应该具备处理器所需的主要部件。具体来说，通道涉及以下内容。

1. 通道指令系统

1）基本操作

（1）空操作：不执行任何操作，顺序取出下一条指令。

（2）读操作：从指定设备中输入一批数据。

（3）写操作：向指定设备输出一批数据。

（4）控制操作：控制外部设备机械性动作，如磁带反绕、磁盘磁头移动、打印纸换页等。

（5）转移操作：实现指令的非顺序执行。

（6）结束操作：通道程序执行完毕，向主机发送通道中断信号。

2）指令格式

对于不同的通道来说，其指令格式各不相同，但是一般的形式如下：

操作码	传输字节数	特征位	地址信息

其中，操作码确定执行何种操作；传输字节数规定进行一次输入输出传输在设备与内存之间交换的信息量；特征位用于对通道指令作进一步描述；地址信息的含义与操作码有关：当操作为操作控制时，地址信息为外存储器地址，如对磁盘来说，包括柱面号、盘面号、扇区号；当操作码为输入输出传输时，地址信息是内存输入输出数据区的起始地址。

2. 通道运算控制部件

（1）通道地址字(Channel Address Word，CAW)：记录下一条通道指令存放的地址，其功能类似于中央处理器的指令计数器。

（2）通道命令字(Channel Command Word，CCW)：保存正在执行的通道指令，其作用相当于中央处理器的指令寄存器。

（3）通道状态字(Channel Status Word，CSW)：记录通道、控制器、设备的状态，包括输入输出传输完成信息、出错信息、重复执行次数等。

（4）通道数据字(Channel Data Word，CDW)：暂存内存与设备之间输入输出传输的数据。

3. 通道存储区域

通道并没有独立的存储空间，它需要与主机共享一个内存空间。访问内存采用“周期挪用”的方式。通道使用内存具有以下两种用途。

(1) 保存通道程序：通道程序是通道指令的有序序列，它由系统中的输入输出进程根据用户进程的输入输出要求来确定。通道程序既可能是事先编制好的，也可能是临时动态产生的。

(2) 保存交换数据：对于输入操作来说，内存地址空间用于保存将由输入设备读入的数据；对于输出操作来说，内存地址空间用于保存将向输出设备输出的数据。

一条通道指令可以传送一组数据，一个通道程序也可以传送多组数据。多组数据全部传输完毕后才向处理器发一次中断，因而大大地减轻了主机的负担。

6.3 I/O 设备分配

在多道程序环境下，系统中的设备供所有进程共享，为防止进程间的无序竞争，规定系统设备不允许用户自行使用，必须由系统统一分配，每当进程向系统提出 I/O 请求时，只要是可能和安全的，设备分配程序便按照一定的策略，把设备分配给请求用户。

6.3.1 设备分配时应考虑的因素

为了使系统有条不紊地工作，系统在分配设备时，应考虑这样几个因素：设备的固有属性、设备分配算法、设备分配时的安全性。

1. 设备的固有属性

在分配设备时，首先应考虑与设备分配有关的设备属性。设备的固有属性可分为三种：第一种是独占性，是指这种设备在一段时间内只允许一个进程独占，即临界资源；第二种是共享性，指这种设备允许多个进程同时共享；第三种是可虚拟设备，指设备本身虽是独占设备，但经过某种技术处理，可以把它改造成虚拟设备。对上述的独占、共享、可虚拟三种设备应采取不同的分配策略。

1) 独占设备

对于独占设备，应采用独享分配策略，即将一个设备分配给某进程后，便由该进程独占，直至该进程完成或释放该设备。然后，系统才能再将该设备分配给其他进程使用。这种分配策略的缺点是，设备得不到充分利用，而且还可能引起死锁。

2) 共享设备

对于共享设备，可同时分配给多个进程使用，此时需注意对这些进程访问该设备的先后次序进行合理的调度。

3) 可虚拟设备

由于可虚拟设备是指一台物理设备在采用虚拟技术后，可变成多台逻辑上的所谓虚拟设备。一台可虚拟设备是可共享的设备，可以将它同时分配给多个进程使用，并对这些访问该(物理)设备的先后次序进行控制。

2. 设备分配算法

设备分配算法是指对设备进行分配的算法，与进程调度的算法有些相似之处，但前者相对简单，通常只采用以下两种分配算法：

1）先来先服务

当有多个进程对同一设备提出 I/O 请求时，该算法是根据诸进程对某设备提出请求的先后次序，将这些进程排成一个设备请求队列，设备分配程序总是把设备首先分配给队首进程。

2）优先级高者优先

在进程调度中的这种策略，是优先权高的进程优先获得处理机。如果对这种高优先权进程所提出的 I/O 请求也赋予高优先权，显然有助于这种进程尽快完成。在利用该算法形成设备等待队列时，将优先权高的进程排在设备等待队列队首，而对于优先级相同的 I/O 请求，则按先来先服务原则排队。

3. 设备分配中的安全性

从进程运行的安全性考虑，设备分配有以下两种方式。

1）安全分配方式

在这种分配方式中，每当进程发出 I/O 请求后，便进入阻塞状态，直到其 I/O 操作完成时才被唤醒。在采用这种分配策略时，一旦进程已经获得某种设备(资源)后便阻塞，使该进程不可能再请求任何资源，而在它运行时又不保持任何资源。因此，这种分配方式已经摒弃了造成死锁的四个必要条件之一的“请求和保持”条件，从而使设备分配是安全的。其缺点是进程进展缓慢，即 CPU 与 I/O 设备是串行工作的。

2）不安全分配方式

在这种分配方式中，进程在发出 I/O 请求后仍继续运行，需要时又发出第二个 I/O 请求、第三个 I/O 请求等。仅当进程所请求的设备已被另一进程占用时，请求进程才进入阻塞状态。这种分配方式的优点是，一个进程可同时操作多个设备，使进程推进迅速。其缺点是分配不安全，因为它可能具备“请求和保持”条件，从而可能造成死锁。因此，在设备分配程序中，还应再增加一个功能，以用于对本次的设备分配是否会发生死锁进行安全性计算，仅当计算结果说明分配是安全的情况下才进行设备分配。

6.3.2 设备分配中的数据结构

设备的分配和管理通过下列数据结构进行。

1. 设备控制表

设备控制表(Device Control Table，DCT)反映设备的特性、设备和 I/O 控制器的连接情况，其中包括设备识别、使用状态和等待使用该设备的进程队列等。系统中每个设备都必须有一张 DCT。DCT 在系统安装时或在该设备和系统连接时创建，但表中的内容则根据系统执行情况而修改。

DCT 包括以下内容：

(1) 设备识别符：用来区别设备。

(2) 设备类型：反映设备的特性，例如终端设备、块设备或字符设备等。

(3) 设备地址或设备号：每个设备都有相应的地址或设备号，这个地址既可以是和内存统一编址的，也可以是单独编址的。

(4) 设备状态：指明设备所处的工作状态、空闲、出错或其他可能状态。

(5) 等待队列指针：等待使用该设备的进程组成等待队列，其队首和队尾指针存放在DCT中。

(6) I/O 控制器指针：该指针指向与设备相连接的 I/O 控制器。

2. 系统设备表

整个系统会保留一张系统设备表(System Device Table，SDT)，它记录已被连接到系统中的所有物理设备的情况，并为每个物理设备设一表项。SDT 的每个表项包括的内容有：

(1) DCT 指针：指向该设备的设备控制表。

(2) 进程标识：正在使用该设备的进程标识。

(3) 设备类型和设备识别符：该项的意义与 DCT 中相同。

SDT 的主要意义在于反映系统中设备资源的状态，即系统中有多少设备，有多少是空闲的，而又有多少已经分配给了哪些进程。

3. 控制器控制表

控制器控制表(Controller Control Table，COCT)，也是每个控制器一张，它反映 I/O 控制器的使用状态以及和通道的连接情况等。

4. 通道控制表

通道控制表(Channel Control Table，CHCT)只在通道控制方式的系统中存在，也是每个通道一张。CHCT 包括通道标识符、通道忙/闲标识、等待获得该通道的进程等待队列的队首指针与队尾指针等。

显然，在有通道的系统中，一个进程只有获得了通道、控制器和所需设备三者之后，才具备了进行 I/O 操作的物理条件。

总之，在设备申请的过程中，根据用户请求的 I/O 设备的逻辑名，就可以去查找逻辑设备和物理设备的映射表；然后以物理设备为索引，再查找 SDT，就可以找到该设备所连接的 DCT；继续查找与该设备连接的 COCT 和 CHCT，就找到了一条 I/O 通道。

6.3.3 设备的分配与去配

所谓设备分配是指将设备资源分配给某个申请进程，设备去配是指将设备资源从某个占有资源的进程处收回。由于设备类型的差异，用户使用不同类型设备的活动是不一样的，资源分配与去配的方式也是不同的。一般可将设备资源的分配与去配分为两种情况，即独占型设备的分配与去配及共享型设备的分配与去配。

1. 独占型设备的分配与去配

独占型设备如打印机、磁带机、扫描仪、绘图仪等设备，这类设备在一段时间内只能由一个进程所占有。用户使用独占型设备的活动如下：

申请，使用，使用，……，使用，释放

对于申请命令，系统将设备分配给申请者；对于使用命令，系统将转到设备驱动模块完成一次数据传输；对于释放命令，系统将设备从占有者手中收回。在申请命令和释放命令执行期间，用户独占此设备。由于 I/O 传输时需要一个通路，包括控制器和通道，仅有其一无法完成传输，因而控制器和通道两种资源必须同时分配。

进程申请设备资源时，应当指定所需设备类别，而不是指定某一具体的设备编号。系统根据当前请求情况以及资源分配情况在相应类别的设备中选择一个空闲设备并将其分配给申请者，这称为设备无关性。这种分配方案具有以下两个优点：提高设备资源利用率，假设申请者指定具体设备，被指定的设备可能正在被占用，因而无法得到，造成资源浪费和进程的不必要等待；程序与设备无关，假设申请者指定具体的设备，而被指定设备已损坏或不联机，则需修改程序。

分配算法如下：

申请：分配设备，具体做法如下。

(1) 根据申请设备名查找系统设备表，找到对应的入口。

(2) 执行 wait(Sm)。

(3) 查找对应的设备控制块表，找一空闲设备并分配。

使用：进行一次数据传输，具体做法如下。

(1) 分配通路(控制器、通道)。若进程需要等待通路，则进入通路等待队列。当对应控制器或通道被释放时，唤醒所有等待通路进程，被唤醒的进程需要重新执行上述程序寻找通路。

(2) 进行 I/O 传输。启动设备，经由选定的通路传输一个基本输入输出单位。

(3) 去配通路(控制器、通道)。当通道或控制器发出中断信号时，都需将对应的等待通路进程全部唤醒。

释放：去配设备，具体做法如下。

(1) 根据释放设备名查找系统设备表，找到对应的入口。

(2) 根据设备号查找对应的设备控制器表，找到所释放设备并去配。

(3) 执行 signal(Sm)。

2. 共享型设备的分配与去配

共享型设备是指磁盘、磁鼓等设备，这类设备可被多个进程共享，但在每个I/O传输的单位时间内只能由一个进程所占有。用户使用共享型设备的活动如下：

使用，使用，……，使用

与独占型设备不同，用户在使用共享型设备时并没有显式的设备申请与释放动作。不过，在每一个使用命令之前都隐含有一个申请命令，在每一个使用命令之后都隐含有一个释放命令；在此隐含的申请命令和隐含的释放命令之间，执行一次I/O传输。如，对于磁盘而言，是对一个磁盘块的读、写。

通常，共享型设备的 I/O 请求来自文件系统、虚拟系统或输入输出井管理程序，其具体设备已经确定，因而设备分配比较简单，即当设备空闲时分配，占用时等待。

共享设备使用的具体方法如下：

(1) 申请设备及通路。如果设备被占用，进入设备等待队列，否则分配设备；如有可用通路则分配，否则进入通路等待队列。通路的分配算法与独占型设备相同。

(2) I/O 传输。启动设备，经由选定的通路传输一块数据。

(3) 去配设备及通路。当设备发出中断信号时，唤醒一个等待设备的进程；当通道或控制器发出中断信号时，唤醒所有相关的等待通路进程。

由此可以看出，所谓共享型设备是指这样的设备：对于此类设备来说，不同进程的I/O传输以块为单位，且可以交叉进行。

6.3.4 SPOOLing 技术

早期的计算机只能由一个用户独占，不存在资源竞争的问题，也就不存在等待的问题。后来，随着多道程序技术的出现，一个 CPU 可为多个程序服务，但 CPU 一次只能被一道程序占用。为满足多个用户共享一台计算机，采用分时方式让 CPU 轮流为多个用户服务。对于独占设备来讲，采用分时方式统一管理设备是有问题的，例如 A 进程需要输出中文的文字信息，B 进程需要输出阿拉伯数字的数据信息。假设这两个进程采用分时共享一台打印机，则打印机输出纸上的结果会出现中文文字和阿拉伯数字的数据交叉信息，这个结果均不是 A 进程和 B 进程所希望的结果。显然，采用分时方式统一管理设备是不行的。一般来说，通过某种技术也能把独占设备改造为共享的设备。SPOOLing 技术就是用于将一台独占设备改造成共享设备的一种行之有效的技术。

1. 什么是 SPOOLing

为了缓和 CPU 的高速性与 I/O 设备的低速性间的矛盾，可以利用专门的外围控制机将低速 I/O 设备上的数据传送到可共享的高速磁盘上；或者相反，将可共享的高速磁盘上的信息在外围控制机控制下送入低速 I/O 设备上输出。这样，就可以将磁盘作为中间介质，模拟构成多个适于独占的设备，从而使独占设备可为多个进程服务。此时，站在进程和用户的角度看获得了设备，该设备为逻辑设备，又称虚拟设备。事实上，当系统中出现多道程序后，完全可以利用其中的一道程序来模拟脱机输入时的外围控制机的功能，把低速 I/O 设备上的数据传送到高速磁盘上；然后，再用另一道程序来模拟脱机输出时外围控制机的功能，把数据从磁盘传送到低速输出设备上。这样，便可在主机的直接控制下实现脱机输入/输出功能。此时的外围操作与 CPU 对数据的处理同时进行，我们把这种在联机情况下实现的外围操作称为 SPOOLing（Simultaneaus Peripheral Operations On-Line），或称为假脱机技术。

2. SPOOLing 系统的组成

SPOOLing 系统实质上是以空间换来独占设备的共享，它的空间是以高速外存来支持，通常采用磁盘。在不同的操作系统中其管理的方法大同小异，下面简述 SPOOLing 技术的主要内容，大致有以下四部分：

1）输入井和输出井

这是在磁盘上开辟的两个大存储空间。输入井用于收容 I/O 设备输入的数据；输出井用于收容用户程序的输出数据。

2）预输入程序和缓输出程序

人们经常将一批作业组织在一起形成作业流，预输入程序的任务是把作业流中的每个作业的信息由慢速输入设备送到数据缓冲区，再由数据缓冲区传送到输入井保存，以备作业调度时使用。缓输出程序主要负责查看输出井中是否有待输出的结果信息，若有，则启动输出设备，例如打印机。在井管理程序的控制下，将输出井中的信息送到打印设备的缓冲区，再由打印设备输出信息到纸上，提交给用户。

3）井管理程序

作业执行过程中要求启动输入机(或打印机)读文件信息(或输出结果)时，操作系统根据作业的请求调出井管理程序工作，转换成从输入井读信息(或把结果写入输出井)。井管理程序具有井管理读程序和井管理写程序两个功能。当作业请求从输入机上读文件信息时，就把任务转交给井管理读程序，从输入井读出信息供用户使用。当作业请求从打印机上输出结果时，就把任务转交给井管理写程序，井管理写程序把产生的结果以文件的形式保存到输出井中并进行排队，然后按队列的次序逐一输出到打印机。

对系统来说，从井中存取信息可以缩短信息的传输时间，从而加快作业的执行。对用户来说，只要保证信息的正确存取即可，至于信息是从井中存取还是从独占设备上存取无关紧要。由于磁盘是可共享的，因此从井中存取信息可以同时满足多个用户的读/写要求，从而使每个用户都感到有供自己独立使用的输入机(或打印机)且速度与磁盘一样快。

4）用户对信息管理的交互接口

一般来说，对于不同的操作系统有不同的交互接口处理方式。在 UNIX 系统中，当用户通过键盘提交一批作业后，由 Shell 进程接收处理，并启动预输入程序将这批作业送入输入井，构成作业的后备队列，等待作业调度选择，一旦选中就建立进程，并从输入井将作业传送到内存。

当作业执行中要求启动打印机输出结果信息时，系统调用井管理写程序将结果信息以文件的形式存入输出井。此时，操作系统给出查看输出井信息的执行状态的命令，用户可以通过该命令对输出井中的内容进行一些处理。

根据以上 SPOOLing 的四部分功能给出与硬件相关的 SPOOLing 结构示意图，如图 6-5 所示。在图中预输入程序和缓输出程序的功能已在前面介绍，将输入井传送到内存时，是由系统的作业调度程序选中调入的作业，再由 DMA 实现从磁盘将信息传送到内存。内存将信息传送到输出井，是由执行进程控制 DMA 将内存的信息传送到输出井中。

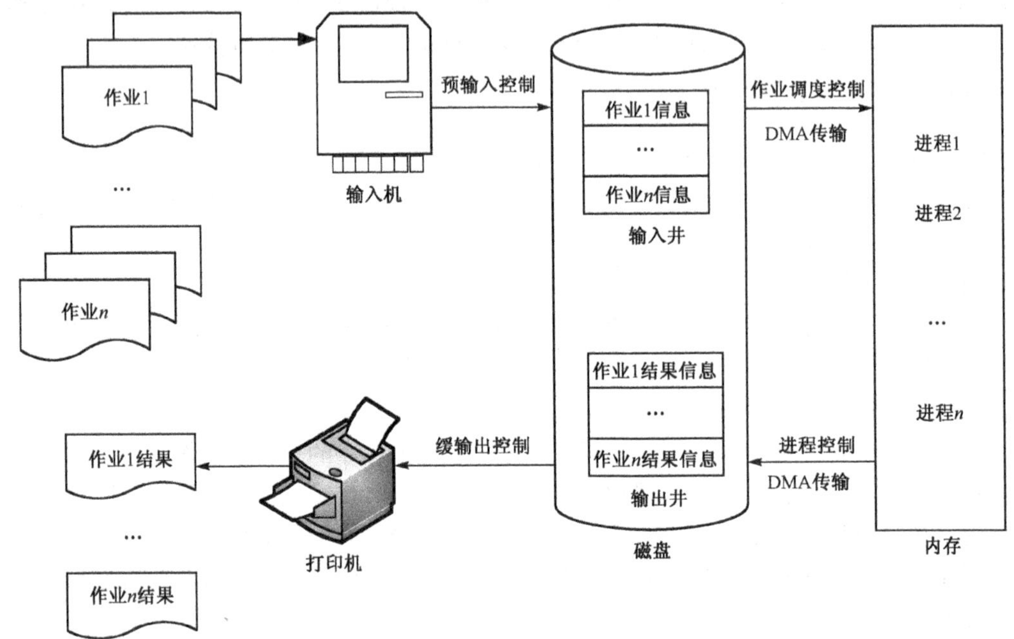

图 6-5　SPOOLing 结构示意图

3. SPOOLing 系统的特点

在系统中采用了 SPOOLing 技术之后提高了系统的性能，概括起来主要表现出以下特点：

1）提高了 I/O 速度

对数据进行的 I/O 操作，已从对低速 I/O 设备进行的 I/O 操作，演变为对输入井或输出井数据的存取，如同脱机输入/输出一样，提高了 I/O 速度，缓和了 CPU 与低速 I/O 设备之间速度不匹配的矛盾。

2）将独占设备改造为共享设备

因为在 SPOOLing 系统中，实际上并没为任何进程分配设备，而只是在输入井或输出井中，为进程分配一个存储区。这样，便把独占设备改造为共享设备。

3）实现了虚拟设备功能

宏观上，虽然是多个进程在同时使用一台独立设备，而对每一个进程而言，它们都认为自己独占了一个设备。当然，该设备只是逻辑上的设备。SPOOLing 系统实现了将独占设备变换为若干台对应的逻辑设备的功能。

6.4 I/O 设备驱动程序

设备处理程序通常又被称为设备驱动程序，是 I/O 进程与设备控制器之间的通信程序，又由于其常以进程的形式存在，所以也简称为设备驱动进程。其主要任务是接收由上层软件发来的抽象要求，例如 Read 或 Write 命令，在把抽象要求转换为具体要求后，发送给设备控制器，启动设备去执行。此外，它也将由设备控制器发来的信号传送给上层软件。由于驱动程序与硬件密切相关，因此需为每一类设备配置一种驱动程序，有时也可为非常类似的两类设备配置同一驱动程序。

6.4.1 设备驱动程序的特点

设备驱动程序与一般的应用程序及系统程序之间存在下列明显差异：

(1) 驱动程序主要是在请求 I/O 的进程与设备控制器之间的一个通信程序，将进程的 I/O 请求传送给控制器，再把设备控制器中所记录的设备状态、I/O 操作完成情况反映给请求 I/O 的进程。

(2) 驱动程序与 I/O 设备的特性紧密相关。因此，对于不同类型的设备应配置不同的驱动程序。例如，可以为相同的多个终端设置一个终端驱动程序，但即使是同一类型的设备，由于生产厂家不同而并不完全兼容，因而也需分别为它们配置不同的驱动程序。

(3) 驱动程序与 I/O 控制方式紧密相关。通常的设备控制方式是中断驱动和 DMA 方式。这两种方式的驱动程序明显不同，因为前者应按数组方式启动设备来进行中断处理。

(4) 由于驱动程序与硬件紧密相关，因而其中的一部分程序必须用汇编语言书写。目前有很多驱动程序，其基本部分已经固化，放在 ROM 中。

6.4.2 设备驱动程序的处理过程

不同类型的设备应有不同的设备驱动程序，但大体上它们都可以分成两部分，其中，除了要有能够驱动 I/O 设备工作的驱动程序外，还需要设备中断处理程序，以处理 I/O 完成后的工作。设备驱动程序的主要任务是启动指定设备。但在启动之前，还必须完成必要的准备工作，如检测设备状态是否为“忙”等。在完成所有的准备工作后，才最后向设备控制器发送一条启动命令。设备驱动程序的处理过程如下：

1）将抽象要求转换为具体要求

通常在每个设备控制器中都含有若干个寄存器，分别用于暂存命令、数据和参数等。由于用户及上层软件对设备控制器的具体情况毫无了解，因而只能向它发出抽象的要求（命令），但这些命令无法传送给设备控制器。因此，就需要将这些抽象要求转换为具体要求。例如，将抽象要求中的盘块号转换为磁盘的盘面、磁道号及扇区。这一转换工作只能由驱动程序来完成，因为在操作系统中只有驱动程序才同时了解抽象要求和设备控制器的寄存器情况，也只有它才知道命令、数据和参数应分别送往哪个寄存器。

2）检查I/O请求的合法性

对于任何输入设备，都是只能完成一组特定的功能，若该设备不支持这次的 I/O 请求，则认为这次 I/O 请求非法。例如，用户试图请求从打印机输入数据，显然系统应予以拒绝。此外，还有些设备如磁盘和终端，它们虽然都是既可读又可写的，但若在打开这些设备时规定的是读，则用户写的请求必然被拒绝。

3）读出和检查设备的状态

在启动某个设备进行 I/O 操作时，其前提条件应该是该设备正处于空闲状态。因此在启动设备之前，要从设备控制器的状态寄存器中，读出设备的状态。例如，为了向某设备写入数据，此前应该先检查该设备是否处于接收就绪状态，仅当它处于接收就绪状态时，才能启动其设备控制器，否则只能等待。

4）传送必要的参数

对于许多设备，特别是块设备，除必须向其控制器发出启动命令外，还需传送必要的参数。例如在启动磁盘进行读/写之前，应先将本次要传送的字节数和数据应到达的主存始址送入控制器的相应寄存器中。

5）工作方式的设置

有些设备可具有多种工作方式，典型情况是利用 RS-232 接口之前，应先按通信规程设定参数：波特率、奇偶校验方式、停止位数目及数据字节长度等。

6）启动I/O设备

在完成上述各项准备工作之后，驱动程序可以向控制器中的命令寄存器传送相应的控制命令。对于字符设备，若发出的是写命令，驱动程序将把一个数据传送给控制器；若发出的是读命令，则驱动程序等待接收数据，并通过从控制器中的状态寄存器读入状态字的方法来确定数据是否到达。

驱动程序发出 I/O 命令后，基本的 I/O 操作是在设备控制器的控制下进行的。通常，I/O 操作所要完成的工作较多，需要一定的时间，如读/写一个盘块中的数据，此时驱动（程序）进程把自己阻塞起来，直到中断到来时才将它唤醒。

6.5 缓冲技术

为缓和 CPU 和 I/O 设备速度不匹配的矛盾，提高 CPU 和 I/O 设备的并行性，在现代计算机系统中，几乎所有的 I/O 设备在与处理机交换数据时都用了缓冲区。

6.5.1 缓冲技术的引入

虽然通道的建立使 CPU、通道和 I/O 设备可以并发执行，但是因为 CPU 和设备之间的速度相差很大，所以并不能使它们很好地并发执行。例如，有一进程，它时而进行计算，时而把计算后的数据通过打印机输出。若无缓冲，打印输出时，由于打印机的速度跟不上 CPU 的速度，CPU 不得不经常等待，而在计算阶段打印机又被闲置。如果在打印机和 CPU 之间设一个缓冲区，情况便可大有改观：当进程打印输出时，将输出数据暂存在缓冲区中，由打印机取出慢慢打印，CPU 在将数据传送到缓冲区之后便可继续其计算任务，此时 CPU 便可与设备并行操作。

再者，从减少中断的次数看，也存在着引入缓冲区的必要性。在中断方式时，如果在设备控制器中增加一个 100 个字符的缓冲，则由前面对中断方式的描述可知，设备控制器对 CPU 的中断次数比没有设置缓冲的时候将降低 100 倍，即等到能存放 100 个字符的缓冲区满了以后才向 CPU 发出一次中断，这将大大减少 CPU 的中断时间。

事实上，凡是在数据处理速度不匹配的设备之间都可以采用数据缓冲技术，以提高设备的利用率和系统效率。在操作系统中，引入缓冲的主要原因可归结为以下几点：

(1) 缓和 CPU 与 I/O 设备间速度不匹配的矛盾。

(2) 减少对 CPU 的中断频率，放宽对中断响应时间的限制。

(3) 提高 CPU 和 I/O 设备的并行性。

6.5.2 缓冲的类型

1. 按照缓冲区存在的位置

按照缓冲区存在的位置可以把缓冲分为硬件缓冲和软件缓冲。所谓硬件缓冲是指设备本身配有少量必要的硬件缓冲器，而软件缓冲则是指在内存中划出一个特定区域来充当缓冲区，使用时，由输入指针和输出指针来控制对信息的写入和读取。

2. 按照缓冲区的个数以及缓冲区的组织形式

按照缓冲区的个数以及缓冲区的组织形式可以把缓冲分为单缓冲、双缓冲、循环缓冲和缓冲池四种类型。

(1) 单缓冲。单缓冲是在设备和 CPU 之间设置一个缓冲区。设备和 CPU 交换数据时，先把被交换数据写入缓冲区，然后，需要数据的设备和 CPU 从缓冲区取走数据。由于缓冲区属于临界资源，即不允许多个进程同时对一个缓冲区操作，因此，尽管单缓冲能匹配设备和 CPU 的处理速度，但是，设备和设备之间不能通过单缓冲达到并行操作。

(2) 双缓冲。为了加快输入和输出速度，提高并行性和设备的利用率，引入了双缓冲机制，也称缓冲对换。双缓冲即设置了两个缓冲区。设备输入时，输入设备先将数据送入第一缓冲区，装满后便转向第二缓冲区。此时，操作系统可以从第一缓冲区移出数据，送用户进程；输出时，CPU 把要输出的数据装满第一缓冲区后，转向第二缓冲区，这时输出设备输出第一缓冲区内的数据。

(3) 循环缓冲。当输入与输出的速度基本匹配时，采用双缓冲能获得较好的效果，可使输入和输出基本上能并行操作。但若两者的速度相差较远，双缓冲的效果就不够理想，不过可以随着缓冲区数量的增加，使情况有所改善。因此，又引入了多缓冲机制，可将多个缓冲组织成循环缓冲形式。对于用做输入的循环缓冲，通常是提供给输入进程或计算进程使用，输入进程不断向空缓冲区输入数据，而计算进程则从中提取数据进行计算。

(4) 缓冲池。无论是单缓冲、双缓冲还是循环缓冲都仅适用于某特定的 I/O 进程和计算进程，因而它们属于专用缓冲。当系统较大时，将会有许多这样的缓冲，这不仅要消耗大量的内存空间，而且其利用率也不高。为了提高缓冲区的利用率，目前广泛流行公用缓冲池，在池中设置了多个可供若干个进程共享的缓冲区。

6.5.3 缓冲池

1. 缓冲池的组成

因为缓冲池既可以作为输入缓冲又可以作为输出缓冲，所以在缓冲池中存在三类缓冲区：空缓冲区、装满输入数据的缓冲区和装满输出数据的缓冲区。把各类缓冲区链接在一起，组成以下三个队列：

(1) 空缓冲队列 emq。这是由空缓冲所链接成的队列。其队首指针为 F(emq)，队尾指针为 L(emq)。

(2) 输入队列 inq。这是由装满输入数据的缓冲区所链接成的队列。其队首指针为 F(inq)，队尾指针为 L(inq)。

(3) 输出队列 outq。这是由装满输出数据的缓冲区所链接成的队列。其队首指针为 F(outq)，队尾指针为 L(outq)。

除了三个缓冲队列以外，系统(或用户进程)还可从这三个队列中申请和取出缓冲区，对缓冲区进行存数、取数操作，在存数、取数操作完成后，再将缓冲区挂到相应的队列。这些缓冲区被称为工作缓冲区。在缓冲池中，有四种工作缓冲区，即：

(1) 用于收容设备输入数据的收容输入缓冲区 hin。

(2) 用于提取设备输入数据的提取输入缓冲区 sin。

(3) 用于收容 CPU 输出数据的收容输出缓冲区 hout。

(4) 用于提取 CPU 输出数据的提取输出缓冲区 sout。

缓冲池的工作缓冲区如图 6-6 所示。

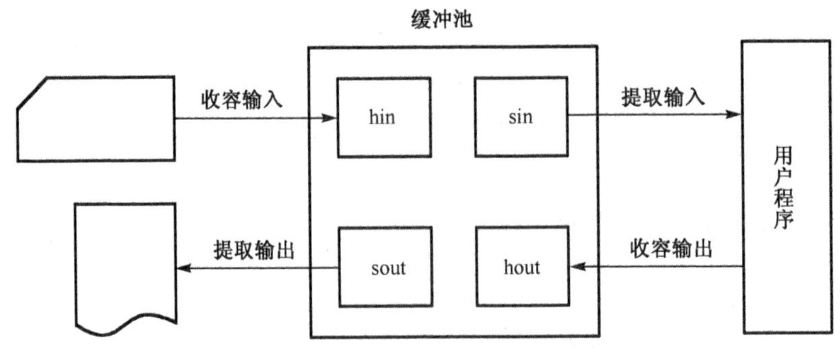

图 6-6 缓冲池的工作缓冲区

2. 缓冲池的操作

对缓冲池的操作由如下几个过程组成：

（1）从缓冲区队列取出一个缓冲区的过程 Take_buf(type)。

（2）把缓冲区插入到相应的缓冲区队列的过程 Add_buf(type,number)。

（3）供进程申请缓冲区用的过程 Get_buf(type,number)。

（4）供进程将缓冲区插入到相应缓冲区队列的过程 Put_buf(type,work_buf)。

其中，参数 type 表示缓冲队列的类型，number 为缓冲区号，而 work_buf 则表示工作缓冲区的类型。

因为缓冲池中的队列本身是临界资源，多个进程在访问一个队列时，既应互斥，又须同步。为此，不能直接用 Take_buf 过程和 Add_buf 过程对缓冲池中的队列进行操作，而是使用对这两个过程改造后，形成的能用于对缓冲池中的队列进行操作的 Get_buf 和 Put_buf 过程。

为使诸进程能互斥地访问缓冲池队列，可为每一个队列设置一个互斥信号量 MS(type)，初始值为 1。此外，为了保证诸进程同步地使用缓冲区，又为每个缓冲队列设置了一个资源信号量 RS(type)，初始值为 n(n 为 type 队列的长度)。这样，既可实现互斥，又可保证同步的 Get_buf 和 Put_buf 过程描述如下：

```
Void Get_buf(type)
{
    Wait(RS(type));
    Wait(MS(type));
    B(number)=Take_buf(type);
    Signal (MS(type));
}
Void Put_buf(type,number)
{
    Wait(RS(type));
    Add buf(type,number);
    Signal(MS(type));
    Signal(RS(type));
}
```

缓冲池的工作过程描述如下：

（1）收容输入。在输入进程需要输入数据时，调用 Get_buf(emq) 过程，从空缓冲队列 emq 的队首摘下一个空缓冲，把它作为收容输入工作缓冲区 hin，把数据输入其中，装满后再调用 Put_buf(inq,hin) 过程，将该缓冲区挂在输入队列 inq 上。

（2）提取输入。当计算进程需要输入数据时，调用 Get_buf(inq) 过程，从输入队列 inq 的队首取得一个缓冲区作为提取输入工作缓冲区 sin，计算进程从中提取数据。计算进程用完该数据后，再调用 Put_buf(emq,sin) 过程，将该缓冲区挂到空缓冲队列 emq 上。

（3）收容输出。当计算进程需要输出时，调用 Get_buf(emq) 过程，从空缓冲队列 emq 的队首取得一个空缓冲作为收容输出工作缓冲区 hout。当其中装满输出数据后，又调用 Put_buf(outq,hout) 过程，将该缓冲区挂在 outq 末尾。

（4）提取输出。由输出调用 Get_uf(outq) 过程，从输出队列的队首取得一个装满输出数据的缓冲区作为提取输出工作缓冲区 sout。在数据提取完后，再调用 Put_buf(emq,sout) 过程，将该缓冲区挂在空缓冲队列的末尾。

6.6 磁盘存储器的管理

磁盘存储器不仅容量大，存取速度快，而且可以实现随机存取，是当前存放大量程序和数据的理想设备，故在现代计算机系统中，都配置了磁盘存储器，并以它为主来存放文件。这样，对文件的操作，都将涉及对磁盘的访问。磁盘 I/O 速度的高低和磁盘系统的可靠性，都将直接影响到系统性能。因此，设法改善磁盘系统的性能，已成为现代操作系统的重要任务之一。

6.6.1 磁盘概述

磁盘设备是一种相当复杂的机电设备，有专门的课程对它进行详细讲述。在此，仅对磁盘的某些性能，如数据的组织、磁盘的类型和访问时间等方面做扼要的介绍。

1. 数据的组织和格式

磁盘设备可包括一个或多个物理盘片，每个磁盘片分一个或两个存储面(surface)[图 6-7(a)]，每个磁盘面被组织成若干个同心环，这种环称为磁道(track)，各磁道之间留有必要的间隙。为使处理简单起见，在每条磁道上可存储相同数目的二进制位。这样，磁盘密度即每英寸中所存储的位数，显然是内层磁道的密度较外层磁道的密度高。每条磁道又被逻辑上划分成若干个扇区(sectors)，软盘大约为 8～32 个扇区，硬盘则可多达数百个，图 6-7(b)显示了一个磁道分成 8 个扇区。一个扇区称为一个盘块(或数据块)，常常叫做磁盘扇区。各扇区之间保留一定的间隙。

一个物理记录存储在一个扇区上，磁盘上存储的物理记录块数目是由扇区数、磁道数以及磁盘面数所决定的。例如，一个 10GB 容量的磁盘，有 8 个双面可存储盘片，共 16 个存储面(盘面)，每面有 16383 个磁道(也称柱面)，63 个扇区。

为了提高磁盘的存储容量，充分利用磁盘外面磁道的存储能力，现代磁盘不再把内外磁道划分为相同数目的扇区，而是利用外层磁道容量较内层磁道大的特点，将盘面划分成若干条环带，使得同一环带内的所有磁道具有相同的扇区数。显然，外层环带的磁道拥有较内层环带的磁道更多的扇区。为了减少这种磁道和扇区在盘面分布的几何形式变化对驱动程序的影响，大多数现代磁盘都隐藏了这些细节，向操作系统提供虚拟几何的磁盘规格，而不是实际的物理几何规格。

为了在磁盘上存储数据，必须先将磁盘低级格式化。图 6-8 示出了一种温盘(温切斯特盘)中一条磁道格式化的情况。其中每条磁道含有 30 个固定大小的扇区，每个扇区容量为 600 字节，其中 512 个字节存放数据，其余的用于存放控制信息。每个扇区包括两个字段：

(1) 标识符字段，其中一个字节的 SYNCH 具有特定的位图像，作为该字段的定界符，利用磁道号、磁头号及扇区号三者来标识一个扇区；CRC 字段用于段校验。

(2) 数据字段，其中可存放 512 字节的数据。

磁盘格式化完成后，一般要对磁盘分区。在逻辑上，每个分区就是一个独立的逻辑磁盘。每个分区的起始扇区和大小都记录在磁盘 0 扇区的主引导记录分区表所包含的分区表中。在这个分区表中必须有一个分区被标记成活动的，以保证能够从硬盘引导系统。

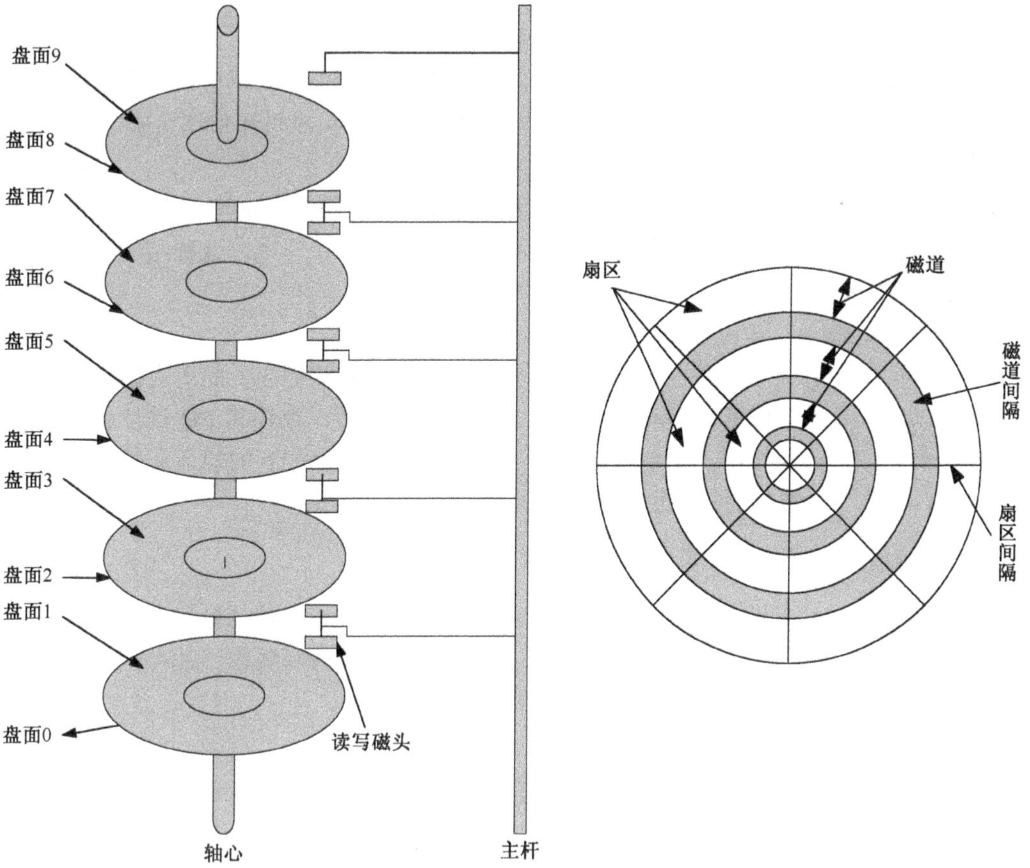

(a) 磁盘驱动器的结构　　　　(b) 磁盘的数据布局

图 6-7　磁盘的结构和布局

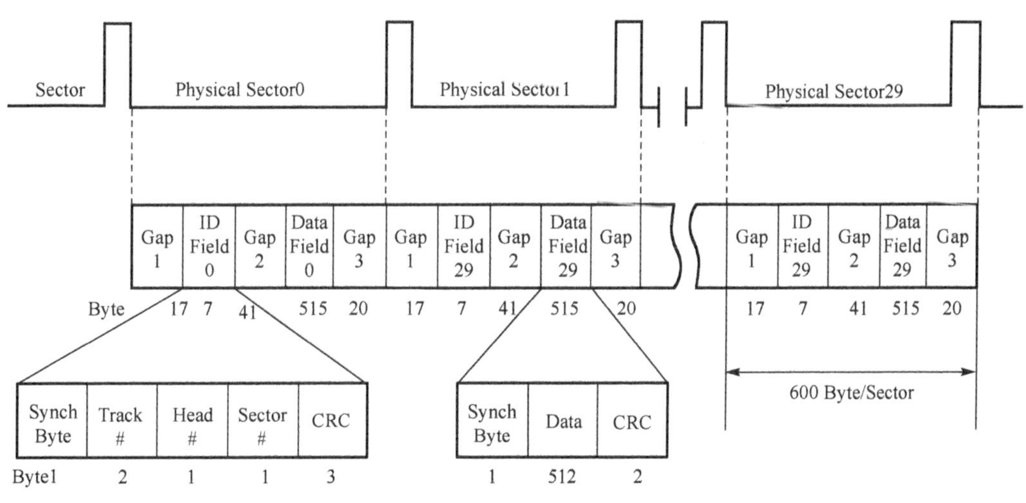

图 6-8　磁盘的格式化

但是，在真正可以使用磁盘前，还需要对磁盘进行一次高级格式化，即设置一个引导块、空闲存储管理、根目录和一个空文件系统，同时在分区表中标记该分区所使用的文件系统。

2. 磁盘的类型

对磁盘，可以从不同的角度进行分类。最常见的有：将磁盘分成硬盘和软盘、单片盘和多片盘、固定头磁盘和活动头(移动头)磁盘等。下面仅对固定头磁盘和移动头磁盘做介绍。

(1) 固定头磁盘

这种磁盘在每条磁道上都有一读/写磁头，所有的磁头都被装在一刚性磁臂中。通过这些磁头可访问所有磁道，进行并行读/写，有效地提高了磁盘的 I/O 速度。这种结构的磁盘主要用于大容量磁盘上。

(2) 移动头磁盘

每一个盘面仅配有一个磁头，也被装入磁臂中。为能访问该盘面上的所有磁道，该磁头必须能移动以进行寻道。可见，移动磁头仅能以串行方式读/写，致使其 I/O 速度较慢；但由于其结构简单，故仍广泛应用于中小型磁盘设备中。在微型机上配置的温盘和软盘都采用移动磁头结构，故本节主要针对这类磁盘的 I/O 进行讨论。

3. 磁盘访问时间

磁盘设备在工作时以恒定速率旋转。为了读或写，磁头必须能移动到所要求的磁道上，并等待所要求的扇区的开始位置旋转到磁头下，然后再开始读或写数据。故可把对磁盘的访问时间分成以下三部分。

1) 寻道时间 T_s

这是指把磁臂(磁头)移动到指定磁道上所经历的时间。该时间是启动磁臂的时间 s 与磁头移动 n 条磁道所花费的时间之和，即

$$T_s = m \times n + s$$

其中，m 是一常数，与磁盘驱动器的速度有关。对于一般磁盘，m = 0.2；对于高速磁盘，m≤0.1，磁臂的启动时间约为 2ms。这样，对于一般的温盘其寻道时间将随寻道距离的增加而增大，大体上是 5～30ms。

2) 旋转延迟时间 T_r

这是指定扇区移动到磁头下面所经历的时间。不同的磁盘类型中，旋转速度至少相差一个数量级，如软盘为 300r/min，硬盘一般为 7200～15000r/min，甚至更高。对于磁盘旋转延迟时间而言，如硬盘，旋转速度为 15000r/min，每转需时 4ms，平均旋转延迟时间 T_r 为 2ms；而软盘，其旋转速度为 300r/min 或 600r/min，这样，平均 T_r 为 50～100ms。

3) 传输时间 T_t

这是指把数据从磁盘读出或向磁盘写入数据所经历的时间。T_t 的大小与每次所读/写的字节数 b 和旋转速度有关：

$$T_t = \frac{b}{rN}$$

其中，r 为磁盘每秒钟的转数；N 为一条磁道上的字节数，当一次读/写的字节数相当于半条磁道上的字节数时，T_t 与 T_r 相同。因此，可将访问时间 T_a 表示为：

$$T_a = T_s + \frac{1}{2r} + \frac{b}{rN}$$

由上式可以看出，在访问时间中，寻道时间和旋转延迟时间基本上都与所读/写数据的多

少无关，而且它通常占据了访问时间中的大头。例如，我们假定寻道时间和旋转延迟时间平均为 20ms，而磁盘的传输速率为 10MB/s，如果要传输 10KB 的数据，此时总的访问时间为 21ms，可见传输时间所占比例是非常小的。当传输 100KB 数据时，其访问时间也只是 30ms，即当传输的数据量增大 10 倍时，访问时间只增加约 50%。目前磁盘的传输速率已达 80MB/s 以上，数据传输时间所占的比例更低。可见，适当地集中数据(不要太零散)传输，将有利于提高传输效率。

6.6.2 磁盘调度

磁盘是可供多个进程共享的设备，当有多个进程都要求访问磁盘时，应采用一种最佳调度算法，以使各进程对磁盘的平均访问时间最小。由于在访问磁盘的时间中，主要是寻道时间，因此，磁盘调度的目标是使磁盘的平均寻道时间最少。目前常用的磁盘调度算法有先来先服务、最短寻道时间优先及扫描等算法。下面逐一介绍。

1. 先来先服务(First Come First Served，FCFS)

这是一种最简单的磁盘调度算法。它根据进程请求访问磁盘的先后次序进行调度。此算法的优点是公平、简单，且每个进程的请求都能依次地得到处理，不会出现某一进程的请求长期得不到满足的情况。但此算法由于未对寻道进行优化，致使平均寻道时间可能较长。图 6-9 示出了有 9 个进程先后提出磁盘 I/O 请求时，按 FCFS 算法进行调度的情况。这里将进程号(请求者)按它们发出请求的先后次序排队。这样，平均寻道距离为 55.3 条磁道，与后面即将讲到的几种调度算法相比，其平均寻道距离较大，故 FCFS 算法仅适用于请求磁盘 I/O 的进程数目较少的场合。

2. 最短寻道时间优先(Shortest Seek Time First，SSTF)

该算法选择这样的进程：其要求访问的磁道与当前磁头所在的磁道距离最近，以使每次的寻道时间最短。但这种算法不能保证平均寻道时间最短。图 6-10 示出了按 SSTF 算法进行调度时，各进程被调度的次序、每次磁头移动的距离，以及 9 次调度磁头平均移动的距离。比较图 6-9 和图 6-10 可以看出，SSTF 算法的平均每次磁头移动距离明显低于 FCFS 的距离，因而 SSTF 较之 FCFS 有更好的寻道性能，故过去曾一度被广泛采用。

从 100 号磁道开始	
被访问的 下一个磁道号	移动距离 (磁道数)
55	45
58	3
39	19
18	21
90	72
160	70
150	10
38	112
184	146
平均寻道长度 55.3	

图 6-9　FCFS 调度算法

从 100 号磁道开始	
被访问的 下一个磁道号	移动距离 (磁道数)
90	10
58	32
55	3
39	16
38	1
18	20
150	132
160	10
184	24
平均寻道长度 27.6	

图 6-10　SSTF 调度算法

3. 扫描(SCAN)算法

1）进程“饥饿”现象

SSTF 算法虽然能获得较好的寻道性能，但却可能导致某个进程发生“饥饿”(Starvation)现象。因为只要不断有新进程的请求到达，且其所要访问的磁道与磁头当前所在磁道的距离较近，这种新进程的 I/O 请求必然优先满足。对 SSTF 算法略加修改后所形成的 SCAN 算法，即可防止老进程出现“饥饿”现象。

2）SCAN 算法

该算法不仅考虑到欲访问的磁道与当前磁道间的距离，更优先考虑的是磁头当前的移动方向。例如，当磁头正在自里向外移动时，SCAN 算法所考虑的下一个访问对象，应是其欲访问的磁道既在当前磁道之外，又是距离最近的。这样自里向外地访问，直至再无更外的磁道需要访问时，才将磁臂换向为自外向里移动。这时，同样也是每次选择这样的进程来调度，即要访问的磁道在当前磁道之内且距离最近者，这样，磁头又逐步地从外向里移动，直至再无更里面的磁道要访问，从而避免了出现“饥饿”现象。由于在这种算法中磁头移动的规律颇似电梯的运行，因而又常称之为电梯调度算法。图 6-11 示出了按 SCAN 算法对 9 个进程进行调度及磁头移动的情况。

4. 循环扫描(CSCAN)算法

SCAN 算法既能获得较好的寻道性能，又能防止“饥饿”现象，故被广泛用于大、中、小型机器和网络中的磁盘调度。但 SCAN 也存在这样的问题：当磁头刚从里向外移动而越过了某一磁道时，恰好又有一进程请求访问此磁道，这时，该进程必须等待，待磁头继续从里向外，然后再从外向里扫描完所有要访问的磁道后，才处理该进程的请求，致使该进程的请求被大大地推迟。为了减少这种延迟，CSCAN 算法规定磁头单向移动，例如，只是自里向外移动，当磁头移到最外的磁道并访问后，磁头立即返回到最里的欲访问的磁道，亦即将最小磁道号紧接着最大磁道号构成循环，进行循环扫描。采用循环扫描方式后，上述请求进程的请求延迟将从原来的 $2T$ 减为 $T + S_{max}$，其中，T 为由里向外或由外向里单向扫描完要访问的磁道所需的寻道时间，而 S_{max} 是将磁头从最外面被访问的磁道直接移到最里面欲访问的磁道(或相反)的寻道时间。图 6-12 示出了 CSCAN 算法对 9 个进程调度的次序及每次磁头移动的距离。

从 100 号磁道开始	
被访问的 下一个磁道号	移动距离 (磁道数)
150	50
160	10
184	24
90	94
58	32
55	3
39	16
38	1
18	20
平均寻道长度 27.8	

图 6-11　SCAN 调度算法

从 100 号磁道开始	
被访问的 下一个磁道号	移动距离 (磁道数)
150	50
160	10
184	24
18	166
38	20
39	1
55	16
58	3
90	32
平均寻道长度 35.8	

图 6-12　CSCAN 调度算法

6.6.3 磁盘高速缓存

目前，磁盘的I/O速度远低于对内存的访问速度，通常要低上4～6个数量级。因此，磁盘的I/O已成为计算机系统的瓶颈。于是，人们便千方百计地去提高磁盘I/O的速度，其中最主要的技术便是采用磁盘高速缓存(Disk Cache)。

1. 磁盘高速缓存的形式

这里所说的磁盘高速缓存，并非通常意义下的内存和CPU之间所增设的一个小容量高速存储器，而是指利用内存中的存储空间来暂存从磁盘中读出的一系列盘块中的信息。因此，这里的高速缓存是一组在逻辑上属于磁盘，而物理上是驻留在内存中的盘块。高速缓存在内存中可分成两种形式。第一种是在内存中开辟一个单独的存储空间来作为磁盘高速缓存，其大小是固定的，不会受应用程序多少的影响；第二种是把所有未利用的内存空间变为一个缓冲池，供请求分页系统和磁盘 I/O 时(作为磁盘高速缓存)共享。此时，高速缓存的大小显然不再是固定的。当磁盘 I/O 的频繁程度较高时，该缓冲池可能包含更多的内存空间；而在应用程序运行得较多时，该缓冲池可能只剩下较少的内存空间。

2. 数据交付方式

数据交付(Data Delivery)是指将磁盘高速缓存中的数据传送给请求者进程。当有一进程请求访问某个盘块中的数据时，由核心先去查看磁盘高速缓存，看其中是否存在进程所需访问的盘块数据的拷贝。若有其拷贝，便直接从高速缓存中提取数据交付给请求者进程，这样，就避免了访盘操作，从而使本次访问速度提高4～6个数量级；否则，应先从磁盘中将所要访问的数据读入并交付给请求者进程，同时也将数据送入高速缓存。当以后又需要访问该盘块的数据时，便可直接从高速缓存中提取。

系统可以采取两种方式将数据交付给请求进程：

(1) 数据交付。这是直接将高速缓存中的数据传送到请求者进程的内存工作区中。

(2) 指针交付。这是只将指向高速缓存中某区域的指针交付给请求者进程。

后一种方式由于所传送的数据量少，因而节省了数据从磁盘高速缓存到进程的内存工作区的时间。

3. 置换算法

如同请求调页(段)一样，在将磁盘中的盘块数据读入高速缓存时，同样会出现因高速缓存中已装满盘块数据而需要将该数据先换出的问题。相应地，也必然存在着采用哪种置换算法的问题。较常用的置换算法仍然是最近最久未使用算法LRU、最近未使用算法 NRU 及最少使用算法LFU等。

由于请求调页中的联想存储器与高速缓存(磁盘 I/O 中)的工作情况不同，因而使得在置换算法中所应考虑的问题也有所差异。因此，现在不少系统在设计其高速缓存的置换算法时，除了考虑到最近最久未使用这一原则外，还考虑了以下几点：

1) 访问频率

通常，每执行一条指令时，便可能访问一次联想存储器，亦即联想存储器的访问频率基本上与指令执行的频率相当。而对高速缓存的访问频率则与磁盘 I/O 的频率相当。因此，对联想存储器的访问频率远远高于对高速缓存的访问频率。

2）可预见性

在高速缓存中的各盘块数据，有哪些数据可能在较长时间内不会再被访问，又有哪些数据可能很快就再被访问，会有相当一部分是可预知的。例如，对二次地址及目录块等，在它被访问后，可能会很久都不再被访问。又如，正在写入数据的未满盘块，可能会很快又被访问。

3）数据的一致性

由于高速缓存是做在内存中的，而内存一般又是一种易失性的存储器，一旦系统发生故障，存放在高速缓存中的数据将会丢失；而其中有些盘块(如索引结点盘块)中的数据已被修改，但尚未拷回磁盘，因此，当系统发生故障后，可能会造成数据的不一致性。

基于上述考虑，在有的系统中便将高速缓存中的所有盘块数据拉成一条 LRU 链。对于那些会严重影响到数据一致性的盘块数据和很久都可能不再使用的盘块数据，都放在 LRU 链的头部，使它们能被优先写回磁盘，以减少发生数据不一致性的概率，或者可以尽早地腾出高速缓存的空间。对于那些可能在不久之后便要再使用的盘块数据，应挂在 LRU 链的尾部，以便在不久以后需要时，只要该数据块尚未从链中移至链首而被写回磁盘，便可直接到高速缓存中(即 LRU 链中)去找到它们。

4. 周期性地写回磁盘

还有一种情况值得注意：那就是根据 LRU 算法，那些经常要被访问的盘块数据可能会一直保留在高速缓存中，长期不会被写回磁盘。(注意，LRU 链意味着链中任一盘块在被访问之后，总是又被挂到链尾而不被写回磁盘；只是一直未被访问的盘块，才有可能移到链首，而被写回磁盘。)例如，一位学者一上班便开始撰写论文，并边写边修改，他正在写作的论文就一直保存在高速缓存的 LRU 链中。如果在快下班时，系统突然发生故障，这样，存放在高速缓存中的已写论文将随之消失，致使他枉费了一天的劳动。

为了解决这一问题，在 UNIX 系统中专门增设了一个修改(update)程序，使之在后台运行，该程序周期性地调用一个系统调用 SYNC。该调用的主要功能是强制性地将所有在高速缓存中已修改的盘块数据写回磁盘。一般是把两次调用 SYNC 的时间间隔定为 30s。这样，因系统故障所造成的工作损失不会超过 30s 的劳动量。 而在 MS-DOS 中所采用的方法是：只要高速缓存中的某盘块数据被修改，便立即将它写回磁盘，并将这种高速缓存称为“写穿透高速缓存”(write-through cache)。MS-DOS 所采用的写回方式，几乎不会造成数据的丢失，但须频繁地启动磁盘。

6.6.4 提高磁盘 I/O 速度的其他方法

在系统中设置了磁盘高速缓存后，能显著地减少等待磁盘 I/O 的时间。本小节再介绍几种能有效地提高磁盘 I/O 速度的方法，这些方法已被许多系统采用。

1. 提前读(Read-ahead)

用户(进程)对文件进行访问时，经常采用顺序访问方式，即顺序地访问文件各盘块的数据。在这种情况下，在读当前块时可以预知下一次要读的盘块。因此，可以采取预先读方式，即在读当前块的同时，还要求将下一个盘块(提前读的块)中的数据也读入缓冲区。这样，当下一次要读该盘块中的数据时，由于该数据已被提前读入缓冲区，因而此时便可直接从缓冲区中取得下一盘块的数据，而不需再去启动磁盘 I/O，从而大大减少了读数据的时间。这也就等效于提高了磁盘 I/O 的速度。“提前读”功能已被广泛采用，如在 UNIX 系统、OS/2，以及在 3 Plus 和 Netware 等的网络 OS 中，都已采用该功能。

2. 延迟写

延迟写是指在缓冲区 A 中的数据，本应立即写回磁盘，但考虑到该缓冲区中的数据在不久之后可能还会再被本进程或其他进程访问(共享资源)，因而并不立即将该缓冲区 A 中的数据写入磁盘，而是将它挂在空闲缓冲区队列的末尾。随着空闲缓冲区的使用，缓冲区也缓缓往前移动，直至移到空闲缓冲队列之首。当再有进程申请到该缓冲区时，才将该缓冲区中的数据写入磁盘，而把该缓冲区作为空闲缓冲区分配出去。当该缓冲区 A 仍在队列中时，任何访问该数据的进程，都可直接读出其中的数据而不必去访问磁盘。这样，又可进一步减小磁盘 I/O 时间。同样，“延迟写”功能已在 UNIX 系统、OS/2 等 OS 中被广泛采用。

3. 优化物理块的分布

另一种提高磁盘 I/O 速度的重要措施是优化文件物理块的分布，使磁头的移动距离最小。虽然链接分配和索引分配方式都允许将一个文件的物理块分散在磁盘的任意位置，但如果将一个文件的多个物理块安排得过于分散，会增加磁头的移动距离。例如，将文件的第一个盘块安排在最里的一条磁道上，而把第二个盘块安排在最外的一条磁道上，这样，在读完第一个盘块后转去读第二个盘块时，磁头要从最里的磁道移到最外的磁道上。如果我们将这两个数据块安排在属于同一条磁道的两个盘块上，显然会由于消除了磁头在磁道间的移动，而大大提高对这两个盘块的访问速度。

对文件盘块位置的优化，应在为文件分配盘块时进行。如果系统中的空白存储空间是采用位示图方式表示的，则要将同属于一个文件的盘块安排在同一条磁道上或相邻的磁道上是十分容易的事。这时，只要从位示图中找到一片相邻接的多个空闲盘块即可。但当系统采用线性表(链)法来组织空闲存储空间时，要为一文件分配多个相邻接的盘块，就要困难一些。此时，我们可以将在同一条磁道上的若干个盘块组成一簇，例如，一簇包括 4 个盘块，在分配存储空间时，以簇为单位进行分配。这样就可以保证在访问这几个盘块时，不必移动磁头或者仅移动一条磁道的距离，从而减少了磁头的平均移动距离。

4. 虚拟盘

所谓虚拟盘，是指利用内存空间去仿真磁盘，又称为 RAM 盘。该盘的设备驱动程序也可以接受所有标准的磁盘操作，但这些操作的执行不是在磁盘上而是在内存中。这些对用户都是透明的。换言之，用户并不会发现这与真正的磁盘操作有什么不同，而仅仅是略微快些而已。虚拟盘的主要问题是：它是易失性存储器，故一旦系统或电源发生故障，或系统再启动时，原来保存在虚拟盘中的数据将会丢失。因此，虚拟盘通常用于存放临时文件，如编译程序所产生的目标程序等。虚拟盘与磁盘高速缓存的主要区别在于：虚拟盘中的内容完全由用户控制，而高速磁盘缓存中的内容则是由 OS 控制的。例如，RAM 盘在开始时是空的，仅当用户(程序)在 RAM 盘中创建了文件后，RAM 盘中才有内容。

6.7 典型例题讲解

6.7.1 单项选择题

【例 6.1】磁盘设备的 I/O 控制主要是采取(   )方式。

A. 位　　B. 字节　　C. 帧　　D. DMA

解析：DMA 方式主要用于块设备，磁盘是典型的块设备。故本题答案是 D。

【例 6.2】通道又称 I/O 处理机，它用于实现(   )之间的信息传输。

A. 内存与外设　　B. CPU 与外设

C. 内存与外存　　D. CPU 与外存

解析：在设置了通道后，CPU 只需向通道发送一条 I/O 指令。通道在收到该指令后，便从内存中取出本次要执行的通道程序，然后执行该通道程序，仅当通道完成了规定的 I/O 任务后，才向 CPU 发出中断信号。因此通道用于完成内存与外设的信息交换。故本题答案是 A。

【例 6.3】本地用户通过键盘登录系统时，首先获得键盘输入信息的程序是(   )。

A. 命令解释程序　　B. 中断处理程序

C. 系统调用服务程序　　D. 用户登录程序

解析：键盘是典型的通过中断 I/O 方式工作的外设，当用户输入信息时，计算机响应中断并通过中断处理程序获得输入信息。故本题答案是 B。

【例 6.4】将系统调用参数翻译成设备操作命令的工作由(   )完成。

A. 用户层 I/O　　B. 设备无关的操作系统软件

C. 中断处理　　D. 设备驱动程序

解析：系统调用命令是操作系统提供给用户程序的通用接口，不会因为具体设备的不同而改变。而设备驱动程序负责执行操作系统发出的 I/O 命令，它因设备的不同而不同。故本题答案是 B。

6.7.2 填空题

【例 6.5】I/O 端口、总线、设备控制器、设备这四种硬件中，用户程序可以访问的有_______和_______。

解析：本题考查计算机系统中硬件设备的相关概念。用户程序要使用某个设备，向某个 I/O 控制器发出 I/O 指令，即向指定的 I/O 端口写入指令；I/O 控制器又称设备控制器，因此，对 I/O 端口的访问即是对设备控制器的访问。故本题答案是 I/O 端口和设备控制器。

【例 6.6】I/O 设备处理进程平时处于_______状态中，当_______和_______出现时，被唤醒。

解析：本题考查 I/O 设备处理进程负责设备的分配。I/O 设备处理进程平时处于睡眠状态，当用户发送 I/O 请求或 I/O 操作完成时，外设发出中断请求时才被唤醒。故本题答案是睡眠、I/O 请求和 I/O 操作完成。

【例 6.7】磁盘是可共享的设备，因此每一时刻_______作业启动它。

解析：磁盘是可共享的设备，是指在某一时段内可以允许多个用户或进程使用它，但是，在某一时刻，只有一个作业能使用。故本题答案是至多能有一个。

6.7.3 综合题

【例 6.8】请说明中断驱动 I/O 方式和 DMA 方式有什么不同。

解析：它们的不同之处主要如下。

① I/O 中断频率。在中端方式中，每当输入数据缓冲寄存器中装满输入数据或将输出数据缓冲寄存器中的数据输出之后，设备控制器便发生一次中断。由于设备控制器中配置的数据缓冲寄存器通常较小，如 1 个字节或 1 个字，因此中断比较频繁。而在 DMA 方式中，在 DMA 控制器的控制下，一次能完成一批连续数据的传输，并在整批数据传送完后才发生一次中断，因此可大大减少 CPU 处理 I/O 中断的时间。

② 数据的传送方式。在中断方式中，由于 CPU 直接将输出数据写入控制器的数据缓冲寄存器供设备输出，或在中断发生后直接从数据缓冲寄存器中取出输入数据供进程处理，即数据传送必须经过 CPU；而在 DMA 方式中，数据的传输在 DMA 控制器的控制下直接在内存和 I/O 设备间进行，CPU 只需将数据传输的磁盘地址、内存地址和字节数传给 DMA 控制器即可。

6.8 本章小结

在本章中，首先介绍了设备管理的目标和主要功能、设备的分类、设备控制器和通道的相关概念。通道分为三种类型：字节多路通道、数组选择通道和数组多路通道。接着介绍了 I/O 设备管理的四种控制方式：程序 I/O 方式、中断方式、DMA 方式和通道方式。在 I/O 设备分配时，应考虑几个因素：设备的固有属性、设备分配算法、设备分配时的安全性。设备分配时用到的数据结构有设备控制表、系统设备表、控制器控制表和通道控制表。在设备申请的过程中，根据用户请求 I/O 设备的逻辑名，去查找逻辑设备和物理设备的映射表；然后以物理设备为索引，再查找 SDT，就可以找到该设备所连接的 DCT；继续查找与该设备连接的 COCT 和 CHCT，就找到了一条 I/O 通路。通过 SPOOLing 技术可以把独占设备改造为共享设备。SPOOLing 技术主要包括输入井和输出井、预输入程序和缓输出程序、井管理程序和用户对信息管理的交互接口四部分。

设备驱动程序是 I/O 进程与设备控制器之间的通信程序，主要任务是接收由上层软件发来的抽象要求，再把抽象要求转换为具体要求后，发送给设备控制器，启动设备去执行。为缓和 CPU 和 I/O 设备速度不匹配的矛盾，提高 CPU 和 I/O 设备的并行性，在现代计算机系统中，几乎所有的 I/O 设备在与处理机交换数据时都用了缓冲区。缓冲区分为单缓冲、双缓冲、循环缓冲和缓冲池。最后介绍了磁盘存储管理技术，包括磁盘的结构、磁盘访问时间、常用的磁盘调度算法及其特点，提高磁盘 I/O 速度的几种方法。

习　题

一、单项选择题

1. 为了提高设备分配的灵活性，用户申请设备时应指定(　　)。

A. 设备类号　　　　B. 设备编号

C．设备地址　　　　D．设备类地址

2．对打印机进行 I/O 控制时，通常采用(　　)方式。

A．程序直接控制　　　　B．中断驱动

C．DMA　　　　D．通道

3. 在磁盘调度算法中，选择与当前磁头移动方向一致、磁头单向移动且距离最近的进程的算法为(　　)。

A．FCFS　　B．SSTF　　C．SCAN　　D．CSCAN

4．通道是一种(　　)。

A．I/O 端口　　B．数据通道　　C．I/O 专用处理机　　D．软件工具

5．采用 SPOOLing 技术的目的是(　　)。

A．把独占设备改造为共享设备　　B．提高主机效率

C．减轻用户编程负担　　D．提高程序的运行速度

二、填空题

1. 通常的 I/O 操作通过两种指令实现控制，一种是由操作系统发出的________，另一种是由________提供的。

2．按照信息交换方式分类，设备可以分为块设备和_________，而按资源分配方式分类，可以分为________、共享设备和________。

3．在设备分配算法的实现中，要考虑________问题，防止在多个进程进行设备请求时，因相互等待对方释放所占设备而陷入________。

4．引入缓冲技术，有效地改善了系统 CPU 与 I/O 设备之间________不匹配的情况，也减少了 I/O 设备对 CPU 的________，简化了中断机制，节省了系统开销。

5．设备管理中采用的数据结构有________、________、________和________四种。

三、综合题

1．设备管理的目标和主要功能是什么？

2．试说明推动 I/O 控制发展的主要因素是什么？

3．有哪几种 I/O 控制方式？各适用于何种场合？

4．什么是虚拟设备？其实现所依赖的关键技术有哪些？

5．在实现后台打印时，SPOOLing 系统应为请求 I/O 的进程提供哪些服务？

6．常用的磁盘调度算法有哪几种，每种算法优先考虑的问题是什么？

7．为什么要引入磁盘高速缓冲？何谓磁盘高速缓冲？

8．若磁头的当前位置为 50 号磁道，磁头正向磁道号增加的方向移动。现有一磁盘读写请求队列：32,132,19,51,100,110,17,4,18。采用最短寻道时间优先和电梯调度算法，请分别给出磁盘调度过程并计算平均寻道长度。

第7章　文 件 管 理

内容提要：

本章主要讲述以下内容：①文件与文件系统的概念，文件的分类和文件系统模型；②文件的逻辑结构和物理结构及存取方式；③目录管理；④文件存储空间的管理；⑤文件的共享与安全，数据一致性控制。

学习目标：

了解文件与文件系统的基本概念，文件共享、安全的实现方法与常用数据一致性控制措施；理解文件的逻辑结构和物理结构的概念及其分类、每一类的特点；掌握目录管理方式，文件存储空间的管理方式。

在现代计算机系统中，要用到大量的程序和数据，因内存容量有限，且不能长期保存，故而平时总是把它们以文件的形式存放在外存中，需要时再随时将它们调入内存。如果由用户直接管理外存上的文件，不仅要求用户熟悉外存特性，了解各种文件的属性，以及它们在外存上的位置，而且在多用户环境下，还必须能保持数据的安全性和一致性。显然，这是用户所不能胜任、也不愿意承担的工作。于是，取而代之的便是在操作系统中又增加了文件管理功能，即构成一个文件系统，负责管理外存上的文件，并把对文件的存取、共享和保护等手段提供给用户。这不仅方便了用户，保证了文件的安全性，还可有效地提高系统资源的利用率。

7.1　文件管理概述

计算机的作用之一就是准确、高速地处理大量信息。这里，处理的含义可以包括对信息的收集、组织、存取、加工和保管等诸多方面。在计算机系统中，信息的组织，存取、加工和保管等工作主要是由文件系统来完成的。文件系统是操作系统的重要组成部分。而且，对大多数用户来说，除了人机界面以外，文件系统是用户经常访问的、直接处理的一个部分。

7.1.1　文件系统的引入

操作系统对信息资源的管理包括对操作系统本身、编译程序等各种系统程序、系统工具、库函数及各种用户应用程序的管理。不论是操作系统自身还是用户，在完成某种任务时，都要了解所使用的程序资源在什么地方，有关数据又在什么地方。如果存取这些程序和数据不快捷或者不准确，那么整个系统的使用效果是不会好的。

既然所有的计算机程序都要存储信息、检索信息，那么，对信息的存储就有一些基本的要求，概括起来有三条：

① 能够存储大量的信息；

② 长期保存信息；

③ 可以共享信息。

早期的计算机没有大容量存储设备，程序和数据需要手动输入计算机。后来程序和数据可以保存到纸带或者卡片上，然后再用纸带机或卡片机输入到计算机中。在这个阶段，这些人工干预的控制和保存信息资源的方法不仅速度非常慢，而且错误百出，极大地限制了计算机处理能力的发挥。在这种条件下，根本就谈不上对信息的大量存储、长期保存和共享，自然也没有文件系统。直到磁盘存储器和磁带存储器的出现，程序和数据等信息资源才开始真正被计算机所管理。可见，大容量直接存取的磁盘存储器以及顺序存取的磁带存储器等的出现，为信息资源的计算机管理提供了物质基础，从而最终实现了对信息资源管理的质的飞跃。把信息以一种单元，即文件的形式，存储在磁盘或者其他外部存储介质上，促成了文件系统的出现。

在文件系统中，把程序和数据等信息看做文件，把它们存放在磁盘或者磁带等大容量存储介质上。文件是通过操作系统来管理的，这些管理内容包括文件的结构、命名、存取、使用、保护和实现方法等。

操作系统为系统管理者和用户提供了对文件的透明存取。所谓透明存取，是指不必了解文件存放的物理机制和查找方法，只需要给出程序或数据的文件名称，文件系统就会自动地完成对相应文件的有关操作。

7.1.2 文件与文件系统

研究文件系统有两种不同的观点，一种是用户的观点，另一种是操作系统的观点。从用户的观点看文件系统，主要关心文件由什么组成，如何命名，如何保护文件，可以进行何种操作，等等。从操作系统的观点看文件系统，主要关心文件目录是怎样实现的，怎样管理存储空间，文件的存储位置，磁盘的实际运作方式等问题。

1. 文件的定义

什么是文件？在计算机系统中，程序或数据都可以是文件，但这是一种较为模糊的说法。文件可以被解释为一组带有标识的、在逻辑上有完整意义的信息项的序列，这个标识为文件名，信息项构成了文件内容的基本单位。

在文件系统中，信息项是最低级的信息组织形式，可把它分成以下两种类型：

(1) 基本信息项。这是用于描述一个对象的某种属性的字符集，是信息组织中可以命名的最小逻辑信息单位，即原子信息，又称为信息元素或字段。它的命名往往与其属性一致。例如，用于描述一个学生的基本信息项有学号、姓名、年龄、所在班级等。

(2) 组合信息项。它是由若干个基本信息项组成的，简称组项。例如，经理便是个组项，它由正经理和副经理两个基本项组成。又如，工资也是个组项，它可由基本工资、工龄工资和奖励工资等基本项所组成。

基本信息项除了信息名外，还应有信息类型。因为基本项仅是描述某个对象的属性，根据属性的不同，需要用不同的信息类型来描述。例如，在描述学生的学号时，应使用整数；描述学生的姓名则应使用字符串；描述性别时，可用逻辑变量或汉字。可见，由信息项的名字和类型两者共同定义了一个信息项的“型”。而表征一个实体在信息项上的信息则称为“值”。例如，学号/50211、姓名/王浩、性别/男等。

文件的长度，可以是单个字节或多个字节；这些字节可以是字符，也可以组成记录；而且各个记录的长度可以相等，也可以不相等。文件内容的具体意义，则由文件的建立者和使用者解释。文件名是用户在创建文件时确定的，并在以后访问文件时使用。文件名通常由用户给定，它是一个字母数字串，有些系统规定必须是英文字母开头且允许一些其他的符号出现在文件名中，不同的操作系统有不同的文件名命名要求。信息项是构成文件内容的基本单位，这些信息项是一组有序序列，它们之间具有一定的顺序关系。

通常，系统为一个正在使用的文件提供读写指针。读指针用来记录文件当前的读取位置，它指向下一个将要读取的信息项；写指针是用来记录文件当前的写入位置，下一个将要写入的信息项被写到该处。一般的，文件建立在存储空间里，以便使文件能够长期保存。即：文件一旦建立，就一直存在，直到该文件被删除或该文件超过事先规定的保存期限。

文件是一个抽象机制，它提供了一种把信息保存在存储介质上，而且便于以后存取的方法，用户不必关心文件实现的细节。

2. 文件系统的概念

所谓文件系统，是操作系统中统一管理信息资源的软件集合。它管理文件的存储、检索、更新，提供安全可靠的共享和保护手段，并为用户提供方便操作的接口。

从用户的角度来看，文件系统负责为用户建立文件、读写文件、修改文件、复制文件和删除文件。文件系统还负责完成对文件的按名存取和对文件进行存取控制。

文件系统的作用很多，比如，在多用户系统中，可以保证各用户文件的存放位置不冲突，还能防止任一用户对存储空间的占而不用。文件系统既可保证任一用户的文件不被未经授权的用户窃取、破坏，又能允许在一定条件下由多个用户共享某些文件。

通常文件系统使用磁盘、磁带和光盘等大容量存储器作为存储介质，因此，文件系统可存储大量的信息。

3. 文件系统模型

图 7-1 示出了文件系统的模型。可将该模型分为三个层次，其最底层是对象及其属性；中间层是对对象进行操纵和管理的软件集合；最高层是文件系统提供给用户的接口。

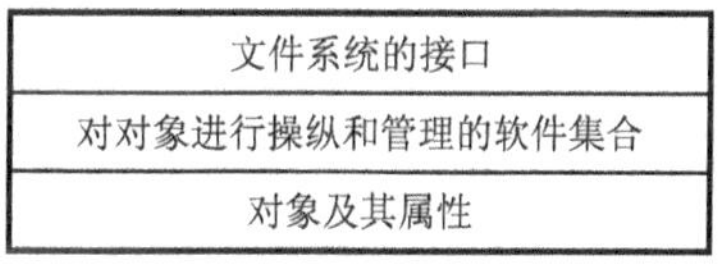

文件系统的接口
对对象进行操纵和管理的软件集合
对象及其属性

图 7-1　文件系统模型

1）对象及其属性

文件系统管理的对象有：

(1) 文件。它作为文件管理的直接对象。

(2) 目录。为了方便用户对文件的存取和检索，在文件系统中必须配置目录，在每个目录项中，必须含有文件名及该文件所在的物理地址(或指针)。对目录的组织和管理是方便用户和提高对文件存取速度的关键。

(3) 磁盘(磁带)存储空间。文件和目录必定占用存储空间，对这部分空间的有效管理，不仅能提高外存的利用率，而且能提高对文件的存取速度。

2）对对象进行操纵和管理的软件集合

这是文件系统的核心部分。文件系统的功能大多是在这一层实现的，其中包括对文件存储空间的管理、对文件目录的管理、用于将文件的逻辑地址转换为物理地址的机制、对文件读和写的管理，以及对文件的共享与保护等功能。

3）文件系统的接口

为方便用户使用文件系统，文件系统通常向用户提供两种类型的接口：

(1) 命令接口。这是指作为用户与文件系统交互的接口。用户可通过键盘终端键入命令，取得文件系统的服务。

(2) 程序接口。这是指作为用户程序与文件系统交互的接口。用户程序可通过系统调用来取得文件系统的服务。

7.1.3 文件的分类

为了便于管理和控制文件而将文件分成若干类型。由于不同系统对文件的管理方式不尽相同，因而它们对文件的分类方法也有很大差异。为了方便系统和用户了解文件的类型，在许多操作系统中都把文件类型作为扩展名而缀在文件名的后面，在文件名和扩展名之间用“.”号隔开。下面是常用的几种文件分类方法。

1. 按照文件的物理组织结构分类

文件在辅存中是以块为单位存储的。根据应用需要，一个文件可以存储到若干个连续的存储块中，也可以存储到若干个非连续的存储块中。因此，可以将文件分为连续文件和非连续文件两种。其中，非连续文件又因其非连续存储块的组织方式不同，分为链接文件和索引文件两类。

连续文件：把文件中的信息顺序、连续地存储到若干相邻的存储块中。这样，将文件存储到一片连续的存储空间中，只要知道文件的第一个数据块的物理地址，就能很快地找到文件的全部信息。

链接文件：文件中逻辑上连续的信息可以存储在离散的存储块中，各存储块通过其内的链接指针相连，一个文件的所有存储块形成一个链表。

索引文件：文件中逻辑上连续的信息可以存储到离散的存储块中。系统为每个文件建立一张索引表，一个索引表项记录一个存储块或一组连续存储块的起始地址。

2. 按照文件的存取控制属性分类

按文件的存取控制属性可分为以下几类：

只读文件：仅允许文件拥有者及授权用户对其进行读操作的文件。例如，各类应用程序的帮助文件仅供用户读，不能修改。

只执行文件：只允许授权用户执行，不允许读/写的文件，例如动态链接库文件。

读/写文件：允许授权用户进行读或写，未授权用户不能非法读/写的文件。

3. 按照文件的用途分类

按文件的用途可分为以下几类：

系统文件：指操作系统文件或其他系统文件，一般只能通过操作系统调用为用户提供服务。

用户文件：由用户的程序或数据组成的文件。例如，用户的源程序、目标程序、数据集合、中间处理结果或最后处理结果等组成的文件。

库文件：由系统提供给用户调用的各种标准过程、函数等。这类文件允许用户调用，但不允许用户修改。例如 Windows 的应用程序编程接口 API、C 语言的标准 I/O 库函数及通信库函数等。

4. 按照文件中数据的形式分类

按文件中数据的形式可分为以下几类：

源文件：用程序设计语言编写的源程序和数据集合所构成的文件。计算机不能直接执行源文件，它们必须首先被编译程序或解释程序转换成机器指令级代码。

目标文件：由编译程序编译处理相应源程序而得到的目标代码文件。目标文件是纯二进制的机器指令级代码文件。由于目标文件常包含对其他目标模块的引用，因此一般是不完备的，不能直接执行。

可执行文件：由链接装配程序链接装配以后所生成的装入模块。它是能被装入并可执行的机器指令级代码文件。

5. 按照文件的组织形式和处理方式分类

按文件的组织形式和系统对其处理方式可分为以下几类：

普通文件：由 ASCII 码或二进制码组成的字符文件。一般用户建立的源程序文件、数据文件、目标代码文件及操作系统自身代码文件、库文件、实用程序文件等都是普通文件，它们通常存储在外存设备上。

目录文件：由文件目录组成的、用来管理和实现文件系统功能的系统文件，通过目录文件可以对其他文件的信息进行检索。由于目录文件也是由字符序列构成，因此对其可进行与普通文件一样的各种文件操作。

特殊文件：UNIX 系统中的各类 I/O 设备。为了便于统一管理，系统将所有的输入/输出设备都视为文件，按文件方式提供给用户使用，如目录的检索、权限的验证等都与普通文件相似，只是对这些文件的操作是和设备驱动程序紧密相连的，系统将这些操作转为对具体设备的操作。根据设备数据交换单位的不同，又可将特殊文件分为块设备文件和字符设备文件。前者用于磁盘、光盘或磁带等块设备的 I/O 操作，后者用于终端、打印机等字符设备的 I/O 操作。

7.2 文件的结构及存取方式

通常，文件是由一系列的记录组成的。文件系统设计的关键要素，是指将这些记录构成一个文件的方法，以及将一个文件存储到外存上的方法。事实上，对于任何一个文件，都存在着以下两种形式的结构：

(1) 文件的逻辑结构(File Logical Structure)。这是从用户观点出发所观察到的文件组织形式，是用户可以直接处理的数据及其结构，它独立于文件的物理特性，又称为文件组织(File Organization)。

(2) 文件的物理结构，又称为文件的存储结构，是指文件在外存上的存储组织形式。这不仅与存储介质的存储性能有关，而且与所采用的外存分配方式有关。

无论是文件的逻辑结构，还是其物理结构，都会影响对文件的检索速度。

与文件的逻辑结构相联系的是逻辑文件的存取方式，即用户如何访问文件。

7.2.1 文件的逻辑结构

下面首先介绍设计文件逻辑结构的基本原则，然后重点介绍几种类型的文件逻辑结构及其各自的特点。

1. 设计文件逻辑结构的原则

在文件系统设计时，选择何种逻辑结构才能更有利于用户对文件信息的操作呢？这里，我们列出通常情况下设计文件的逻辑结构应遵循的一些设计原则：

1）易于操作

用户对文件的操作是经常地，而且是大量的。因此文件系统提供给用户的对文件的操作手段应当方便，使用户易学易用。

2）查找快捷

用户经常需要对文件或文件内的信息进行查找。因此，设计的文件逻辑结构应当简洁，使用户在尽可能短的时间内完成查找。

3）修改方便

当用户需要对文件信息进行修改时，给定的文件逻辑结构应使文件系统尽可能地少变动文件中的记录或基本信息单位。

4）空间紧凑

应使文件的信息占据尽可能少的存储空间。

2. 文件逻辑结构的类型

文件的逻辑结构就是用户所看到的文件的组织形式。文件逻辑结构是一种经过抽象的结构，所描述的是信息在文件中的组织形式。文件中的这些信息到底在物理介质上是如何组织存储的，与用户没有直接关系。

从用户角度看，按照文件的逻辑结构可以把文件划分为三类：无结构的字符流式文件、定长记录文件和不定长记录文件，定长记录文件和不定长记录文件可以统称为记录式文件。

下面介绍字符流式文件和记录式文件。

1）流式文件

在流式文件中，文件的基本单位是字符，流式文件是有序字符的集合，其长度为该文件所包含的字符个数，所以又称为字符流文件。流式文件无结构，用户可以方便地对其进行操作。源程序、目标代码等文件属于流式文件，UNIX 类系统采用的是流式文件结构。

对操作系统而言，字符流文件就是一个个的字节，管理简单，其内在含义由使用该文件的程序自行理解，因此，提供了很大的灵活性。

2）记录式文件

在记录式文件中，构成文件的基本单位是记录，记录式文件是一组有序记录的集合。

记录是一个具有特定意义的信息单位，它由该记录在文件中的逻辑地址(相对位置)与记录名所对应的一组键、属性以及属性值组成，可以按键进行查找。

记录式文件可以分为定长记录文件和不定长记录文件两种。定长记录文件中各个记录长度相等。在检索时，可以根据记录号 i 及记录长度 L 就可以确定该记录的逻辑地址。不定长记录文件中各个记录长度不等，在查找时，必须从第一个记录起一个记录一个记录地查找，直到找到所需记录。

除了无结构的字符流文件外，记录式的有结构文件可把文件中的记录按照各种不同的方式排列，构成不同的逻辑结构，以方便用户对文件中的记录进行修改、追加、查找和管理等操作。

7.2.2 文件的存取方式

用户通过对文件的存取来完成对文件的各种操作，文件的存取方式是由文件的性质和用户使用文件的情况确定的。常用的存取方式有顺序存取、随机存取和按键存取等。

1. 顺序存取

顺序存取就是按从前到后的次序依次访问文件的各个信息项。

对于记录式文件，是按照记录的排列顺序来存取。例如，若当前读取的记录为 R_i，则下一次读取的记录被自动的确定为 R_{i+1}。

对流式文件，顺序存取反映当前读写指针的变化，在存取完一段信息之后，读写指针自动指向后面的信息。

2. 随机存取

随机存取又称直接存取，即允许用户根据记录键存取文件的任意记录，或者根据存取命令把读写指针移到指定处读写。

UNIX 类型的操作系统和 MS-DOS 操作系统的文件系统均采用了顺序存取和随机存取两种存取方法。

3. 按键存取

按键存取是根据给定的键或记录名进行存取，存取时首先搜索到要进行存取记录的逻辑位置，然后再将其转换成相应的物理地址后进行存取。这种方法比较复杂，按键存取主要用在数据库管理系统中。这里不再进行深入讨论。

7.2.3 文件的物理结构

常用的文件物理结构有顺序结构、链接结构和索引结构。

1. 顺序结构

1）顺序结构原理

顺序结构又称连续结构，这是一种最简单的文件物理结构，它把逻辑上连续的文件信息依次存放在连续编号的物理块中。如果一个文件长 n 块，并从物理块号 b 开始存放，则该文件占据物理块号 b，$b+1$，$b+2$，…，$b+n-1$，如图 7-2 所示。每个文件的目录项指出文件占据的总块数和起始块号即可。连续文件结构的优点是知道了文件在文件存储设备上的起址和文件长度，就能很快地进行存取。这是因为文件逻辑块号到物理块号的变换可以非常简单地完成。

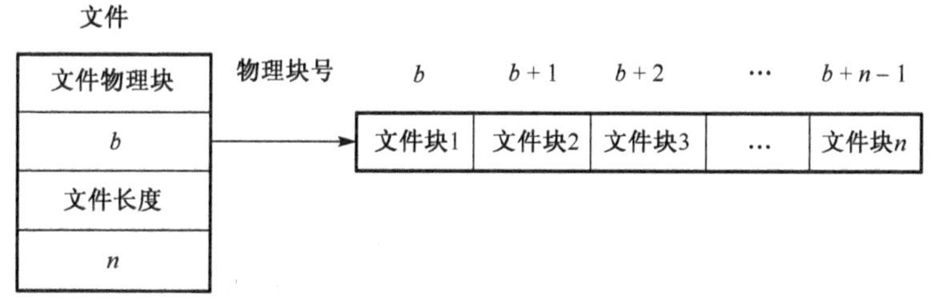

图 7-2 文件的顺序结构

2）顺序结构的优缺点

顺序结构的优点是文件存取非常简单迅速，支持顺序存取和随机存取。

对于顺序存取，顺序结构的存取速度非常快。例如一个文件从物理块 b 开始，现在要存取该文件的第 i 块，只需存取物理块 $b+i-1$ 即可。对于磁盘来说，在存取物理块 b 后再存取 b+1，通常不需要移动磁头，即使需要也仅移动一个磁道(从一个柱面的最后一个扇区移到下一个柱面的第一个扇区)。这样所需的磁盘寻道次数和寻道时间都是最少的。

顺序结构的缺点在于，文件不能动态增长。如果文件需要动态伸缩，那么需要预留空间，要么需要对文件重新分配和移动。而且，预留空间的问题在于预留多大的空间？文件的建立者(程序或人)如何知道或确定要建立的文件的长度？而且一般情况下，一个输出文件的长度可能是难于确定的。

申请新的空闲空间时，如果文件长 n 块，必须找到连续的 n 个空闲块，才能存放该文件，相对来说查找速度较慢。有可能出现找不到满足条件的连续的 n 个空闲块的情况，也不利于文件插入和删除。

另外，随着文件不停地创建和删除，空闲空间逐渐被分割为很小的碎片，最终导致出现存储碎片，亦即总空闲数比申请的要多，但却因为不连续而无法分配。

一些早期的微机系统在软盘上采用连续分配方式。为了预防大量的空间变为存储碎片，系统采用了存储压缩技术。即用户必须运行一个压缩例程将盘上的整个文件系统拷贝到另一张软盘上，完全释放原盘上的空间，重新建立一个大的连续的空间。然后，这个例程从这个大空间中分配连续空间，将文件拷贝到原盘。这种压缩技术的代价是时间。

解决上述问题的根本方法是采取不连续分配方式，下面介绍的分配方式都是不连续的。

2. 链接结构

1）链接结构原理

存储文件的第二种方法是为每一个文件构造磁盘块的链表，称为链接结构。使用这种结构的文件将逻辑上连续的文件分散存放在若干不连续的物理块中。每个物理块都设有一个指针，指向其后续的物理块，如图 7-3 所示。

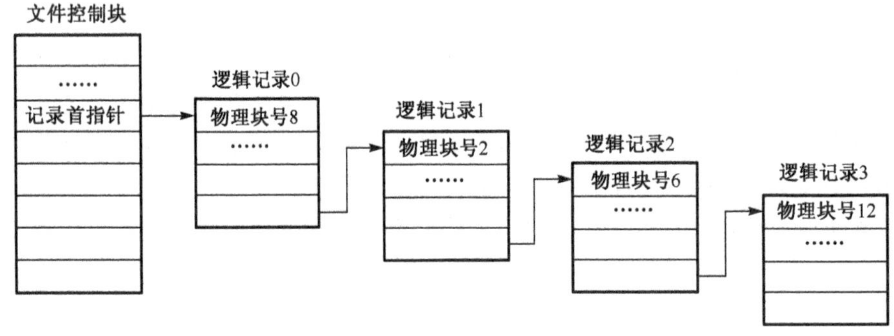

图 7-3　文件链接结构

2）链接结构的优缺点

链接结构的优点是存储碎片问题迎刃而解了，有利于文件的动态扩充、插入和删除，提高了磁盘利用率。

建立文件时，只需在文件目录中建立一个新目录条目，将该条目中的首块指针初始化为空，以说明现在该文件是空的，文件长度初始化为零。文件动态扩充也很简单，从空闲空间信息中得到一个亦即第一个空闲块，将该块链到文件尾，并改变文件长度值即可。只要还有足够多的空闲块，就可以进行分配，文件可以一直增长。

链接分配算法的主要缺点是，存取速度慢，不适用于随机存取；磁头移动多，效率相对较低；存在可靠性问题，如指针出错等问题；另外链接指针要占用一定的空间。

例如，要找一个文件的第 i 块，必须从该文件的首块开始沿着指针逐块读下去，一共要读 i 块，才能得到文件的第 i 块。

由于不连续分配，一个文件的所有物理块在盘上是分散分布的。与连续分配相比，访问一个文件需要更多的寻道次数和寻道时间。

链接结构的可靠性变得很差。如果某一个文件中的某一个盘块中的指针丢失了，则该文件中的该盘块之后的所有盘块都读写不到了。指针出问题的原因可能是操作系统软件的一个隐藏错误或磁盘硬件故障，例如读写错了或者指针所在的盘面坏了。可以用双向链接，或者在每个块中存储文件名的相对块号等办法改进。不过这些办法都不能根本解决问题，而且需要消耗更多的空间。

链接指针需要占用一定的空间。如果块长 512 字，指针 2 字，则指针占用了 0.39%的空间。

3. 索引结构

1）索引结构原理

如果把每个磁盘块的指针字取出，放在内存的表或索引中，就构成文件的第三种物理结构，即索引结构。将每个文件所有物理块的地址集中存放在称为索引表的数据结构中。其中的第 i 个条目指向文件的第 i 块。每个文件相应的目录条目中包括该文件的索引表地址。要读文件的第 i 块，只需从索引表的第 i 个条目中得到该块的地址就可以读了，索引文件结构如图 7-4 所示。

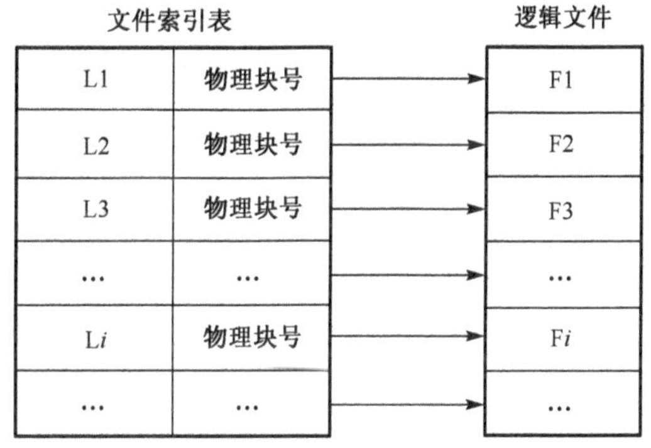

图 7-4　索引文件结构

建立文件时，索引表中的所有指针置空。当文件的第 i 块第一次被写时，从空闲空间信息中随意得到一个空闲块，将该块地址写入索引表的第 i 个条目。

2）索引结构的优缺点

索引结构保持了链接结构的优点，又解决了其缺点。索引结构文件既适用于顺序存取，也适用于随机存取。这是因为有关逻辑块号和物理块号的信息全部保存在一个集中的索引表中，而不是像链接结构那样分散在各个物理块中。

索引文件可以满足文件动态增长的要求，也满足了文件插入、删除的要求。索引文件还能充分利用外存空间。索引结构的缺点是，较多的寻道次数和寻道时间，以及索引表本身增加了存储空间。

显然，如果文件很大，它的文件索引表也就较大。如果索引表的大小超过了一个物理块，那么必须决定索引表的物理存放方式。

如果索引表采用顺序结构存放，不利于索引表的动态增加。如果采用链接文件结构存放索引表，会增加访问索引表的时间开销。较好的一种解决方法是采用间接索引，也称多重索引。间接索引是在索引表表项所指的物理块中不存放文件信息，而是存放装有这些信息的物理块地址，这样就产生一级间接索引，我们还可以进行类似的扩充，即二级间接索引，等等。但是，多重索引显然会减低文件的存取速度。

其实，大多数文件是不需要进行多重索引的。在文件较短时，可以利用直接寻址方式找到物理块号而节省存取时间。在实际的文件系统中，有一种做法就是把索引表的头几项设计成直接寻址方式，也就是这几项存放文件物理块的地址信息，而索引表的后几项设计成多重索引，也就是间接寻址方式。

在索引结构文件中要存放文件时，需要至少访问存储设备二次以上。一次是访问索引表；另一次是根据索引表访问存储设备上的文件信息。这样势必降低了对文件的存取速度。一种改进的方法是，当对某个文件进行操作之前，系统预先把索引表放入内存。

索引结构分配技术保持了链接结构分配技术的优点，同时又解决了链接结构分配技术中的不支持直接存取的问题和可靠性问题。索引分配支持直接存取，不会因为一个指针的错误就导致全盘覆没。当然其他方面的可靠性问题还是存在的。

索引结构对空间的占用问题比较严重，因为大多数文件都是小文件。如果一个文件系统中索引表是定长的，那么即使一个文件仅为一两个盘块长，也同样需要整个一张索引表。如果为了加快存取速度而把索引表放在内存，占有的空间对内存来说是非常大的。

索引结构的上述缺点引出了一个问题：索引表应该多大？应该是定长还是变长？解决问题的办法有以下几种方式：

(1) 索引表的链接模式：一张索引表通常是一个物理盘块。这样，读写索引表就比较简单。对大文件就用多个索引表并将其链接在一起。这种模式下存取到文件尾部将需要读取所有索引表，对于大文件来说这可能需要读取很多块。

(2) 多重索引：这是上述索引表链接模式的一种改进，将一个大文件的所有索引表(二级索引)的地址放在另一个索引表(一级索引表中)。这样，要存放文件的某一块，操作系统使用一级索引找到二级索引表，再用后者找到所需要的数据盘块。这个方法可以扩充为三级索引或者四级索引。如果一张索引表可以放 256 个盘块地址指针，则二级索引允许文件可多达 65536 个数据盘块。如果一个盘块大小为 1K，则意味着文件最大的长度为 67108864 字节(64MB)。

7.3 目 录 管 理

在现代计算机系统中，通常都要存储大量的文件。为了能有效地管理这些文件，必须对它们加以妥善的组织，做到用户只需向系统提供所需访问文件的名字，便能快捷、准确地找到指定文件。这主要是通过文件目录来实现，也就是说通过文件目录可以将文件名转换为该文件在外存上的物理位置。文件目录的管理应实现以下要求：

(1) 实现“按名存取”。即用户只需提供文件名，就可以对文件进行存取。这是目录管理中最基本的功能，也是文件系统向用户提供的基本服务。

(2) 提高对目录的检索速度。合理地组织目录结构，可以提高对目录的检索速度，从而提高对文件的存取速度。这是设计一个大、中型文件系统必须追求的主要目标之一。

(3) 文件共享。在多用户系统中，应允许多个用户共享一个文件。

(4) 允许文件重名。系统应允许不同用户对不同文件用相同的名字，以便用户按照自己的习惯命名文件。

7.3.1 文件控制块和索引结点

为了能对一个文件进行正确的存取，必须为文件设置用于描述和控制文件的数据结构，称之为“文件控制块(FCB)”。文件管理程序可借助于文件控制块中的信息，对文件施以各种操作。文件与文件控制块一一对应，而人们把文件控制块的有序集合称为文件目录，即一个文件控制块就是一个文件目录项。通常，一个文件目录也被看做是一个文件，称为目录文件。

1. 文件控制块

为了能对系统中的大量文件施以有效的管理，在文件控制块中，通常应含有三类信息，即基本信息、存取控制信息及使用信息。

1) 基本信息类

基本信息类包括：

(1) 文件名，指用于标识一个文件的符号名。在系统中，每一个文件都必须有唯一的名字，用户利用该名字进行存取。

(2) 文件物理位置，指文件在外存上的存储位置，它包括存放文件的设备名、文件在外存上的起始盘块号、指示文件所占用的盘块数或字节数的文件长度。

(3) 文件逻辑结构，指示文件是流式文件还是记录式文件、记录数；文件是定长记录还是变长记录等。

(4) 文件的物理结构，指示文件是顺序文件还是链接式文件或索引文件。

2) 存取控制信息类

存取控制信息类包括文件主的存取权限、授权用户的存取权限以及一般用户的存取权限。

3) 使用信息类

使用信息类包括文件的建立日期和时间、文件上一次修改的日期和时间及当前使用信息(这项信息包括当前已打开该文件的进程数、是否被其他进程锁住、文件在内存中是否已被修改但尚未拷贝到盘上)。

应该说明，对于不同操作系统的文件系统，由于功能不同，可能只含有上述信息中的某些部分。

2. 索引结点

1) 索引结点的引入

文件目录通常是存放在磁盘上的，当文件很多时，文件目录可能要占用大量的盘块。在查找目录的过程中，先将存放目录文件的第一个盘块中的目录调入内存，然后把用户所给定的文件名与目录项中的文件名逐一比较。若未找到指定文件，便再将下一个盘块中的目录项调入内存。设目录文件所占用的盘块数为 N，按此方法查找，则查找一个目录项平均需要调入盘块 $(N+1)/2$ 次。假如一个 FCB 为 64B，盘块大小为 1KB，则每个盘块中只能存放 16 个 FCB；若一个文件目录中共有 640 个 FCB，需占用 40 个盘块，故平均查找一个文件需启动磁盘 20 次。

稍加分析可以发现，在检索目录文件的过程中，只用到了文件名，仅当找到一个目录项(即其中的文件名与指定要查找的文件名相匹配)时，才需从该目录项中读出该文件的物理地址。而其他一些对该文件进行描述的信息，在检索目录时一概不用。显然，这些信息在检索目录

文件名	索引结点编号
文件名 1	
文件名 2	
……	……

0　　13　14　　15

图 7-5　UNIX 的文件目录

时不需要调入内存。为此，在有的系统中，如 UNIX 系统，便采用了把文件名与文件描述信息分开的办法，亦即，使文件描述信息单独形成一个称为索引结点的数据结构，简称为 i 结点。在文件目录中的每个目录项仅由文件名和指向该文件所对应的 i 结点的指针所构成。在 UNIX 系统中一个目录项仅占 16 字节，其中 14 字节是文件名，2 字节为 i 结点指针。在 1KB 的盘块中可做 64 个目录项，这样，为找到一个文件，可使平均启动磁盘次数减少到原来的 1/4，大大节省了系统开销。图 7-5 示出了 UNIX 的文件目录项。

2）磁盘索引结点

这是存放在磁盘上的索引结点。每个文件有唯一的一个磁盘索引结点，它主要包括以下内容：

(1) 文件主标识符，即拥有该文件的个人或组的标识符。

(2) 文件类型，包括普通文件、目录文件或特殊文件。

(3) 文件存取权限，指各类用户对该文件的存取权限。

(4) 文件物理地址，每一个索引结点中含有 13 个地址项，即 iaddr(0)～iaddr(12)，它们以直接或间接方式给出数据文件所在盘块的编号。

(5) 文件长度，指以字节为单位的文件长度。

(6) 文件链接计数，表明在本文件系统中所有指向该(文件的)文件名的指针计数。

(7) 文件存取时间，指本文件最近被进程访问的时间、最近被修改的时间及索引结点最近被修改的时间。

3）内存索引结点

这是存放在内存中的索引结点。当文件被打开时，要将磁盘索引结点拷贝到内存的索引结点中，便于以后使用。在内存索引结点中又增加了以下内容：

(1) 索引结点编号，用于标识内存索引结点。

(2) 状态，指示 i 结点是否上锁或被修改。

(3) 访问计数，每当有一进程要访问此 i 结点时，将该访问计数加 1，访问完再减 1。

(4) 文件所属文件系统的逻辑设备号。

(5) 链接指针。设置有分别指向空闲链表和散列队列的指针。

7.3.2　目录结构

目录结构(即目录文件的结构形式)关系到文件的共享和安全，影响文件存取速度。目前常用的目录结构形式有一级目录、二级目录和多级目录。

1. 一级目录结构

最简单的目录结构是一级目录结构。在操作系统中构造一张线性表，与每个文件有关的说明信息占用一个目录项，就构成了一级目录结构。单用户微型机操作系统 CP/M 的软盘文件目录便采用这一结构。每个磁盘上设置一张一级文件目录表，不同磁盘驱动器上的文件目录互不相关。

一级目录结构实现容易，管理简单。它通过管理目录文件，实现了对文件信息管理，通过物理地址指针，在文件名与物理存储空间之间建立对应关系，实现按文件名存取，但是一级目录还存在着以下缺点：

(1) 搜索范围宽。在一级目录中，搜索文件的范围是整个目录文件中的所有目录项，致使查找文件的开销大、速度慢。

(2) 不允许文件重名。在一个目录文件中，不允许两个不同的文件具有相同的名称。在多用户环境中，用户都是以自己的习惯给文件命名，要求用户对文件命名不重名是困难的。

(3) 难以实现文件共享，如果允许不同用户使用不同文件名来共享一个文件，这在一级目录中是很难实现的。

为了解决上述问题，操作系统往往采用二级或多级目录结构，使得每个用户有各自独立的文件目录。

2. 二级目录结构

在二级目录结构中，第一级为主文件目录，用于管理所有用户文件目录，其目录项登记了系统用户的名字及该用户文件目录的地址。第二级为用户文件目录，用于为该用户的每个文件保存一个登记栏，其内容与一级目录的目录项相同，如图 7-6 所示。每个用户只允许查看自己的文件目录。当一个新用户作业进入系统执行时，系统为其在主文件目录中开辟一栏，登记其用户名，并准备一个存放这个用户文件目录的区域，这个区域的地址填入主文件目录中的该用户名所对应的表项中。当用户需要访问某个文件时，系统根据用户名从主文件目录中找出该用户的文件目录的物理位置，其余的工作与一级文件目录类似。

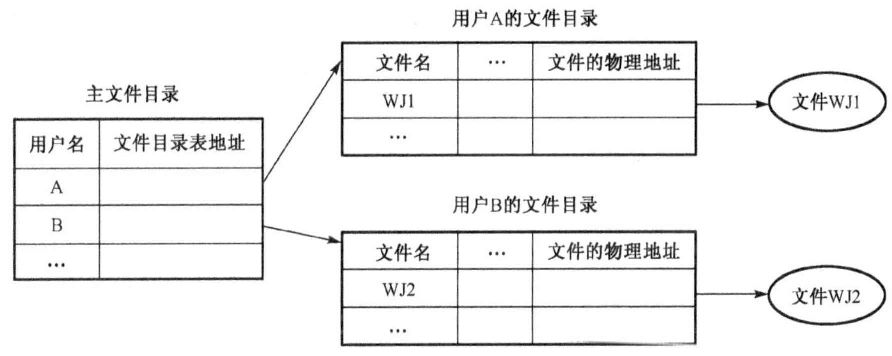

图 7-6 二级目录结构

采用二级目录管理文件时，因为任何文件的存取都通过主文件目录，因此可以通过检查访问文件者的存取权限，避免一个用户未经授权就存取另一个用户的文件，实现了对文件的保护。特别是不同用户具有同名文件时，由于各自有不同的用户文件目录而不会导致混乱。对于文件的共享，原则上只要把对应目录项中文件的物理地址指向同一物理位置即可。

3. 多级目录结构

在多级目录结构中，主文件目录演变为根目录。根目录既可以表示一个普通文件，也可以是下一级目录的目录文件的一个说明项。如此层层类推，形成了一个树形层次结构，如图 7-7 所示。

多级目录解决了重名问题，同一目录中的各文件不能同名，但在不同目录中的文件名可以相同。

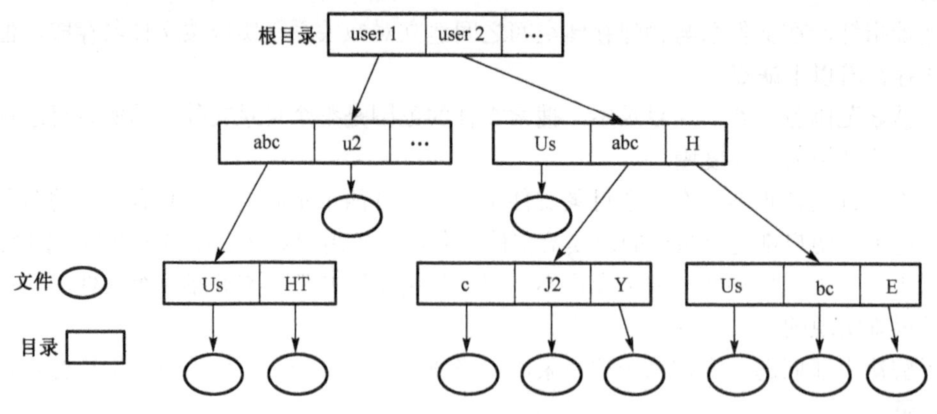

图 7-7　多级目录结构

多级目录有利于文件的分类。文件是若干有意义的相互关联的信息的集合，信息本身就具有某种层次关系的属性。树形目录结构能直观地反映这些层次关系，用户可以把某些具有相同性质的文件存放在同一个子目录下，使用文件更加方便。

多级目录的层次结构关系便于实现文件的存取访问控制，以此增加文件系统的安全性。

7.3.3　目录查询技术

目录的查找是文件目录管理的重要工作，“按名存取”文件实质上就是系统根据用户提供的文件名来查找各级文件目录，直至找到该文件。

实现用户对文件的按名存取，系统须按下述步骤为用户找到其所需的文件。首先，系统利用用户提供的文件名，对文件目录进行查找，找出该文件的文件控制块或索引结点；其次，根据找到的文件控制块或索引结点中所记录的文件物理地址(盘块号)，换算出文件在磁盘上的物理位置；最后，启动磁盘驱动程序，将所需文件读到内存中。目前，对目录进行查找的方式有两种：线性检索法和哈希(Hash)算法。

1） 线性检索

在多级目录结构中，一个文件的全名是由该文件的路径名和文件名组成，路径名是由根目录开始沿各级子目录到达该文件的通路上的所有子目录名组成，多数系统中各子目录名之间一般用斜线或反斜线分割。但若每访问一个文件都必须从根目录开始，按全名逐级查找，显然查找速度慢。因此可将当前目录(又称为工作目录)作为查找时的默认目录，在查找文件时从该目录开始查找，以减少查找层次、加快查找速度，通常我们把从当前目录开始到文件的路径名称为相对路径名。

假设要查找绝对路径名为\usr\include\user.h 的文件，从根目录查起，检索过程如下：

(1) 从根目录查起，把根目录文件信息读到内存缓冲区。按给定的路径名中第一个分量 usr 依次与缓冲区中每个目录项比较，若找不到名为 usr 的目录项，则继续读入根目录文件的后续信息再比较，直至找到 usr 目录项或查完根目录都没有找到为止。

(2) 找到 usr 后，再根据这个目录项内容把 usr 目录文件信息读到内存缓冲区。按第一步的过程，找到 include 目录项。

(3) 找到 include 后，再根据这个目录项内容把 include 目录文件信息读到内存缓冲区。按第一步的过程，查找到 usr.h 目录项。

如果当前目录为\usr\include\，采用相对路径名的查找过程就简单多了，只要把当前目录文件信息读到内存缓冲区，与缓冲区中每个目录项比较，若找不到名为 user.h 的目录项，则继续读入该目录文件的后续信息再比较，直到找到文件名为 user.h 的目录项或查完该子目录都没有找到为止。显然使用相对路径名查找速度较快。

2）哈希检索

采用哈希检索算法时，目录项信息存放在一个哈希表中。进行目录检索时，首先根据目录名来计算一个哈希值，然后得到一个指向哈希表目录项的指针。这样，该算法就可以大幅度地减少目录检索的时间。在插入和删除目录时，要考虑两个目录项的冲突问题，即两个目录项的哈希值是否相同。

哈希检索算法的难点在于选择合适的哈希表长度和哈希函数的构造。

7.4 文件存储空间的管理

一个存储设备上的空闲空间登记表(Free Space List，FSL)动态跟踪记录该存储设备上所有空闲块(即还没有分配给任何文件的块)的数目和块号。该数据结构虽称为表，但不一定以二维形式实现。为方便、高效、安全起见，一般把空闲空间登记表放在存储实体上。

由于存储空间是有限的，故不再使用的空间(删掉的文件产生的)必须回收以重用，然后在创建文件等操作中重新动态分配。可见在文件删除、文件创建、写文件等操作中都会访问与修改空闲空间表。

对于只读存储设备(如光盘)，无所谓回收，也无所谓动态分配，物理上就是不可重用的。

那么空闲空间登记表采用什么样的数据结构呢？在实际系统中有四种不同的方案，下面分别进行介绍。

7.4.1 位示图法

位示图法的基本思想是利用一串二进制位(bit)的值来反映磁盘空间的分配使用情况。每一个磁盘物理块对应一个二进制位，如果物理块为空闲，则相应的二进制位为 0；如果物理块已分配，则相应的二进制位为 1，如图 7-8 所示。有的系统把“0”作为盘块已分配的标志，把“1”作为空闲标志，它们在本质上是相同的，都是用一位的两种状态来标志空闲和已分配两种情况。

	0	1	2	3	4	5	6	7	8	9	A	B	C	D	E	F	
0	0	1	0	0	0	0	0	0	0	0	0	0	0	0	0	0	
1	0	0	0	0	0	0	0	1	0	0	0	0	0	0	0	0	
2	1	1	1	1	1	1	1	0	1	1	0	0	0	0	0	0	
3	0	1	0	0	0	0	0	0	1	1	0	0	0	0	0	0	…
4	0	1	1	1	1	1	1	1	1	0	0	0	0	0	0	0	
5	0	1	1	1	0	1	1	1	1	0	0	0	0	0	1	1	
6	0	1	0	0	0	0	0	0	0	0	0	0	0	1	0	0	
7	0	1	0	0	0	0	0	0	0	0	0	0	0	0	1	1	

图 7-8 位示图

申请磁盘物理块时，可在位示图中从头查找为 0 的字位，将其改为 1，返回对应的物理块号；归还物理块时，在位示图中将该块所对应的字位改为 0。

磁盘空闲空间登记数据结构在大部分情况下以位示图实现。

位示图描述能力强，一个二进制位就描述一个物理块的状态，因而位示图较小，可以复制到内存，使查找既方便又快速。位示图适用于各种物理结构的文件系统。

位示图的主要优点是能够简单有效地在盘上找到 n 个连续的空闲块。很多计算机提供了位操作指令，使位示图查找能够高效进行。例如，Intelx86 微处理器系列就有这样的指令：返回指定寄存器的所有位中值为 1 的第一位。Linux 的文件系统 ext2 就是采用位示图来描述数据块和索引节点的使用情况的。

7.4.2 空闲块表法

文件系统建立一张空闲块表，该表记录了全部空闲的物理块，包括表项序号、首空闲块和空闲块个数(图 7-9)，这些表项按照起始盘块号递增的次序排列。空闲块表方式特别适合于文件物理结构为顺序结构的文件系统。

序号	首空闲块号	空闲块个数
0	10a8	12
1	9002	98
2	a6003	4096
…	…	…
n	899a08	2568
…	…	…

图 7-9　空闲块表

建立新文件时，系统查找空闲块表，寻找合适的表项，分配一组连续的空闲块。如果对应表项所拥有的空闲块个数恰好等于所申请值，就将该表项从空闲块表中删除。当删除文件时，系统收回它所占有的物理块，考虑是否可以与原有空闲块相邻，合并成更大的空闲区域，最后修改有关表项。

7.4.3 空闲块链表法

如图 7-10 所示，系统将所有的空闲物理块连成一个链，用一个空闲块首指针指向第一个空闲块，然后每个空闲块含有指向下一个空闲块的指针，最后一块的指针为空，表示链尾。

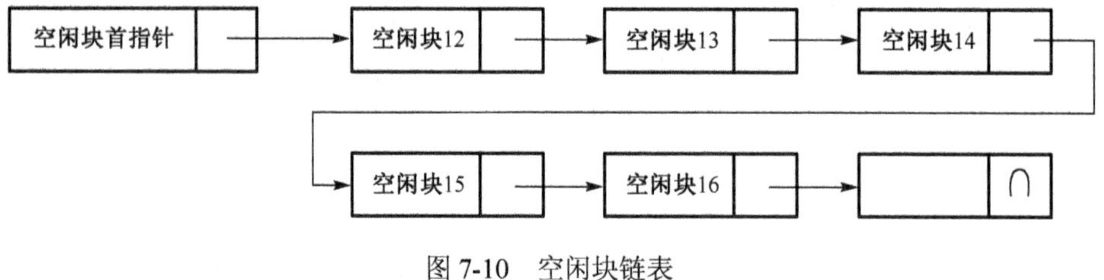

图 7-10　空闲块链表

在图 7-10 中，空闲块首指针维护一个指向盘块 12 的指针，该块是第一个空闲盘块。盘块 12 包含一个指向盘块 13 的指针，盘块 13 指向盘块 14，等等。这种模式效率低，要遍历整张表，必须读每一块，需要大量 I/O 时间。

外存空间的申请和释放以块为单位，申请时从链首取一块，释放时将其链入链尾。空闲块链表法节省内存，但申请释放速度慢，实现效率较低。

7.4.4 成组链接法

对空闲块链表的改进是将空闲盘块分成若干组，每一组空闲盘块的地址存放在上一个空闲盘块组的第一个空闲块中，该组中其余 n–1 个空闲盘块是实际空闲的，如图 7-11 所示。假设每 100 个空闲块为一组。通常第一组可能不足 100 块，第一组空闲盘块的地址(块号)通常放在一个专用块中，专用块的第 1 个单元给出下一组空闲盘块的个数，第 2 个单元以后存放下一组空闲盘块的地址(块号)；第二组有 100 个空闲盘块，其地址(块号)放在第一组中的第一个空闲盘块中，该块的第 1 个单元给出第二组空闲盘块的个数，第 2 个单元以后存放第二组空闲盘块的地址(块号)；依次类推，组与组之间形成链接关系。最后一组有 99 个空闲盘块，其地址(块号)放在前一组中的第一个空闲盘块中，而该块的第二个单元填“0”，表示该块中存放的是最后一组的块号，空闲链接到此结束。这种方式成为成组链接。

系统在初始化时首先把专用块内容读取到内存中，当需要分配空闲块时，就直接在内存中找到哪些块是空闲的，每分配一块后把空闲块数减 1。但在把一组中的第一个空闲块分配出去之前，应把登记在该块中的下一组的块号及块数保存到专用块中(此时原专用块中的信息已经无用，因为它指出的一组空闲块都已被分配了)。当一组空闲块被分配完后，则再把专用块的内容读到内存中，指出下一组可供分配的空闲块。

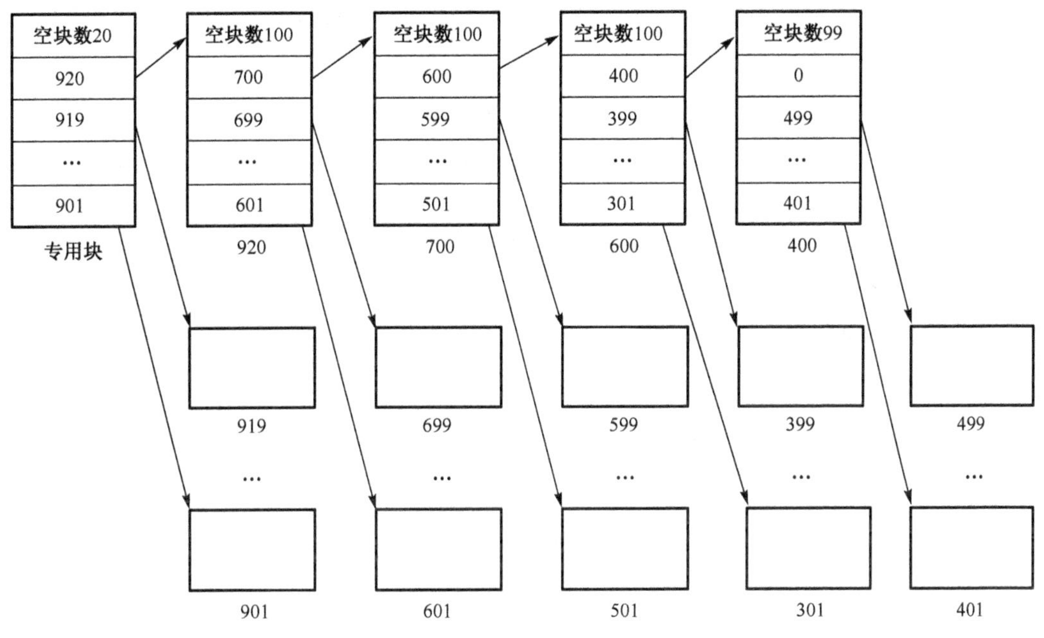

图 7-11 空闲块成组链接表

假设初始化时系统已把专用块读入内存储器 L 单元开始的区域中，分配和回收算法如下：

(1) 分配一空闲块。

查 L 单元内容(空闲块数)：

当空闲块数>1，$i := L +$ 空闲块数；

从 i 单元得到一空闲块号；

把该块分配给申请者；

空闲块数减 1。

当空闲块数 =1，取出 L+1 单元内容(一组的第一块块号或 0)；

取值等于 0，无空闲块，申请者等待；取值不等于 0，把该块内容复制到专用块；该块分配给申请者；

把专用块内容读取到内存 L 开始的区域。

(2) 归还一块。

查找 L 单元的空闲块数；

当空闲块数<100，空闲块数加 1；

$j := L +$ 空闲块数；

归还块数填入 j 单元。

当空闲块数=100，把内存中登记的信息写入归还块中；

把归还块号填入 L+1 单元；

将 L 单元置成 1。

采用成组链接后，分配、回收空闲块时均在内存中查找和修改，只有在一组空闲块分配完或空闲的磁盘块构成一组时才需要启动磁盘读写。因此，成组链接的管理方式比普通的链接方式效率高。

这种方案的优点是能够迅速找到大量空闲盘块地址。有些 UNIX 版本便采用这种方案。

7.5 文件的共享与安全

在多用户环境下，不同用户之间存在着对文件共享的需求。若不提供文件共享功能，则只能为各个用户保留一份需要共享的文件的副本，这样会造成存储空间的浪费；若提供了共享功能，则可以提高文件的利用率，避免存储空间的浪费，并能实现用户用自己的文件名去访问共享文件。

文件系统中有对用户而言十分重要的信息，设法防止这些信息不被未授权使用、不被破坏是所有文件系统的一个重要内容。下面几节讨论文件的共享、安全和数据一致性控制相关的问题。

7.5.1 文件的共享

下面我们介绍几种常见的实现文件共享的方法。

1. 绕道法

在绕道法中，用户对所有文件的访问都是相对于当前目录进行的，当所访问的共享文件不在当前目录下时，从当前目录出发向上返回到与共享文件所在路径的交叉点，再沿路径下行到共享文件，如图 7-12 所示。

绕道法要求用户指定到达被共享文件的路径，并要回溯访问多级目录。因此，共享其他目录下的文件的搜索速度较慢。

2. 链接法

链接法是将一个目录中的链接指针直接指向共享文件的目录项，如图 7-13 所示，在子目录 Us1 中以文件名 u2 共享子目录\er2\abc 下的文件 c，文件 u2 的目录项中用一指针指向文件 c 的目录项，从而可从子目录 Us1 下以文件名 u2 访问共享文件，也可从子目录 abc 下以文件名 c 访问共享文件。

3. 基本文件目录法

该方法是在文件目录分解为基本目录和符号目录的前提下实现的。只要在不同的符号目录中使用相同的文件内部标识符，就可实现文件的共享。如图 7-14 所示，文件 b.c 和文件 tt.c 就是在使用不同的名字共享一个文件。图中文件系统把 0 作为基本文件目录的标识符，1 作为空文件目录的标识符，2 作为主文件目录(根目录)的标识符。在图中，主目录有两个用户目录，ID=3 是用户 wang 的文件目录，ID=4 是用户 zhang 的文件目录。wang 用文件名 tt.c 访问 ID=6 的共享文件，zhang 用文件名 b.c 访问 ID=6 的共享文件。

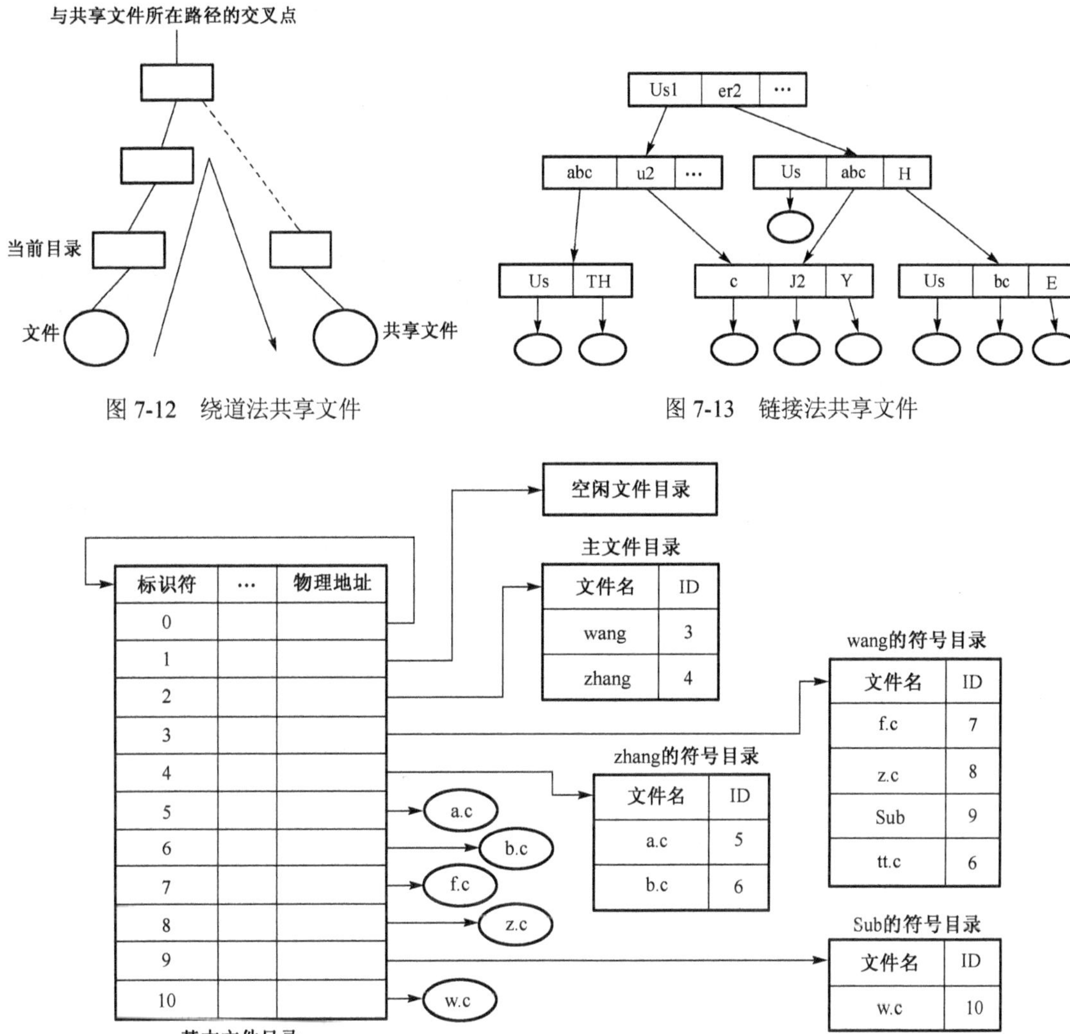

图 7-12　绕道法共享文件

图 7-13　链接法共享文件

图 7-14　基本文件目录法共享文件

4. 利用符号链实现文件共享

用户 H 为了共享用户 C 的一个文件 f，可以由系统创建一个 LINK 类型的新文件，将新文件写入 H 的用户目录中，在新文件中只包含被链接文件 f 的路径名，这样的链接方法称为符号链接法。当 H 要访问被链接的 LINK 类型的文件 f 时，被操作系统截获，操作系统根据新文件中的路径名去读该文件，于是就实现了用户 H 对文件 f 的共享。

在利用符号链接方式实现文件共享时，只有文件创建者拥有文件的目录项；而共享该文件的其他用户只有该文件的路径名。这样，也就不会发生在文件主删除共享文件 f 后留下一个悬空指针的问题。当文件创建者把共享文件删除后，其他用户试图通过符号链去访问一个被删除的共享文件时，会因系统找不到该文件而使访问失败。于是将符号链删除掉，此时不会发生任何影响。

符号链接方式也会存在自己的问题，在其他用户去读共享文件时，系统是根据给定的文件路径名逐个分级地去查找目录，直至找到该文件的目录项。因此，在每次访问共享文件时就可能要多次读盘。这使每次访问文件的开销很大，且增加了启动磁盘的频率。此外，为每个共享用户建立一条符号链，由于该链实际上是一个文件，所以尽管该文件非常简单，却仍然要为其配置一个目录项，也要消耗一定的磁盘空间。

符号链接方式有一个很大的优点，即能够用于链接(通过计算机网络)世界上任何地点的计算机中的文件，此时只需提供该文件所在计算机的网络地址以及在该计算机中的文件路径即可。

上述四种方法中的后三种都存在这样一个共同的问题：每个共享文件都具有几个文件名。每增加一条链路，就增加一个文件名。这在实质上就是每个用户都使用自己的路径名去访问共享文件。当试图去遍历整个文件系统时，将会多次遍历到该共享文件。例如，当有一个程序要将一个目录中的所有文件转存到磁盘上去时，可能产生一个文件的多个复制。

5. 基于索引结点的共享方式

在树型结构的目录中，当有两个(或多个)用户要共享一个子目录或文件时，必须将共享文件或目录链接到两个(或多个)用户的目录中，以便能方便地找到该文件。如图 7-15 所示，此时该文件系统的目录结构已不再是树形结构，而是个有向非循环图。

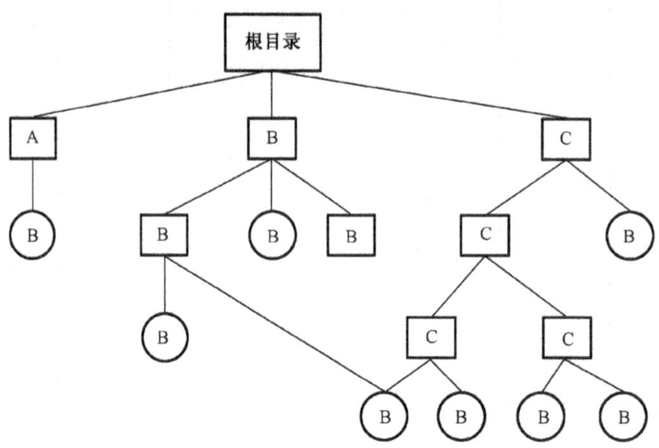

图 7-15 包含共享文件的文件系统

如何建立 B 目录与共享文件之间的链接呢？如果在目录文件中包含了文件的物理地址，即文件所在盘块的盘块号，则在链接时，必须将文件的物理地址复制到目录 B 中。但如果以后 B 或 C 还要继续向该文件中添加新内容，也必然要相应地再添加新的盘块。而这些新增加的盘块，也只会出现在执行了该操作的目录中。可见，这种变化对其他用户而言是不可见的，因而新增加的这部分内容已不能被共享。

为了解决这个问题，可以引用索引结点，如图 7-16 所示。此时，由任何用户对文件进行追加操作或修改所引起的相应索引结点内容的改变，例如增加了新的盘块号，都是其他用户可见的，从而也就能提供给其他用户来共享。

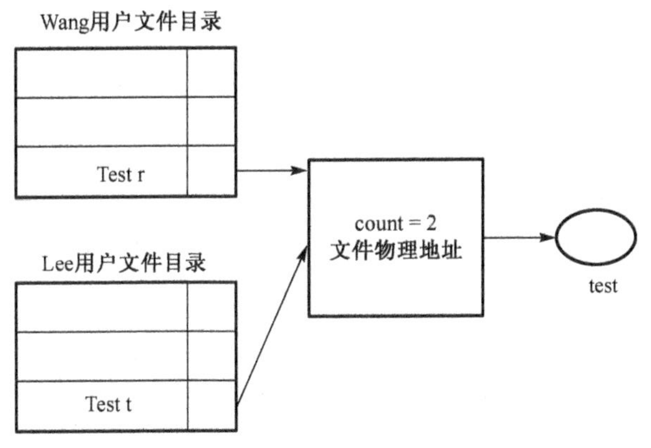

图 7-16 基于索引结点的共享方式

在索引结点中还应有一个链接计数 count，用于表示链接到本索引结点(文件)上的用户目录项的数目。当 count=3 时，表示有 3 个用户目录项链接到本文件上，或者说有 3 个用户共享此文件。

当用户 C 创建一个新文件时，他是该文件的拥有者，此时将 count 置 1。当有用户 B 要共享此文件时，在用户 B 的用户目录中增加一目录项，并设置一指针指向该文件的索引结点，此时，文件创建者依然是 C，count=2。如果用户 C 不再需要此文件，是否能将文件删除呢？

回答是否定的。因为删除了文件也必然删除了该文件的索引结点。这样，使 B 的指针悬空了，而 B 则可能正在此文件上执行写操作，此时只好中止。但如果 C 不删除此文件，等待 B 继续使用，由于文件创建者是 C，如果系统要记账收费，则 C 必须继续为 B 使用该共享文件而付账，直至 B 不再需要。图 7-17 所示的是 B 链接到文件前、后的情况。

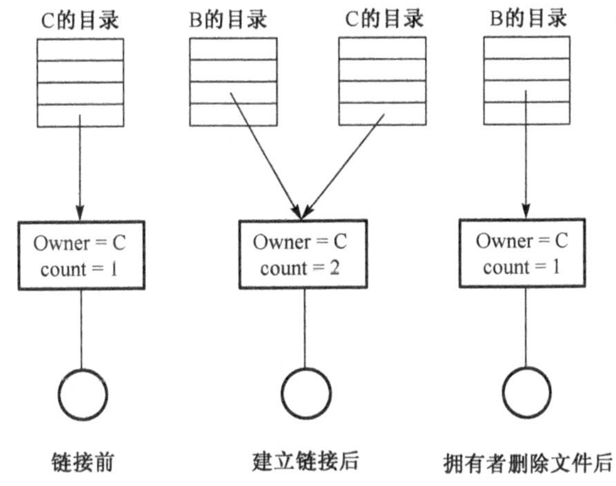

图 7-17 进程 B 链接到文件前、后的情况

7.5.2 文件系统的安全性

文件系统往往包含用户非常宝贵的信息。因此，如何保护这些信息的安全性是所有文件系统的一个主要内容。影响文件系统安全性的主要因素有：

① 人为因素。由于人们有意或无意的行为，而使文件系统中的数据遭到破坏、丢失或窃取。

② 系统因素。由于系统出现异常情况而造成对数据的破坏或丢失，特别是作为数据存储介质的磁盘在出现故障或损坏时，会对文件系统的安全性造成影响。

③ 自然因素。存放在磁盘上的数据，随着时间的推移而发生溢出或逐渐消失等。

这些数据丢失问题大多数可以通过保存足够的备份而解决，最好是将备份数据放在与源数据相隔较远的地方。

1. 防止人为因素造成的文件不安全性

文件保护是指防止文件被破坏，而文件保密是指不经文件所有者授权，任何其他用户不得使用文件。文件的安全性既包括文件的保护，也包括文件的保密，这两项都涉及用户对文件的使用权限。因此，一个文件系统必须具有良好的保护机制，才能保证文件的安全性，才能获得用户的信任。特别是大型文件系统，严格的保密措施是不可缺少的。文件系统一般对任何用户在调用文件时，都要对使用权限进行审核。较好的文件系统还能够防止一个用户冒充另一个用户存取文件。目前常用的安全措施如下：

1）隐藏文件和目录

按照这种方法，系统和用户将要保护的文件目录隐藏起来，在显示文件目录信息时由于不知道文件名而无法使用。在小型的计算机系统或简单的操作系统中可以采用这种方法。

2）口令

口令有两种方式，一种是文件口令，一种是用户口令。对前者，系统要求文件的建立者为需要保密的文件设置一个口令，这样任何用户在使用文件时，都应该核对口令，只有口令相符才能使用，否则拒绝用户访问；对后者，当用户利用计算机终端使用计算机时，首先核对用户的口令，只要口令一致，才能使用计算机。在多用户操作系统中，基本上都会对每一个用户设置各自的目录和口令，这样只有拥有口令的用户才能进入相应的目录。

文件口令存在的问题是当收回某个用户对文件的使用权时，必须更改口令，而新的口令又必须通知其他授权的用户，这无疑是很不方便的。

3）文件加密

对于高度机密的文件，可采用文件加密的措施。文件加密是把文件中所有字符代码按某种变换规则重新编码。文件的输入和读出都经过编码程序和解码程序的处理。变换规则中的关键字是可变的，是由文件创建者设置，不存放在系统中，并可随时更改。例如，常用的一种加密方法是文件主给出一组代码键，编码程序将此代码键作为随机数产生器的起始码，并将产生的随机数序列和文件中的各字符代码依次相加，然后存入磁盘。读出文件时，用户只要输入相同的一组代码键，解码程序用这些代码键产生相同的随机数序列，并和从磁盘上读出的各个代码依次相减，就能恢复文件本来的字符码。文件创建者写盘时，输入的一组代码不存放在文件系统中，只有文件创建者知道，并可随时修改，所以加密方法最为可靠、严密。但因读/写都要经过编码和解码的处理，所以增加了系统的开销，并降低了访问的速度。

4）制定访问权限

文件创建者建立文件时，可以规定本人和其他用户对该文件的访问权限。这些权限和限制条件登记在文件目录中。文件创建者可以使用系统提供的命令随时修改各类用户的访问权限。

2. 防止系统因素或自然因素造成的文件不安全性

1）坏块管理

磁盘常常有坏块。软盘在出厂时通常是完好无损的，但是在使用过程中，却有可能出现坏块。温彻斯特磁盘(硬盘)常常一开始就有坏块，要将其做得完美无缺，成本很高。对坏块问题有硬件和软件两种解决办法。硬件方法是建立一个坏块表，在硬盘上为坏块表分配一个扇区，当控制器第一次被初始化时，会读坏块表并找一个空闲块(或磁道)代替有问题的块，并在坏块表中记录映射。此后，全部对坏块的请求都使用该空闲块。软件解决方法要求用户或文件系统构造一个包含全部坏块的文件。这类技术能把坏块从空闲表中删除，使其不会出现在数据文件中。只要不对坏块进行读写操作，文件系统就不会出现任何问题。在磁盘备份时，需要注意避免读取这个文件。

2) 磁盘容错技术

容错技术是通过在系统中设置冗余部件来提高磁盘系统可靠性的一种技术。磁盘容错技术本身是通过增加冗余的磁盘驱动器、磁盘控制器等来提高磁盘系统的可靠性，在磁盘系统的某部分出现缺陷或故障时，磁盘仍能正常工作，不会造成数据的错误和丢失。在中、小型系统和局域网中，磁盘容错技术已经广泛使用，用以提高磁盘系统的可靠性。磁盘容错技术往往也称为系统容错技术(System Fault Tolerance，SFT)，可分为三个级别：SFT-I 是低级磁盘容错技术，主要用于防止磁盘表面发生缺陷所引起的数据丢失；SFT-II 是中级磁盘容错技术，主要用于防止磁盘驱动器和磁盘控制器故障所引起的系统不能正常工作；SFT-III 是高级系统容错技术。

(1) 第一级容错技术。

第一级容错技术是最早出现的，也是最基本的一种磁盘容错技术，主要包含双份目录、双份文件分配表及写后读校验等措施。

① 双份目录和双份文件分配表。在磁盘上存放的文件目录和文件分配表 FAT，是文件管理所用的重要数据结构。如果这些表格被破坏，将导致磁盘上的部分或全部文件成为不可访问的文件。为了保护这些数据，可在不同的磁盘上或在磁盘的不同区域中，建立两份目录表和 FAT，一份称为主文件目录及 FAT，另外一份则称为备份目录及备份 FAT。一旦由于磁盘表面缺陷而造成文件目录或 FAT 损坏时，系统便自动启用备份文件目录及备份 FAT，并将损坏区写入坏块表中；系统还要在磁盘的其他区域再建立新的文件目录和 FAT 作为备份。在系统每次加电启动时，都要对两份目录和两份 FAT 进行检查，以验证它们的一致性。

② 热修复重定向和写后读校验。对于磁盘表面有少量缺陷的情况，多是采取其他补救措施后继续使用。补救措施主要用于防止将数据写入有缺陷的盘块中。

③ 热修复重定向。系统将一定的磁盘容量(例如 2%～3%)作为热修复重定向区，用于存放发现盘块有缺陷时的待写数据，并对写入该区的所有数据进行登记，以便以后对数据进行访问。例如，操作系统要向第 12 磁道的第 10 扇区的盘块中写入数据，如果此盘块是坏的，于是便将数据写入热修复区中，如果写在第 153 磁道的第 27 扇区中，则在以后操作系统要读第 12 磁道的第 10 扇区的盘块中的数据时，要改从第 153 磁道的第 27 扇区的盘块中读数据。

④ 写后读校验。为了保证所有写入磁盘的数据都能写入到完好的盘块中，应该在每次从内存缓冲区向磁盘中写入一个数据块后，又立即从磁盘上读出该数据块，送至另一缓冲区中；再将该缓冲区的内容与内存缓冲区中在写后仍保留的数据进行比较，若两者一致，便认为此次写入成功，否则再重写。若重写后两者仍不一致，则认为该盘块有缺陷，将应写入该盘块的数据写入热修复重定向区中，并在坏盘块表中记录该损坏盘块。

(2) 第二级容错技术。

① 磁盘镜像。SFT-I 只能用于防止由磁盘表面部分故障造成的数据丢失，但不能防止由于磁盘驱动器发生故障造成的数据丢失。为了避免由于磁盘驱动器发生故障造成的数据丢失，

可增设磁盘镜像功能。磁盘镜像是在同一磁盘控制器下，再增设一个完全相同的磁盘驱动器，如图 7-18 所示。

采用磁盘镜像时，在每次向文件服务器的主磁盘写入数据后，采用写后读校验方式，将数据再同样地写到备份磁盘上。两个磁盘上有着完全相同的数据。当一个磁盘驱动器发生故障时，由于有备份磁盘的存在，在进行切换后，文件服务器仍能正常工作，从而不会造成数据丢失。在一个磁盘驱动器发生故障时，必须立即发出报告，尽快修复，以恢复磁盘镜像功能。磁盘镜像虽然实现了容错功能，但并未能使服务器的磁盘 I/O 速度得到提高，并且磁盘的利用率仅为 50%。

② 磁盘双工。磁盘镜像功能虽然有效地解决了在一台磁盘机发生故障时的数据保护问题，但如果磁盘控制器或主机到磁盘控制器之间的通道发生故障，将使这两台磁盘机同时失效。为此，增加了磁盘双工功能。所谓磁盘双工，是指将两台磁盘驱动器分别接到两个磁盘控制器上，同样使这两台磁盘机成为镜像，如图 7-19 所示。

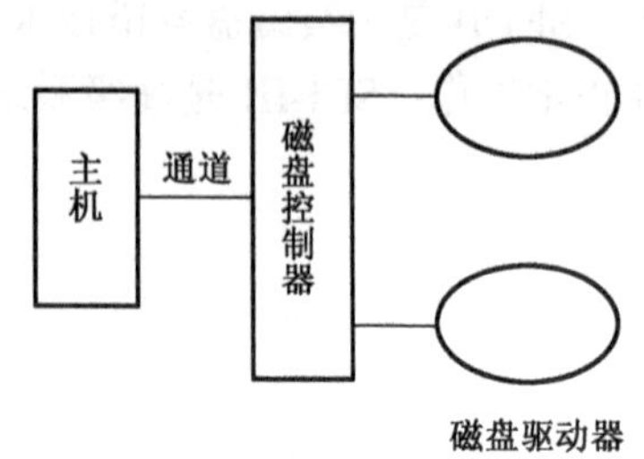

图 7-18　磁盘镜像示意图

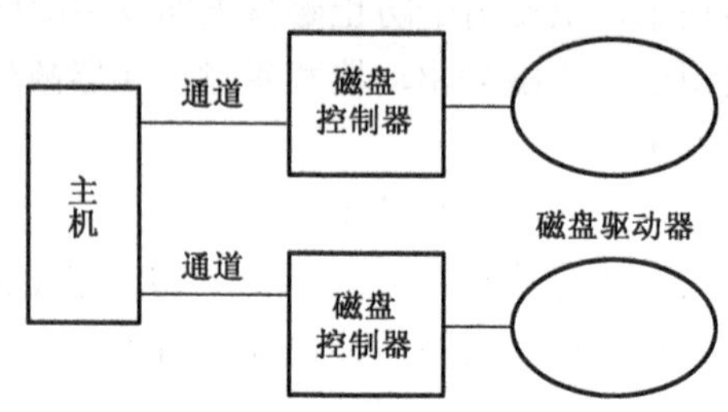

图 7-19　磁盘双工示意图

磁盘镜像和磁盘双工是经常使用的有效的数据保护手段。但应注意，磁盘镜像和磁盘双工技术都比较复杂，且在磁盘中都可能保存了许多有用的数据，误操作很容易造成数据的丢失，甚至造成硬件的损坏。这两种功能的操作最好交由比较熟练的专业人员去负责。

7.5.3　数据一致性控制

很多文件系统在读取磁盘块进行修改后，会再写回磁盘。如果在修改过的磁盘块全部写回之前系统崩溃，则文件系统有可能会处于不一致状态。如果一些未被写回的块是目录块或者包含空闲表的磁盘块时，这个问题尤为严重。

为了解决文件系统的不一致问题，一些系统会带有一个实用程序以检验文件系统的一致性。系统启动时，特别是崩溃之后重新启动时，可以运行该程序。下面介绍几种常见的一致性检查方法。

1. 重复文件的一致性检查

我们以 UNIX 类型的文件系统为例来说明如何保证重复文件的一致性问题。对于通常的 UNIX 文件目录，其每个目录项中含有一个 ASCII 码的文件名和一个索引结点号，后者指向一个索引结点。当有重复文件时，一个目录项可由一个文件名和若干个索引结点号组成，每个索引结点号都是指向各自的索引结点。图 7-20 示出了 UNIX 类型的目录和具有重复文件的目录。

在有重复文件时，如果一个文件拷贝被修改，则必须同时修改其他几个文件拷贝，以保证各相应文件中数据的一致性。这可采用两种方法来实现：第一种方法是当一个文件被修改后，可查找文件目录，以得到其他几个拷贝的索引结点号，再从这些索引结点中找到各拷贝的物理位置，然后对这些拷贝做同样的修改；第二种方法是为新修改的文件建立几个拷贝，并用新拷贝去取代原来的文件拷贝。

文件名	i 结点
文件 1	17
文件 2	22
文件 3	12
文件 4	84

(a) 不允许有重复文件的目录

文件名	i 结点		
文件 1	17	19	40
文件 2	22	72	91
文件 3	12	30	29
文件 4	84	15	66

(b) 允许有重复文件的目录

图 7-20　UNIX 类型的目录

2. 磁盘块的一致性检查

盘块是用于存储文件的物理空间，这样用来描述盘块使用情况的数据结构就经常被访问。如果正在修改这些数据结构时系统突然发生故障，此时会使盘块数据结构中数据不一致。因此，在每次启动机器时应检查这几个数据结构是否保持了数据的一致性。

为了保证盘块数据结构一致性，可利用软件方法构成一个计数器表，每个盘块对应一个表项，每个表项中包含两个计数器，分别用作空闲盘块号计数器和数据盘块号计数器。计数器表中的表项数目等于盘块数。

在对盘块数据结构进行检查时，应该先将计数器表中的所有表项初始化为 0；然后用 n(假定磁盘有 n 个盘块)个空闲盘块号计数器组成的第一组计数器对空闲盘块的块号进行计数，再用 n 个数据盘块号计数器所组成的第二组计数器对已分配给文件使用的盘块号进行计数。如果情况是正常的，则上述两组计数器中对应的一对计数器中的数据应互补，也就是某个盘块在第一组计数器中的计数值为 1，则在第二组计数器中计数值必为 0，反之亦然。但如果情况并非如此时，说明发生了某种错误。

图 7-21(a)的情况属于正常情况。图 7-21(b)中不是正常情况，对盘块号 7 的计数在两组计数器中都为 0，盘块丢失。当检查到这种情况时，应向系统报告，该错误的影响不大，只是盘块 7 未被利用，其解决的方法也较简单，只需将盘块 7 归入到空闲块中即可。图 7-21(c)表示空闲盘块号重复出现的错误，即盘块号 1 在空闲盘块中出现了两次，其解决方法是从空闲盘块表中删除一个空闲盘块号 1。图 7-21(d)所示的情况是相同的数据盘块号出现了两次(或多次)，这种错误影响较严重，必须立即报告。

3. 链接数的一致性检查

在 UNIX 类型的文件目录中，其每个目录项内都含有一个索引结点号，用于指向该文件的索引结点。对于一个共享文件，其索引结点号会在目录中出现多次。例如，当有 5 个用户(进程)共享某文件时，其索引结点号会在目录中出现 5 次；另一方面，在该共享文件的索引结点中有一个链接计数 count，用来指出共享本文件的用户(进程)数。在正常情况下这两个数据应该一致，否则就会出现数据不一致性差错。

盘块号 计数器组	0	1	2	3	4	5	6	7	8	9	a	b	c	d	e	f
空闲盘块计数组	1	1	0	0	0	1	0	0	1	1	1	0	1	1	1	1
数据盘块计数组	0	0	1	1	1	0	1	1	0	0	0	1	0	0	0	0

(a) 正常情况

盘块号 计数器组	0	1	2	3	4	5	6	7	8	9	a	b	c	d	e	f
空闲盘块计数组	1	1	0	0	0	1	0	0	1	1	1	0	1	1	1	1
数据盘块计数组	0	0	1	1	1	0	1	0	0	0	0	1	0	0	0	0

(b) 盘块丢失

盘块号 计数器组	0	1	2	3	4	5	6	7	8	9	a	b	c	d	e	f
空闲盘块计数组	1	2	0	0	0	1	0	0	1	1	1	0	1	1	1	1
数据盘块计数组	0	0	1	1	1	0	1	1	0	0	0	1	0	0	0	0

(c) 空闲盘块号重复出现

盘块号 计数器组	0	1	2	3	4	5	6	7	8	9	a	b	c	d	e	f
空闲盘块计数组	1	1	0	0	0	1	0	0	1	1	1	0	1	1	1	1
数据盘块计数组	0	0	1	1	1	0	2	1	0	0	0	1	0	0	0	0

(d) 数据盘块重复出现

图 7-21　盘块一致性检查情况

为了检查这种数据不一致性差错，同样要配置一张计数器表，此时应是为每个文件而不是为每个盘块建立一个表项，其中含有该索引结点号的计数值。在进行检查时，从根目录开始查找，每当在目录中遇到该索引结点号时，便在该计数器表中相应文件的表项上加 1。当把所有目录都检查完后，便可将该计数器表中每个表项中的索引结点号计数值与该文件索引结点中的链接计数 count 值加以比较，如果两者一致，表示是正确的；否则，便是产生了链接数据不一致的错误。

如果索引结点中的链接计数 count 值大于计数器表中相应索引结点号的计数值，则即使在所有共享此文件的用户都不再使用此文件时，其 count 值仍不为 0，因而该文件不会被删除。这种错误的后果是使一些已无用户需要的文件仍驻留在磁盘上，浪费了存储空间。当然这种错误的性质并不严重。解决的方法是用计数器表中的正确计数值为 count 重新赋值。

反之，如果出现 count 值小于计数器表中索引结点号计数值的情况时，就有潜在的危险。假如有两个用户共享一个文件，但是 count 值仍为 1，这样，只要其中有一个用户不再需要此文件时，count 值就会减为 0，从而使系统将此文件删除，并释放其索引结点及文件所占用的盘块，导致另一共享此文件的用户所对应的目录项指向了一个空索引结点，最终是使该用户再无法访问此文件。如果该索引结点很快又被分配给其他文件，则又会带来潜在的危险。解决的方法是将 count 值置为正确值。

7.6　典型例题讲解

7.6.1　单项选择题

【例 7.1】文件系统中，文件访问控制信息储存的合理位置是(　　)。

A．文件控制块　　B．文件分配表

C．用户口令表　　D．系统注册表

解析：在文件控制块(FCB)中，通常含有以下三类信息，即文件基本信息、存取控制信息和使用信息。故本题答案是A。

【例7.2】从用户的观点看，操作系统中引入文件系统的目的是(　　)。

A．保护用户数据　　B．实现对文件的按名存取

C．实现虚拟存储　　D．保存用户和系统文档及数据

解析：从系统角度看，文件系统负责对文件的存储空间进行组织、分配，负责文件的存储并对存入文件进行保护、检索。从用户角度看，文件系统根据一定的格式将用户文件存放到文件存储器中适当的地方，当用户需要使用文件时，系统根据用户提供的文件名从文件存储器中找到所需文件。故本题答案是B。

【例7.3】下列文件中属于逻辑结构的文件是(　　)。

A．连续文件　　B．系统文件

C．链接文件　　D．流式文件

解析：逻辑文件有两种：无结构文件(流式文件)和有结构文件。连续文件和链接文件都属于文件的物理结构，而系统文件是按文件用途分类的。故本题答案是D。

【例7.4】目录文件存放的信息是(　　)。

A．某一文件存放的数据信息　　B．某一文件的文件目录

C．该目录中所有数据文件目录　　D．该目录中所有子目录文件和数据文件的目录

解析：目录文件是FCB的有序集合，一个目录中既可能有子目录也可能有数据文件，因此目录文件中存放的是子目录和数据文件的信息。故本题答案是D。

7.6.2　填空题

【例 7.5】文件系统的重要职责之一是管理磁盘空间，相关的两个问题包括________和________。

解析：本题考查文件管理的主要功能之一是如何在外部存储介质上创建文件并分配空间，为删除文件而回收空间以及对空闲空间的管理。磁盘可以随机存取的特性非常适合文件系统的实现，因此磁盘是最常用的文件外部存储介质。这里主要讨论两个问题：一是磁盘空闲空间的分配，二是磁盘空闲空间的有效管理。故本题答案是空闲空间的分配和空闲空间的管理。

【例7.6】采用直接存取法来读写磁盘上的物理记录时，效率最高的是________。

解析：本题考查文件存储方式和文件物理结构的关系。采用直接存取法，对于连续结构的文件，只要知道文件在存储设备上的起始地址(首块号)和文件长度(总块数)，就能很快地进行存取。故本题答案是连续结构的文件。

【例7.7】打开文件的功能是把______从外存复制到内存中，并建立和______之间的联系。

分析：本题考查文件的打开功能。故本题答案是文件目录和文件。

7.6.3　综合题

【例7.8】在某个文件系统中，每个盘块为512字节，文件控制块占64个字节，其中文件名占8个字节。如果索引结点编号占2个字节，对一个存放在磁盘上的包含256个目录项的目录，试比较引入索引结点前后，为找到其中一个文件的FCB，平均启动磁盘的次数。

解析：在引入索引结点前，每个目录项中存放的是对应文件的 FCB，故 256 个目录项的目录总共需要占用 256×64/512=32 个盘块。因此，在该目录中检索到一个文件，平均启动磁盘的次数为(1+32)/2=16.5 次。

在引入索引结点之后，每个目录项目中只需存放文件名和索引结点的编号，因此 256 个目录项的目录总共需要占用 256×(8+2)/512=5 个盘块。因此，找到匹配的目录项平均需要启动(1+5)/2，即 3 次磁盘；而得到索引结点编号后，还需启动磁盘将对应文件的索引结点读入内存，故平均需要启动磁盘 4 次。可见，引入索引结点后，可大大减少启动磁盘的次数，从而有效地提高检索文件的速度。

7.7 本 章 小 结

在本章中，首先介绍了文件、文件系统的基本概念，文件的分类和文件系统模型。文件系统的模型分为三个层次，从下至上分别是对象及其属性、对对象进行操纵和管理的软件集合、文件系统提供给用户的接口。接着介绍了文件的结构和存取方式。文件的逻辑结构包括流式文件和记录式文件，文件的物理结构包括顺序结构、链接结构、索引结构。在文件的存取方式中，常用的存取方式有顺序存取、随即存取和按键存取等。目前目录结构形式有一级目录、二级目录和多级目录，对目录进行查找的方式有线性检索法和哈希(Hash)算法。文件存储空间管理常用位示图法、空闲块表法、空闲块链表法和成组链接法。常见的实现文件共享的方法有五种：绕道法、链接法、基本文件目录、利用符号链实现文件共享、基于索引结点的共享方式。最后介绍了文件的安全和数据一致性控制。

习　　题

一、单项选择题

1. 如果文件系统中有两个文件重名，不应采用(　　)。

   A. 一级目录结构　　B. 树型目录结构

   C. 二级目录结构　　D. A 和 C

2. 树型目录结构的第一级目录称为目录树的(　　)。

   A. 分支节点　　B. 根节点

   C. 叶节点　　D. 终节点

3. 文件系统在创建一个文件时，要为它建立一个(　　)。

   A. 文件控制块　　B. 目录文件

   C. 逻辑结构　　D. 逻辑空间

4. 数据库文件的逻辑结构形式是(　　)。

   A. 字符流式文件　　B. 档案文件

   C. 记录式文件　　D. 只读文件

5. 位示图可用于(　　)。

   A. 磁盘空间的管理　　B. 文件的目录管理

   C. 实现文件的查找　　D. 实现文件的保护

6. 文件系统最基本的目标是按名存取，它主要是通过目录管理功能实现的，文件系统所追求的最重要目标是(　　)。

A. 文件共享　　　　B. 文件保护

C. 提高对文件的存取速度　　　　D. 提高存储空间的利用率

二、填空题

1. 按照文件的存取控制属性分类，可将文件分为________、读/写文件、________三类。

2. 对索引文件的存取首先查找________，然后根据________的地址存取相应的物理块。

3. 常用的文件物理结构有顺序结构、________和________。

4. 在多级目录结构的文件系统中，可以通过________和________进行文件访问。

5. 常用的二级磁盘容错技术包括磁盘镜像和________。

三、综合题

1. 文件系统的模型可分为三层，试说明其每一层所包含的基本内容。

2. 为了快速访问，又易于更新，当数据为以下形式时，应选用何种文件组织方式？

① 不经常更新，经常随机访问；

② 经常更新，经常按一定顺序访问；

③ 经常更新，经常随机访问。

3. 什么是索引文件？为什么要引入多级索引？

4. 对目录管理的主要要求是什么？

5. 目前广泛应用的目录结构有哪些？它有什么优点？

6. 对空闲磁盘空间的管理常采用哪几种分配方式？在UNIX系统中采用何种分配方式？

7. 基于索引节点的文件共享方式有何优点？

第 8 章　操作系统接口

内容提要：

本章主要讲述以下内容：①脱机用户接口；②联机用户接口以及联机命令的分类；③图形化用户界面的历史变迁与组成；④系统调用的概念、类型及其实现。

学习目标：

了解操作系统接口的功能，掌握操作系统接口的概念；理解脱机用户接口的工作原理以及联机用户接口的概念，了解联机命令的分类；了解图形化用户界面的历史变迁，了解图形化用户界面的组成结构；掌握系统调用的基本概念、工作原理与分类，理解系统调用的实现过程。

操作系统是用户与计算机硬件系统之间的接口，用户通过操作系统的帮助，可以快速、有效和安全、可靠地操纵计算机系统中的各类资源，以处理自己的程序。为使用户能方便地使用操作系统，OS 又向用户提供了用户接口和程序接口两种形式。

用户接口由用户向 OS 请求提供特定的服务，而系统则把服务的结果返回给用户。用户接口通常是以“命令”和“系统调用”的形式表现出来的。程序接口是为程序员在编程时使用，通过这个接口，可以实现应用程序与计算机操作系统之间的通信。程序接口也是程序能取得操作系统服务的唯一途径。大部分操作系统的程序接口通常由各种各样的系统调用所组成。

8.1　脱机用户接口

操作系统一个很重要的功能就是为用户提供良好的接口，使用户能够方便、安全、灵活、高效地使用计算机来完成自己的工作。一般来说，用户接口又可进一步分为脱机用户接口和联机用户接口。

本节主要介绍脱机用户接口，联机用户接口的内容将在下一节中介绍。

脱机用户接口是操作系统为批处理作业的用户提供的，故也称为批处理用户接口。脱机用户接口由一组作业控制语言组成，用户利用系统为脱机用户提供的作业控制语言预先写好作业控制卡或作业说明书，将它和作业的程序与数据一起提交给计算机。当该作业运行时，操作系统将逐条按照用户作业说明书的控制语句，自动控制作业的执行。

1. 作业控制语言

作业控制语言(Job Control Language，JCL)是用户用来编制作业控制卡或作业说明书的。对于不同的操作系统，JCL 也各不相同。但其所包含的命令大体是相同的，一般有 I/O 命令、编译命令、操作命令以及条件命令等。

2. 作业控制卡

作业控制卡用于早期批处理系统中。用户把控制作业运行及出错处理的作业控制命令在卡片上穿孔，插入到程序中。程序在执行过程中，读取作业控制卡上的信息，控制作业的运行及出错时的处理。由于作业控制卡使用不方便，且容易出错等原因，现已基本不再使用。

3. 作业说明书

作业说明书是用户使用作业控制语言编写的控制作业运行的程序，它表达了用户对作业的控制意图。

作业说明书主要包括三方面的内容：作业基本描述(用户名、作业名、使用的编程语言、允许的最大处理时间等)，作业控制描述(脱机控制还是联机控制、各作业步的操作顺序、作业不能正常执行的处理等)，资源要求描述(要求内存大小、外设种类和台数、处理器优先级、所需处理时间、所需数据库或实用程序等)。不同于作业控制卡方式，作业说明书是集中输入系统的，它在使用上更加灵活，功能更强一些。作业说明书包含的一般内容如图 8-1 所示。

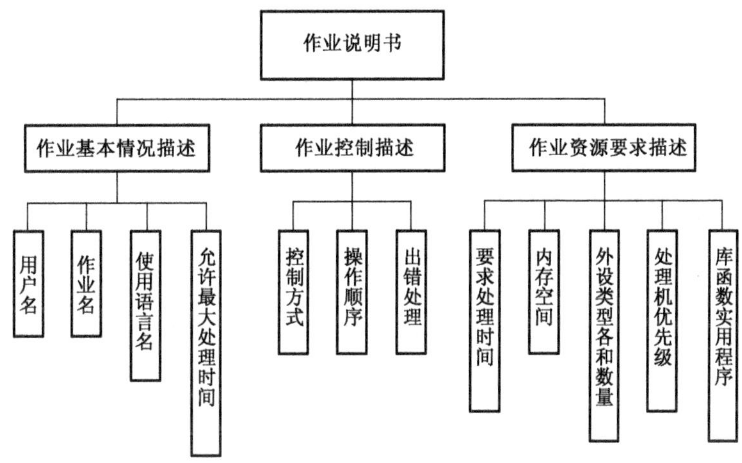

图 8-1 作业说明书的主要内容

通过学习脱机用户接口可知，脱机用户接口不能实现用户与计算机间的交互。

8.2 联机用户接口

联机用户接口是由一组操作系统命令组成、用于联机作业的控制。在分时系统和个人计算机中，操作系统向用户提供了一组联机命令，用户通过终端输入命令取得操作系统的服务，并控制作业运行。不同系统提供的联机用户接口方式不同，但一般可提供命令驱动、菜单驱动和命令文件等几种方式。

8.2.1 联机用户接口

联机用户接口又被称为联机命令接口。不同操作系统的联机命令接口有所不同，这不仅指命令的种类、数量及功能方面，也可能体现在命令的形式、用法等方面。不同的用法和形式构成了不同的用户界面，可分成命令行用户界面和图形化用户界面两种形式。

本小节首先介绍命令行用户界面式的联机用户接口，而图形化用户界面的联机用户接口将在8.3小节进行介绍。

命令行界面(Command Line Interface，CLI)是在图形用户界面得到普及之前使用最为广泛的用户界面，它通常不支持鼠标，用户通过键盘输入指令，计算机接收到指令后，予以执行。

用户在终端键盘上键入的命令被称为命令语言，它是由一组命令动词和参数组成的，以命令行的形式输入并提交给系统。命令语言具有规定的词法、语法、语义和表达形式。该命令语言是以命令为基本单位指示操作系统完成特定的功能。完整的命令集体现了系统提供给用户可使用的全部功能。不同操作系统所提供的命令语言的词法、语法、语义及表达形式是不一样的。命令语言一般又可分成两种方式：命令行方式和批命令方式。

1. 命令行方式

该方式是指以行为单位输入和显示不同的命令。每行长度一般不超过256个字符，命令行的结束通常以回车符为标记。命令的执行是串行、间断的，后一个命令的输入一般需等到前一个命令执行结束，如用户输入的一条命令处理完成后，系统发出新的命令输入提示符，用户才可以继续输入下一条命令。

也有许多操作系统提供了命令的并行执行方式，例如一条命令的执行需要耗费较长时间，并且用户也不急需其结果时(即两条命令执行是不相关的)，则可以在一个命令的结尾输入特定的标记，将该命令作为后台命令处理，用户接着即可继续输入下一条命令，系统便可对两条命令进行并行处理。

简单命令的一般形式为：

Command arg1 arg2 … argn

其中，Command是命令名，又称命令动词，其余为该命令所带的执行参数，有些命令可以没有参数。

2. 批命令方式

在操作命令的实际使用过程中，经常遇到需要对多条命令的连续使用，或若干条命令的重复使用，或对不同命令进行选择性使用的情况。如果用户每次都采用命令行方式，将命令一条条由键盘输入，既浪费时间，又容易出错。因此，操作系统都支持一种称为批命令的特别命令方式，允许用户预先把一系列命令组织在一种称为批命令文件的文件中，一次建立，多次执行。使用这种方式可减少用户输入命令的次数，既节省了时间和减少了出错概率，又方便了用户。通常批命令文件都有特殊的文件扩展名，如MS-DOS系统的.BAT文件。

同时，操作系统还提供了一套控制子命令，增强对命令文件使用的支持。用户可以使用这些子命令和形式参数书写批命令文件，使得这样的批命令文件可以执行不同的命令序列，从而增强了命令接口的处理能力。如UNIX和Linux中的Shell不仅是一种交互型命令解释程序，也是一种命令级程序设计语言解释系统，它允许用户使用Shell简单命令、位置参数和控制流语句编制形成参数的批命令文件，称为Shell文件或Shell过程，Shell可以自动解释和执行该文件或过程中的命令。

通常认为，命令行界面没有图形用户界面那么方便用户操作。因为，命令行界面的软件通常需要用户记忆操作的命令。但是，由于其本身的特点，命令行界面要较图形用户界面节约计算机系统的资源。在熟记命令的前提下，使用命令行界面往往要较使用图形用户界面的操作速度要快。所以，在现在的图形用户界面的操作系统中，通常都保留着可选的命令行界面。

现在许多计算机系统都提供了图形化的操作方式，但是却都没有因而停止提供文字模式的命令行操作方式，相反，许多系统反而更加强这部份的功能，例如Windows就在加强操作命令的功能和数量的同时，也在不断改善 Shell Programming 的方式。而之所以要加强和完善，自然是因为不够好。操作系统的图形化操作方式对单一客户端计算机的操作，已经相当方便，但如果是一群客户端计算机，或者是 24 小时运作的服务器计算机，图形化操作方式有时就会力有未逮，所以需要不断增强命令行接口的脚本语言和宏语言来提供丰富的控制与自动化的系统管理能力，例如 Linux 系统的Bash或是 Windows 系统的Windows PowerShell。

8.2.2 联机命令的分类

为了使用联机命令接口，以实现用户与机器的交互，用户可以通过键盘输入需要的命令，由中断处理程序接收该命令，并把它显示在终端屏幕上。当一条命令输入完成后，由命令解释程序对命令进行分析，然后执行相应的命令处理程序。可见，联机命令接口应该包含：

(1) 一组联机命令：大多数命令都是通过运行某一个特定的程序来完成的。用户输入一条命令的时候还需要提供若干个参数，例如 dir/p/w 等。

(2) 终端处理程序：配置在终端上的处理程序，主要用于人机交互。应该具有接收用户输入的字符、字符缓冲、暂存所有接收的字符、回送显示、屏幕编辑、特殊字符处理等功能。

(3) 命令解释程序：通常处于操作系统的最外层，也即是最高层，用户可以直接与其进行交互。该程序的主要功能是先对用户输入的命令进行解释，然后转入相应命令的处理程序去执行。在 MS-DOS 中的命令解释程序是 COMMAND.COM，在 UNIX 中是 Shell。

操作系统提供了几十甚至上百条的联机命令，这些命令的作用就是为了能向用户提供多方面的服务。一般来说，根据命令所完成功能的不同，可以将它们分成以下五种类型：

1. 系统访问类

在单用户微机中，一般没有设置系统访问命令；在多用户系统中，为了保证系统的安全性，通常都设置了系统访问命令，即注册命令 login。用户在每次开始使用终端时，都要用到该命令，使系统能识别该用户。如果某用户需要在多用户系统的终端上上机，都必须先在系统管理员处取得一个合法的注册名和口令。每当用户在使用终端的时候，系统直接调用并在屏幕上显示出如下注册命令：

Login:　　/提示用户输入注册名

当用户输入正确的注册名后，需要按下回车键，随后屏幕上就会显示：

Password:　/提示用户输入自己的口令

用户输入口令时，系统会关闭回送显示，使口令不在屏幕上显示出来。若输入的口令正确并使注册成功时，屏幕上会立即出现系统提示符，表示用户可以开始输入命令。若用户输入的注册名或口令都有错(通常 3 次之内)，系统将会解除与用户的连接。

2. 磁盘操作类

在微机操作系统中，提供了若干条磁盘操作命令。比如：磁盘格式化命令 Format、复制软盘命令 Diskcopy、软盘比较命令 Diskcomp、备份命令 Backup。

3. 文件操作类

所有的操作系统都会提供一组文件操作命令。在微机操作系统中，文件操作命令有显示文件命令 type、拷贝文件命令 copy、文件比较命令 comp、重新命名命令 rename、删除文件命令 erase 等。

4. 目录操作类

目录操作命令包括建立子目录命令 mkdir、显示目录命令 dir、删除子目录命令 rmdir、显示目录结构命令 tree、改变当前目录命令 chdir 等。

5. 其他命令

例如输入输出重定向命令、管道连接命令(把一个命令的输出作为第二个命令的输入，两条以上的命令可以形成一条管道)、过滤命令、批命令等。

8.3 图形化用户界面

图形用户界面或图形用户接口(Graphical User Interface，GUI)是指采用图形方式显示的计算机操作环境用户接口。与早期计算机使用的命令行界面相比，图形界面对于用户来说更为简便易用。GUI 的广泛应用是当今计算机发展的重大成就之一，它极大地方便了非专业用户的使用，人们从此不再需要死记硬背大量的命令，取而代之的是通过窗口、菜单、按键等方式来方便地进行操作。而嵌入式GUI 具有下面几个方面的基本要求：轻型、占用资源少、高性能、高可靠性、便于移植、可配置等特点。

8.3.1 历史变迁

1980 年 Three Rivers 公司推出 Perq 图形工作站。

1981 年 施乐公司推出了 Alto 的继承者 Star，Alto 曾首次使用了窗口设计。

1984 年 苹果公司推出 Macintosh。

1986 年 首款用于 UNIX 的窗口系统 X Window System 发布。

1988 年 IBM 发布 OS/2 1.10 标准版演示管理器(Presentation Manager)，这是第一种支持Intel计算机的稳定的图形界面。

1992 年 微软公司发布 Windows 3.1，增加了多媒体支持。

1995 年 微软的 Windows 95 发布，其视窗操作系统的外观基本定型。

1996 年 微软发布 Bob，此软件具有动画助手和有趣的图片。

1996 年 IBM 发布 OS/2 Warp 4，它的交互界面得到显著改善，至今仍有不少 ATM 机运行这样的系统。

1997 年 KDE 和 GNOME 两大开源桌面项目启动。

1997 年 苹果公司发布 MAC OS 8，这个系统具有三维外观并提供了 SpringLoaded Folder 功能。

2000 年 苹果公司漂亮的 Aqua，也就是 Mac OS X 系统的默认外观，可以让用户更轻松地使用计算机。

2001 年 微软发布 Windows XP，实现桌面功能的整合。

2003 年 Mac OS X v10.3 提供了一键单击访问任何已打开窗口的功能。

2003 年 Sun 公司的 Java桌面系统为 GNOME桌面添加了和 Mac 类似的效果。

2006 年 微软发布 Windows Vista，对此前其视窗操作系统的外观作了较大的修改。

2012 年秋季 Microsoft 公司发布了 Windows 8 操作系统，对计算机的系统作了极大的改进。

2012 年 7 月 25 日，苹果正式发售了新一代操作系统 OS X Mountain(山狮)，版本号为 10.8，通过全新的信息app，用户可以向使用另一台Mac、iPhone、iPad 或iPod touch的任何人发送文本、照片、视频、通讯录、网络链接和文档，甚至可以在一部设备上发起对话，而在另一部设备上继续进行对话。

8.3.2 图形化用户界面的组成

1. 桌面

桌面在启动时显示，也是界面中最底层，有时也指代包括窗口、文件浏览器在内的“桌面环境”。在桌面上由于可以重叠显示窗口，因此可以实现多任务化。一般的界面中，桌面上放有各种应用程序和数据的图标，用户可以依此开始工作。桌面与既存的文件夹构成相违背，所以要以特殊位置文件夹的参照形式来定义内容。比如在微软公司的 Windows XP 系统中，各种用户的桌面内容实际保存在系统盘(默认为 C 盘) “C:\ Documents and Settings \ [用户名] \ 桌面” 的文件夹里。

2. 墙纸

墙纸即桌面背景。可以设置为各种图片和各种附件，成为视觉美观的重要因素之一。

3. 视窗

视窗是应用程序为使用数据而在图形用户界面中设置的基本单元。应用程序和数据在窗口内实现一体化。用户可以在窗口中操作应用程序，进行数据的管理、生成和编辑。通常在窗口四周设有菜单、图标，数据放在中央。

在窗口中，根据各种数据/应用程序的内容设有标题栏，一般放在窗口的最上方，并在其中设有最大化、最小化(隐藏窗口，并非消除数据)、最前面、缩进(仅显示标题栏)等动作按钮，可以简单地对窗口进行操作。

4. 菜单

菜单是指将系统可以执行的命令以阶层的方式显示出来的一个界面。一般置于画面的最上方或者最下方，应用程序能使用的所有命令几乎全部都能放入。重要程度一般是从左到右，越往右重要度越低。命令的层次根据应用程序的不同而不同，一般重视文件的操作、编辑功能，因此放在最左边，然后往右有各种设置等操作，最右边往往设有帮助。一般使用鼠标的第一按钮进行操作。

5. 即时菜单

与应用程序准备好的层次菜单不同，在菜单栏以外的地方，通过鼠标的第二按钮调出的菜单称为“即时菜单”。根据调出位置的不同，菜单内容即时变化，列出所指示的对象目前可以进行的操作。

6. 图标

图标显示在管理数据的应用程序中的数据，或者显示应用程序本身。数据管理程序是指在文件夹中用户数据的管理。在进行特定数据管理程序的情况下，数据通过图标显示出来。通常情况下显示的是数据的内容或者与数据相关联的应用程序的图案。另外，单击数据的图标，一般可以完成启动相关应用程序、显示数据这两个步骤的工作。应用程序的图标只能用于启动应用程序。

7. 按钮

菜单中，使用程度高的命令用图形表示出来，配置在应用程序中，成为按钮。应用程序中的按钮通常可以代替菜单。一些使用程度高的命令，不必通过菜单一层层翻动才能调出，极大提高了工作效率。但是，各种用户使用的命令频率是不一样的，因此这种配置一般都是可以由用户自定义编辑。

8. 其他

1）回收站

为了实现文件删除的“假安全”功能而设置了“回收站”(垃圾桶)功能。在文件删除的时候，暂时将其移动到系统特定的地方，一旦用户发现删除错误，还可以将其找回，从而实现防止错误删除的目的。在麦金塔系统中，垃圾桶不仅可以删除文件，还可以进行各种各样对象的删除功能，如将可移动硬盘从系统中移出，将光盘从光驱中取出等等。

2）应用程序启动器

从图形界面上启动应用程序有很多方式，有好几种操作系统都采用菜单形式的程序启动器。NEXTSTEP 和 Mac OS X 中有一种称为 Dock 的操作面板型的工具，可以存放各种文件和应用程序的信息，并通过鼠标单击将其调出。

3）图形用户界面的任务管理

在图形用户界面中，用户操作是以窗口为单位的。除了 MDI 和 Mac OS 以外，大多都是“窗口数量=任务数量”。因此在看整体界面的时候，怎样进行任务管理是很重要的。Windows 等操作系统中，最常用的方式是在桌面上设置一个棒状的“任务栏”，放置各种窗口的图标和标题，确保系统的可操作性和可视性，方便对窗口进行管理。其他的方法包括：在桌面上的菜单中添加各个窗口管理菜单，在桌面上显示任务的图标，用虚拟桌面的方式增加桌面的数量等等。在 Mac OS X 系统中使用 Dock 进行任务管理，但是还有Expose 进行窗口一览显示模式的功能。

4）指针设备的操作

图形用户界面的基本操作是，用指针设备(一般是鼠标)进行指示操作，然后使用设备上的按钮(通常为两到三个)进行动作的激活。因此“位置”和“指示”都非常明了，从而实现可视操作。

指示的内容根据位置而不同。在数据管理应用程序中，第一按钮进行指针所在位置数据的选择，而两次连续按钮(所谓“双击”)可以调出预制的应用程序开始处理数据。第二按钮通常用来显示即时菜单。第二按钮调出的菜单可以再用第一按钮进行选择操作。第三按钮在 X Window System 中比较常用。

另外，最近四键、五键鼠标相继问世，各个按钮可以在操作系统中进行动作定义。

5）图形用户界面与键盘

和命令用户界面一样，键盘在图形用户界面仍是一个重要的设备。键盘不仅可以输入数据的内容，而且可以通过各种预先设置的“快捷键”等键盘组合进行命令操作，达到和菜单操作一样的效果，并极大地提高工作效率。

6）图形用户界面与各种设备

除了上述的设备以外，手写板等操作，特别是在图像数据操作中也扮演着重要的角色。

7）触摸屏图形用户界面

现在还有很多用户界面，直接用手指或者特殊的笔端触摸触摸屏上显示的按钮、图标进行各种操作，已经非常普及，如自动取款机 ATM、汽车导航、媒体播放器、游戏机等，一般操作简捷、直观。苹果公司的 iPhone 手机还有装有多手指操作系统。

采用图形用户界面的操作系统/应用程序有 Smalltalk、Mac OS、NEXTSTEP、Mac OS X、Microsoft Windows、X Window System（类 UNIXOS、Linux）、BTRON、TownsOS、MSX-View、SX-Window、BeOS、Newton OS、Zaurus OS、Palm OS 等。

8.4 系统调用

程序接口是操作系统为用户程序设置的，也是用户程序取得操作系统服务的唯一途径。程序接口通常是由各种类型的系统调用所组成的，因此可以认为，系统调用提供了用户程序和操作系统之间的接口，应用程序通过系统调用实现其与操作系统的通信，并取得相应的服务。

8.4.1 系统调用概述

系统调用是操作系统内核和用户态运行程序之间的接口。系统中的各种资源都是由操作系统管理和控制。所以在操作系统的外层软件或用户自编程序中，凡是与资源有关的操作（如分配主存、进行 I/O 传输及管理文件等）都必须通过某种方式向操作系统提出服务请求，并由操作系统代为完成。操作系统要方便用户使用计算机，还要提供与进程相关的系统服务。一般来说，操作系统还会为用户提供一些另外的服务（如提供时间、日期、当前系统的某些状态等）。

操作系统的核心一般都设置了一组用于实现各种系统功能的子程序（过程），并将它们提供给应用程序调用。由于这些程序或过程是操作系统本身程序模块中的一部分，为了保护操作系统程序不被用户程序破坏，通常不允许用户程序访问操作系统的程序和数据，也不允许应用程序采用一般的过程调用方式来直接调用这些过程。因此，操作系统必须提供某种形式的接口，以便让外层软件通过这种接口使用系统提供的各种功能。人们称这种接口为系统调用。

计算机系统中一般运行着两类程序：系统程序和应用程序。为了保证系统程序不被应用程序有意或无意地破坏，为计算机设置了两种状态：系统态（也称为核心态）和用户态（也称为目态）。操作系统在系统态运行，而应用程序只能在用户态运行。在实际运行过程中，处理机在系统态和用户态之间切换。现代大部分操作系统将 CPU 的指令集分为特权指令和非特权指令两类。

1. 特权指令

所谓特权指令，就是在系统态时运行的指令，是关系到系统全局的指令。其对内存空间的访问范围基本不受限制，不仅能访问用户存储空间，也能访问系统存储空间，如启动各种外部设备、设置系统时钟时间、关中断、清主存、修改存储器管理寄存器、执行停机指令、转换执行状态灯。特权指令只允许操作系统使用，不允许应用程序使用，否则会引起系统混乱。

2. 非特权指令

非特权指令是在用户态时运行的指令。一般应用程序所使用的都是非特权指令，它只能完成一般性的操作和任务，不能对系统中的硬件和软件直接进行访问，其对内存的访问范围也局限于用户控件。因此，可以有效防止应用程序的运行异常对系统造成的破坏。

图 8-2 表示了 UNIX 系统中的系统程序、库函数以及系统调用的分层关系。

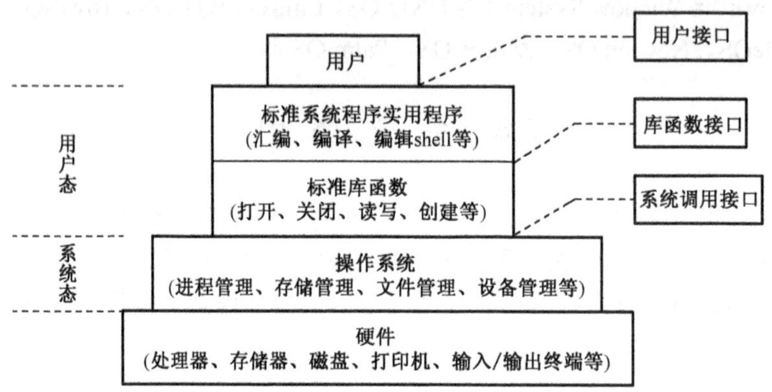

图 8-2 UNIX 系统中的系统程序、库函数以及系统调用的分层关系

系统调用在本质上是应用程序请求操作系统内核完成某种功能时的一种过程调用，但它是一种特殊的过程调用，它与一般的过程调用有下述几方面的明显差别：

(1) 运行在不同的系统状态。一般的过程调用，其调用程序和被调用程序都运行在相同的状态，即系统态或用户态；而系统调用与一般调用的最大区别就在于：调用程序是运行在用户态，而被调用程序是运行在系统态。

(2) 状态的转换通过软中断进入。由于一般的过程调用并不涉及系统状态的转换，可直接由调用过程转向被调用过程。但在运行系统调用时，由于调用和被调用过程是工作在不同的系统状态，因此不允许由调用过程直接转向被调用过程。通常都是通过软中断机制，先由用户态转换为系统态，经核心分析后，才能转向相应的系统调用处理子程序。

(3) 返回问题。在采用了抢占式(剥夺)调度方式的系统中，在被调用过程执行完后，要对系统中所有要求运行的进程做优先权分析。当调用进程仍具有最高优先级时，才返回到调用进程继续进行；否则，将引起重新调度，以便让优先权最高的进程优先执行。此时，将把调用进程放入就绪队列。

(4) 嵌套调用。像一般过程一样，系统调用也可以嵌套进行，即在一个被调用过程的执行期间，还可以利用系统调用命令去调用另一个系统调用。当然，每个系统对嵌套调用的深度都有一定的限制，例如最大深度为 6。但一般的过程对嵌套的深度则没有什么限制。图 8-3 表示没有嵌套及有嵌套的两种系统调用情况。

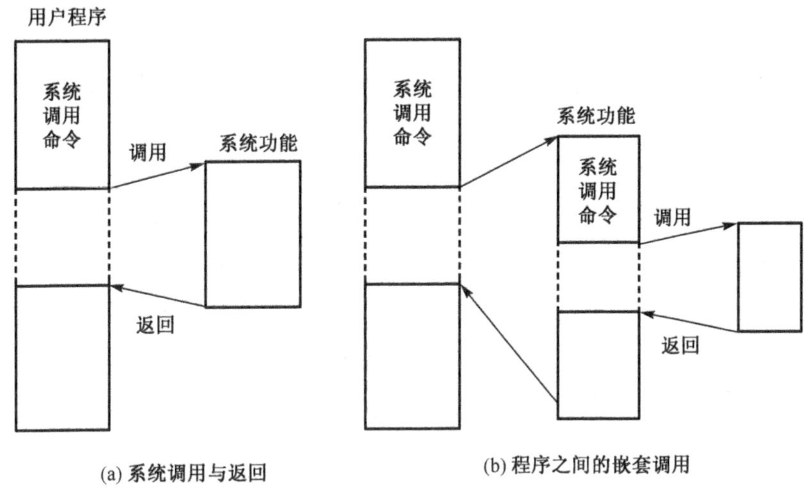

图 8-3 系统功能的调用

8.4.2 系统调用的类型

操作系统提供的系统调用很多，从功能上大致可分为六类。

1. 进程控制类系统调用

(1) 创建和终止进程的系统调用。
(2) 获得和设置进程属性的系统调用。
(3) 等待某事件出现的系统调用。

2. 文件操纵类系统调用

(1) 创建和删除文件。
(2) 打开和关闭文件。
(3) 读和写文件。

3. 进程通信类系统调用

在操作系统中经常采用三种进程通信方式，即信息传递方式、管道通信和共享存储区方式。当系统中采用消息传递方式时，在通信前必须先打开一个连接。因此，应用源进程发出一条打开连接的系统调用 open connection，而目标进程则应利用接受连接的系统调用 accept connection 表示同意进行通信；之后，在源和目标进程之间便可开始通信。可以利用发送消息的系统调用 send message 或者用接收消息的系统调用 receive message 来交换信息。通信结束后，还须再利用关闭连接的系统调用 close connection 结束通信。

4. 设备管理系统调用

申请设备、释放设备、设备 I/O 和重定向、获得和设置设备属性、逻辑上连接和释放设备。

5. 内存管理系统调用

申请内存和释放内存；虚拟存储器的管理。

6. 信息维护系统调用

建立和断开通信连接、发送和接收信息、传送状态信息、连接和断开远程设备。

8.4.3 系统调用的实现

系统调用的实现与一般过程调用的实现相比，两者有很大的区别。对于系统调用，控制是由原来的用户态转换为系统态，这是借助于中断和陷入机制来完成的，在该机制中包括中断和陷入硬件机构及中断与陷入处理程序两部分。当应用程序使用操作系统的系统调用时，产生一条相应的指令，CPU 在执行这条指令时发生中断，并将有关信号送给中断和陷入硬件机构，该机构收到信号后，启动相关的中断与陷入处理程序进行处理，实现该系统调用所需要的功能。

在操作系统中，实现系统调用功能的机制称陷入或异常处理机制，由于系统调用而引起处理器中断的机器指令称为访管指令(supervisor)、陷入指令(trap)或异常中断指令(interrupt)。在操作系统中，每个系统调用都事先规定了编号，称为功能号，在访管或陷入指令中必须指明对应系统调用的功能号，在大多数情况下，还附带有传递给内部处理程序的参数。

系统调用的实现有以下几点：一是编写系统调用处理程序；二是设计一张系统调用入口地址表，每个入口地址都指向一个系统调用的处理程序，有的系统还包含系统调用自带参数的个数；三是陷入处理机制，需开辟现场保护区，以保存发生系统调用时的处理器现场。系统调用的处理过程如图 8-4 所示。

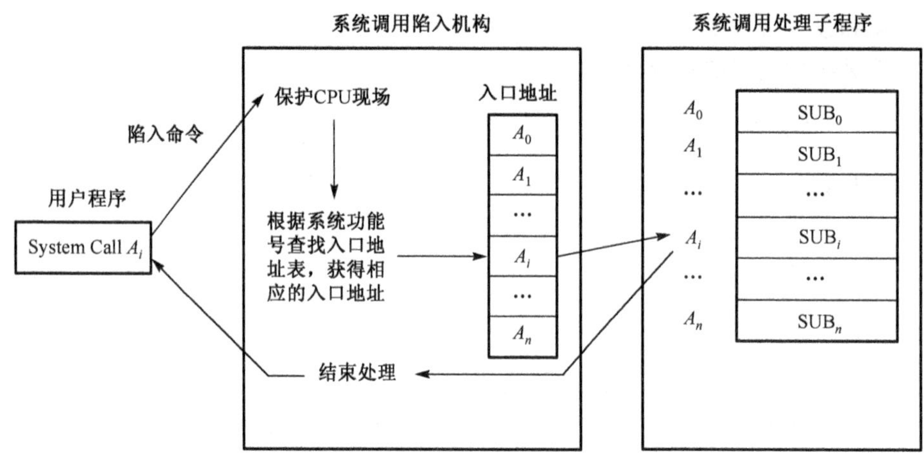

图 8-4　系统调用的处理过程

参数传递是系统调用中应处理好的问题，不同的系统调用需传递给系统调用处理程序不同的参数。反之，系统调用执行的结果也要以参数形式返回给用户程序。实现用户程序和系统调用之间的参数传递可采用以下方法：一是访管指令或陷入指令自带参数，可以规定指令之后的若干单元存放的是参数，这叫直接参数；或者在指令之后紧靠的单元中存放参数的地址，这叫间接参数，由间接地址再指出参数的存放区。二是通过 CPU 的通用寄存器传递参数，这种方法不宜传递大量参数。改进的方法是在内存的一个区或表中存放参数，其首地址送入寄存器，实现参数传递。三是在内存中开辟专用堆栈区域传递参数。

8.5 典型例题讲解

8.5.1 单项选择题

【例 8.1】系统调用的目的是(　　)。

A．请求系统服务　　B．终止系统服务

C．申请系统资源　　D．释放系统资源

解析：程序接口是操作系统为用户程序设置的，也是用户程序取得操作系统服务的唯一途径。程序接口通常是由各种类型的系统调用所组成的，因此可以认为，系统调用提供了用户程序和操作系统之间的接口，应用程序通过系统调用实现其与操作系统的通信，并取得相应的服务。故本题答案是 A。

【例 8.2】特权指令可以在(　　)执行。

A．系统态　　B．用户态

C．浏览器中　　D．应用程序中

解析：所谓特权指令，就是在系统态时运行的指令，是关系到系统全局的指令。特权指令只允许操作系统使用，不允许应用程序使用，否则会引起系统混乱。非特权指令是在用户态时运行的指令。一般应用程序所使用的都是非特权指令。故本题答案为 A。

【例 8.3】程序接口通常是由各种类型的(　　)所组成的。

A．进程　　B．外部设备

C．作业调度算法　　D．系统调用

解析：程序接口是操作系统为用户程序设置的，也是用户程序取得操作系统服务的唯一途径。程序接口通常是由各种类型的系统调用所组成的，因此可以认为，系统调用提供了用户程序和操作系统之间的接口，应用程序通过系统调用实现其与操作系统的通信，并取得相应的服务。故本题答案是 D。

8.5.2 填空题

【例 8.4】按命令接口对作业控制方式的不同，可以将命令接口分为________和________。

解析：按命令接口对作业控制方式的不同可将命令接口分为联机命令接口和脱机命令接口。故本题答案为：联机命令接口、脱机命令接口。

【例 8.5】一般来说，不同的用法和形式构成了不同的用户界面，通常可分成________和________两种。

解析：不同操作系统的联机命令接口有所不同，这不仅指命令的种类、数量及功能方面，也可能体现在命令的形式、用法等方面。不同的用法和形式构成了不同的用户界面，可分成命令行用户界面和图形化用户界面。故本题答案为：命令行用户界面、图形化用户界面。

【例 8.6】操作系统在________态运行，而应用程序只能在________态运行。

解析：计算机系统中一般运行着两类程序：系统程序和应用程序。为了保证系统程序不被应用程序有意或无意地破坏，为计算机设置了两种状态：系统态(也称为核心态)和用户态(也称为目态)。操作系统在系统态运行，而应用程序只能在用户态运行。故本题答案为：系统、用户。

8.5.3 综合题

【例 8.7】系统调用与一般用户函数调用的区别？

解析：系统调用执行的程序在操作系统中，在系统态执行；一般用户函数调用程序由用户准备，在用户态执行。

【例 8.8】什么是命令行界面 CLI 和命令语言？

解析：命令行界面 CLI 是在图形用户界面得到普及之前使用最为广泛的用户界面，它通常不支持鼠标，用户通过键盘输入指令，计算机接收到指令后，予以执行。

用户在终端键盘上键入的命令被称为命令语言，它是由一组命令动词和参数组成的，以命令行的形式输入并提交给系统。命令语言具有规定的词法、语法、语义和表达形式。该命令语言是以命令为基本单位指示操作系统完成特定的功能。

【例 8.9】可以说命令行界面没有图形用户界面使用方便吗？

解析：通常认为，命令行界面没有图形用户界面那么方便用户操作。因为，命令行界面的软件通常需要用户记忆操作的命令，但是，由于其本身的特点，命令行界面要较图形用户界面节约计算机系统的资源。在熟记命令的前提下，使用命令行界面往往要较使用图形用户界面的操作速度要快。所以，在现在的图形用户界面的操作系统中，通常都保留着可选的命令行界面。两者各有特点，不可以单纯地认为哪个使用更方便。

【例 8.10】系统调用都有哪几种类型？

解析：操作系统提供的系统调用很多，从功能上大致可分为六类：进程控制类系统调用、文件操纵类系统调用、进程通信类系统调用、设备管理系统调用、内存管理系统调用和信息维护系统调用。

8.6 本 章 小 结

在本章中，首先介绍了脱机用户接口的概念。所谓脱机用户接口，就是操作系统为批处理作业用户提供的接口。脱机用户接口由一组作业控制语言 JCL 组成，用户利用系统为脱机用户提供的作业控制语言预先写好作业控制卡或作业说明书，将它和作业的程序与数据一起提交给计算机，当该作业运行时，操作系统将逐条按照用户作业说明书的控制语句，自动控制作业的执行。

其次介绍了联机用户接口及其分类。联机用户接口是由一组操作系统命令组成，用于联机作业的控制。在分时系统和个人计算机中，操作系统向用户提供了一组联机命令，用户通过终端输入命令取得操作系统的服务，并控制自己作业的运行。不同的系统提供的联机用户接口方式不同，但一般可提供命令驱动、菜单驱动和命令文件等几种方式。

本章还介绍了图形化用户界面的组成结构与历史变迁。图形用户界面或图形用户接口是指采用图形方式显示的计算机操作环境用户接口。与早期计算机使用的命令行界面相比，图形界面对于用户来说更为简便易用。

最后重点阐述了系统调用的概念、类型与系统调用的实现。程序接口是操作系统为用户程序设置的，也是用户程序取得操作系统服务的唯一途径。程序接口通常是由各种类型的系统调用所组成的，因此可以认为，系统调用提供了用户程序和操作系统之间的接口，应用程序通过系统调用实现其与操作系统的通信，并取得相应的服务。

习　题

一、单项选择题

1. 操作系统向用户提供了用户接口和(　　)两类接口。

   A. 软件接口　　B. 硬件接口

   C. 通信接口　　D. 程序接口

2. 命令语言一般可分成两种方式：命令行方式和(　　)。

   A. 图形界面方式　　B. 程序控制方式

   C. 编译方式　　D. 批命令方式

3. 下列不是文件操纵类系统调用功能的是(　　)。

   A. 发送和接收文件　　B. 创建和删除文件

   C. 打开和关闭文件　　D. 读和写文件

4. (　　)用户接口可以实现用户与计算机的交互。

   A. 网络　　B. 联机

   C. 脱机　　D. 批处理

二、填空题

1. 现代多数操作系统将 CPU 的指令集分为________和________两类。

2. 操作系统的系统调用种类有很多，从功能上大致可分为六类。它们分别是________、________、________、________、________、________。

3. ________用户接口不能实现用户与计算机之间的交互。

4. 用户可以使用________命令来对自己的作业进行控制。

三、综合题

1. 操作系统用户接口中包括哪几种接口？它们分别适用于哪种情况？

2. 联机命令接口由哪几部分组成？

3. 试说明系统调用的处理步骤。

4. 系统调用有哪几种类型？

5. 说明一般的过程调用与系统调用的区别。

6. 联机命令通常有哪几种类型？每种类型中包括哪些主要命令？

第 9 章　常用操作系统简介

内容提要:

本章主要讲述以下内容：①DOS 操作系统的发展历史，主要功能与构成，MS-DOS 的特点，常用的 DOS 命令；②Windows 操作系统概况及其家族特点；③UNIX 操作系统的发展与历史，UNIX 操作系统的特点；④自由软件与 Linux 操作系统的发展、架构与特点。

学习目标:

了解 DOS 操作系统的发展，理解 DOS 的主要功能与构成，了解 MS-DOS 的特点以及一些常用 DOS 命令；了解 Windows 操作系统概况，理解 Windows 操作系统家族的特点；了解 UNIX 的发展与历史，理解 UNIX 操作系统的特点；掌握自由软件的概念，了解 Linux 操作系统的发展，理解 Linux 的系统架构及其特点。

目前最常用的操作系统是 Windows、UNIX 以及 Linux 几大类。其他比较常用的操作系统还有 Mac OS、NetWare、zOS(OS/390)、OS/400、OS/2 等。在 20 世纪 80 年代和 90 年代初，DOS 曾经是最常用的操作系统之一，此后 Windows 系列操作系统一直稳稳地占据着个人用户市场。本章将分别对这些常用操作系统进行详细讲解。

9.1　DOS 操作系统

磁盘操作系统英文简称是 DOS，全称是 Disk Operating System。它是个人计算机上的一种操作系统附加继承下来操作系统的载体。从 1981 年 MS-DOS 1.0 直到 1995 年 MS-DOS 7.1 的 15 年间，DOS 作为微软公司在个人计算机上使用的一个操作系统载体，推出了多个版本。DOS 在 IBM PC 兼容机市场中占有举足轻重的地位，它可以直接操纵管理硬盘的文件，以 DOS 的形式运行。它也是一个更久远的操作系统 CP/M 的翻版。DOS 家族包括 MS-DOS、PC-DOS、DR-DOS、Free-DOS、PTS-DOS、ROM-DOS、JM-OS 等，其中以 MS-DOS 最为著名，最自由开放的则是 Free-DOS。

微软图形界面操作系统 Windows 问世以来，DOS 就以一个后台程序的形式出现。用户可以通过单击“运行”并执行 CMD 命令进入运行模式。

9.1.1　DOS 操作系统的发展历史

DOS 是 1985～1995 年的个人计算机上使用的一种主要的操作系统。由于早期的 DOS 系统是由微软公司为 IBM 的个人计算机开发的，称为 MS-DOS，因此后来其他公司生产的与 MS-DOS 兼容的操作系统，也沿用了这个称呼，如 PC-DOS、DR-DOS 等。

1981 年，MS-DOS 1.0 发行，作为 IBM PC 的操作系统进行捆绑发售，支持 16KB 内存及 160KB 的 5 寸软盘。在硬件昂贵、操作系统基本属于随硬件奉送的年代，谁也没能想到，微软公司竟会从这个不起眼的出处开始发迹。

DOS 发展历史和版本情况：

1982 年，支持双面磁盘。

1983 年，MS-DOS 2.0 随 IBM XT 发布，扩展了命令，并开始支持 5MB 硬盘。同年发布的 2.25 对 2.0 版进行了一些 bug 修正。

1984 年，MS-DOS 3.0 增加了对新的 IBM AT 支持，并开始对部分局域网功能提供支持。

1986 年，MS-DOS 3.2 支持了 720KB 的 5 寸软盘。

1987 年，MS-DOS 3.3 支持了 IBM PS/2 设备及 1.44MB 的 3 寸软盘，并支持其他语言的字符集。

1988 年，MS-DOS 4.0 增加了 DOS Shell 操作环境，并且有一些其他增强功能及更新。

1991 年，MS-DOS 5.0 发行，增加了 DOS Shell 功能，增强了内存管理和宏功能。

1993 年，MS-DOS 6.x 增加了很多 GUI 程序，如 Scandisk、Defrag、Msbackup 等，增加了磁盘压缩功能，增强了对 Windows 的支持。

1995 年，MS-DOS 7.0 增加了长文件名支持、LBA 大硬盘支持。这个版本的 DOS 并不是独立发售的，而是在 Windows 95 中内嵌的。之后的 MS-DOS 7.1 全面支持 FAT32 分区、大硬盘、大内存支持等，对四位年份支持解决了千年虫问题。

当年的 DOS 的确是一枝独秀，在 x86 上鲜有竞争者。之后的 Windows 95 敲响了 DOS 的丧钟，那么是不是 DOS 就真的从此沉寂了呢？

许多程序员出于对 Windows 的不满及对 DOS 开发的价值和潜力的深刻认识，继续开发 DOS 软件。由于在 DOS 时代的程序员大多都是些精通系统底层中断和汇编语言、C 语言的高手，有着丰富的开发经验和编程功底，因此他们开发出的 DOS 软件的质量也相当高。为了开发更多的软件并且增加开发的效率，他们设计了一个又一个 DOS 软件的开发工具。虽然 MS-DOS 已经不再继续发展了，但并不意味着整个 DOS 也不再继续发展了。

MS-DOS 的最高版本是 8.0(它可以用来运行 Windows 9x 或 ME)，随后 Microsoft 开始开发基于起源于 OS/2 的 Windows NT 构件的 Windows，才成了独立的操作系统。而除了 MS-DOS 以外，其他的 DOS 也在发展着。仍在不断发展和更新中的 DOS 有 FreeDOS、PTS-DOS、ROM-DOS 等，这些 DOS 的功能都十分强大，往往超过 MS-DOS，而且 FreeDOS 还是完全免费且自由开放(基于 GNU GPL 协议)的。因此，程序员们完全可以为它们开发新的 DOS 软件，而不必依赖于 MS-DOS。

随着“开放源代码运动”的兴起。很多程序员和使用者出于对 Microsoft 的 Windows 横行霸道的不满，离开了 Windows 阵营。取而代之的是兴起了对其他操作系统软件的开发，如 DOS、Linux 等。这使得设计和开发 DOS 软件的人迅速增加，并纷纷组成了开发团体，以开发新的 DOS 和其他非 Windows 的操作系统的软件。由于开发者的增多，原先的 DOS 软件开发器也开始了进一步的更新，而且支持 FAT32 和长文件名。由于 Allegro 等编程库的出现，在 DOS 下实现 MP3 等音乐的播放对他们来说已是轻而易举的了。

以这些软件为代表的 DOS 软件和原来的 DOS 软件，如 DOSAMP、GDS Viewer 等的质量相比有着本质的提高。现在流行的 DJGPP 程序已经实现了在 LFN API 存在的情况下对长文件名的完美支持。总之，这些新的 DOS 软件的整体水平的提高是很显著的。为了挑战 Windows 的界面，程序员们(经常是集体合作)开发了一个又一个仿 Windows 的界面增强程序，著名的有 Seal、Qube、WinDOS 等。还有人开发出了内核为 32 位的 DOS 操作系统，如 FreeDOS 32，事实证明，这些程序的编写水平是很高的。其他的对 USB 的驱动、网卡驱动、DVD-ROM 支持等更是不在话下。

9.1.2 DOS 的主要功能与构成

1. DOS 操作系统的组成

DOS 操作系统由一个引导程序和三个模块组成，它们是：

(1) 引导程序(BOOT RECORD)。

(2) 基本输入/输出系统(BIOS)和输入/输出系统文件(IO.SYS)。

(3) 文件管理系统(MSDOS.SYS)。

(4) 命令处理程序(COMMAND.COM)。

以上四个文件(基本输入/输出系统 BIOS 除外)称为系统文件，包含系统文件的磁盘(可以是软盘，也可以是硬盘)称为系统盘。

1) 引导程序(BOOT RECORD)

引导程序的主要作用是将系统盘上的两个系统文件 IO.SYS 和 MSDOS.SYS 装入内存。

对于软盘，引导程序位于磁盘第 0 面第 0 磁道的第 1 个扇区，共有 512 个字节。

对于硬盘，引导程序位于硬盘的第 0 柱第 0 面的第 1 扇区上。

2) 输入/输出管理模块(BIOS 和 IO.SYS)

基本输入/输出系统 BIOS 驻留在内存 ROM 中，是计算机系统最底层的成分，主要作用是提供标准的设备驱动程序、测试计算机硬件是否正常、引导和加载操作系统。

输入/输出系统文件 IO.SYS 的作用是管理设备，处理输入/输出的各种事项。

3) 文件管理系统(MSDOS.SYS)

MSDOS.SYS 是由一系列 DOS 内部程序组成，主要任务是对文件进行管理，包括文件的建立、删除、检索等。通过文件管理系统，可以使用户方便地对所需的程序和数据信息进行各种操作。

4) 命令处理程序(COMMAND.COM)

命令处理程序由一系列 DOS 内部程序组成，它负责对用户输入的命令进行检查。如果该命令正确就执行它，否则显示出错信息。

以上所介绍的四个系统文件中，除了 COMMAND.COM 之外，另外三个系统文件是隐含文件，在一般情况下，用户不能使用 DIR 命令进行查看，也不能用 DEL 命令将它们删除。

DOS 实际上是一组控制计算机工作的程序，专门用来管理计算机中的各种软、硬件资源，负责监视和控制计算机的全部工作过程。它不仅向用户提供了一整套使用计算机系统的命令和方法，还向用户提供了一套组织和应用磁盘上信息的方法。

2. DOS 的主要功能

1) 执行命令和程序

DOS 能够执行 DOS 命令和运行可执行的程序。在 DOS 环境下(即在 DOS 提示符下)，当用户输入合法命令和文件名后，DOS 就根据文件的存储地址到内存或外存上查找用户所需的程序，并根据用户的要求使 CPU 运行；若未找到所需的文件，则给出出错信息，告诉用户。在这里，DOS 正是扮演了使用者、计算机、应用程序三者之间的“中间人”，这中间人，就是所谓的“接口”。

2）内存管理

分配内存空间，保护内存，使任何一个程序所占的内存空间不遭破坏，同硬件相配合，设置一个最佳的操作环境。

3）设备管理

为用户提供使用各种输入/输出设备（如键盘、磁盘、打印机和显示器等）的操作方法。通过 DOS 可以方便地实现内存与外存之间的数据传送和存取。

4）文件管理

为用户提供一种简便的存取和管理信息的方法。通过 DOS 管理文件目录，为文件分配磁盘管理空间，建立、复制、删除、读/写和检索各类文件等。

5）作业管理

作业是指用户提交给计算机系统的一个独立的计算任务，包括源程序、数据和相关命令。作业管理是对用户提交的诸多作业进行管理，包括作业的组织、控制和调度等。

9.1.3 MS-DOS 的特点

MS-DOS 是 Microsoft 公司为 IBM-PC 系列机开发的一个单用户、单任务 16 位的操作系统。由于有大量成功的应用软件在 MS-DOS 上运行，使其生命力得以延续。

Digital Research 公司曾以它开发的 CP/M-80 操作系统独占 8 位微机市场。但 IBM 公司选定的早期版本 DOS 1.00 及 DOS 1.10，是由 Microsoft 公司将所购买的 8 位机 CP/M 操作系统作了改进，而使该公司掌握着 16 位微机操作系统的大部分市场。

DOS 1.00 及 DOS 1.10 是 8086/8088 的 CP/M 操作系统的扩充版，是 8 位微机用到 16 位微机的 CP/M 操作系统的改进。它的功能简单，不支持硬盘，提供的应用程序也不多。

DOS 2.00 版与 DOS 1.10 版相比在结构上有很大扩充。主要增加的功能是提供了 UNIX 的部分使用界面。在其结构上的重大改进是支持一个或多个固定盘。固定盘能划分分区，每个分区可用不同的操作系统。从 DOS 2.00 开始，DOS 按每个磁道九个扇区格式化软件。磁盘缓冲区是 DOS 启动时保留的一片用户内存区，在执行盘操作时，DOS 2.00 允许用户指定启动系统时保留的缓冲区数目从 1～99 之间选择。如果在内存很大的情况下，设置多个缓冲区，会使程序运行得更快。DOS 2.00 支持树形结构目录，这一新的特征允许用户把同一磁盘上的所有相关的各组文件放在它们自己的目录下面，各个目录彼此隔离。从根目录开始按逻辑顺序看目录时，目录结构就像树形结构一样一目了然。在 DOS 2.00 版上，对系统内部作了修改，是为了能适用于 PC/TR 及 PC PORtable（轻便型）的半高型软盘驱动器特性，而没有增加任何新的命令，仍占有内存 24KB。

1984 年推出 DOS 3.00 版，是为 PC/AT 而开发的，可以支持 IBM PC/AT 所配置的 1.2MB 高密软盘驱动器和 20MB 的大容量硬盘。它还提供了一个虚拟磁盘（Virtual disk），就是利用内存储器模拟的磁盘。系统占用 36KB。外部命令可以加上一个前列字符串，用以描述命令所在的子目录，在内部命令文件分配表上作了重大改变。文件分配表每一项以 16 位二进制数表示而不是以 12 位二进制数表示。因此一个磁盘中最多有 65536 簇，而不是原来的 4096 簇，而簇的大小意味着同一大小的磁盘中，每一个簇可以有较小的空间，这样磁盘的空间使用会更有效。还增加了多用户系统和网络用户所需的文件共享功能。增加了系统功能调用而加强了文件管理能力。

DOS 3.10 版占用内存空间 36KB 不变。主要增加了网络功能，提供了 SUBST、JOIN 命令，如果不使用网络功能，DOS 3.10 版本与 DOS 3.00 版几乎完全相同。

DOS 3.2 版是针对轻便型 PC 而设计的，主要增加了 3.5 英寸 720KB 软盘驱动器功能，另外还增加了 REPLACE、XCOPY 等命令及令牌网络功能和 I/O 控制。

DOS 3.30 版的特点是增加了一些新设备驱动程序和一些外部命令，如 DISPLAY.SYS、APPEND 等，增加了码页的概念，除可用于 PC/XT、AT 长城系列机外，还可用在 IBM PS/2 上。

DOS 4.0 版于 1988 年 6 月推出，随后推出的 4.01 版本可支持全部的 IBM PS/2 家族。

DOS 4.xx 版的特点是支持大的硬盘分区，在 DOS 3.3 之前，磁盘基本 DOS 分区最大容量限制在 33MB 之内，而 DOS4.xx 版本，基本 DOS 分区可大于 33MB，其缓冲区由 99 增到 10000 个，这种变化可以大大改进 DOS 磁盘性能，加快程序运行。扩充的 FASTOPEN 功能，可以极大地改进大的磁盘文件随机存取性能。

从以上可知，除 DOS 3.10 是为增加网络功能的需要外，其他版本的变更主要是为磁盘机的升级而推出的。

9.1.4 常用的 DOS 命令

在 DOS 操作系统下，按照命令的执行方式分类，可以分为内部命令和外部命令两种。如果按照命令所针对的对象，则可以分为磁盘操作命令、文件操作命令、目录操作命令等几种。

1. 内部命令和外部命令

DOS 系统下的命令可以分为两种：内部命令和外部命令。内部命令包含在命令文件 COMMAND.COM 中，它们在启动 DOS 的时候就被装入内存。外部命令存放于外部磁盘上，是独立的可执行文件，在安装 DOS 系统时，默认存放的位置是 C 盘的 DOS 目录下。

内部命令和外部命令的区别还在于：不管当前目录是什么，内部命令都可以直接被调用执行。在执行一个外部命令时，如果命令文件不在当前目录下，并且没有将它所在的目录设置为搜索路径，则必须写清楚它所在的路径。

2. 磁盘操作命令

1）磁盘格式化命令

【格式】FORMAT <驱动器号>[/S] [/1] [/4] [/8/] [/V] [/F:size]

【类型】外部命令。

【功能】对指定的磁盘进行格式化。

【说明】格式化就是给磁盘划分磁道和扇区，使磁盘中的数据格式能够被 DOS 接受。没有经过格式化的磁盘称为白盘，经过格式化的空白磁盘称为空盘，白盘不能直接使用，而空盘可以直接使用。

需要注意的是，格式化后，如果被格式化的磁盘上有文件，那么格式化后磁盘上原有的内容将全部被删除。

FORMAT 命令各项参数的意义如下：

/S：格式化时把 DOS 系统文件复制到被格式化的磁盘上，使它成为可以启动 DOS 的系统盘。

/1：将磁盘格式化为单面的磁盘。

/4：在高密度驱动器上格式化 5.25 英寸 360KB 的软盘。

/8：把磁盘每个磁道划分为 8 个扇区。

/V：为格式化的磁盘指定卷标。

/F:size：size 的值可以是 360(KB)，720(KB)，1.2(MB)，1.44(MB)等，用来指定格式化后磁盘的容量。

举例：将 A 盘格式化成一张系统盘。

C:\ >FORMAT A:　/S ↙（“↙”符号表示按回车键）

需要注意的是，在高密度驱动器上格式化的低密度软盘只能在高密度驱动器上使用，而不能在低密度驱动器上使用；在低密度驱动器上格式化的低密度软盘既可以在高密度驱动器上使用，也可以在低密度驱动器上使用。

2）磁盘复制命令

【格式】DISKCOPY　[源驱动器号] [目标驱动器号]

【类型】外部命令。

【功能】将源磁盘中的文件和目录全部复制到目标磁盘上。

【说明】源盘和目标盘只能是软盘，并且规格必须相同，DISKCOPY 命令不能用于硬盘之间的操作。

举例：在 A 驱动器中，将一张软盘进行复制。

C:\ > DISKCOPY　A: A: ↙

这时系统将提示用户将源盘插入 A 驱动器中，按回车键后，系统会先将源盘上的内容存入内存。接着系统提示用户插入目标盘到 A 驱动器，按回车键后，则源盘中的内容会全部复制到目标盘上。

另外，如果目标盘在操作之前未被格式化，则在执行命令的时候被格式化。

3. 目录操作命令

1）显示文件目录清单命令

【格式】DIR [驱动器号] [路径] [文件名] [/P] [/W]

【类型】内部命令。

【功能】显示指定位置上的文件或目录的相关信息。

【说明】命令中如果不指定驱动器号或路径，则分别默认为当前驱动器或当前目录。

DIR 命令中各项参数的意义是：

/P：分屏显示。当在显示了整屏内容后提示：Press any key to continue…，用户按任意键后，再显示下一屏的内容。

/W：宽式显示。即只显示文件名，而不显示文件的其他信息。在宽式显示方式中，屏幕上的每行显示 5 个文件名或目录名。

2）新建目录命令

【格式】MD[驱动器号][路径]　<子目录名>

【类型】内部命令。

【功能】在指定的路径上新建一个子目录。

【说明】命令中如果不指定驱动器号或路径，则分别默认为当前驱动器或当前目录。

举例：在 C 盘的 TEMP 目录下新建一个子目录，目录名为 WORK。

C:\ >MD　C:\TEMP\WORK ↙

3）改变当前目录命令

【格式】CD [驱动器号] [路径]

【类型】内部命令。

【功能】将当前目录改到指定的目录下。

【说明】在命令中如果驱动器号省略，则表示当前驱动器；如果路径省略，则表示当前目录；如果驱动器号和路径都省略，则显示当前的工作目录。

如果在 DOS 提示符下直接输入盘符然后按回车键，表示将工作目录转移到指定盘的当前目录下。

举例：将当前的工作目录改变到 E 盘的 FILE 子目录下。

C:\ >CD　E:\FILE ↙

4）删除子目录命令

【格式】RD [驱动器号] [路径] <子目录名>

【类型】内部命令。

【功能】删除指定位置下的子目录。

【说明】命令中如果不指定驱动器号或路径，则分别默认为当前驱动器或当前目录。

另外，RD 命令不能删除的目录有根目录、当前目录和非空的子目录。

举例：删除 D 盘的 WWW 目录(该目录下没有任何文件和子目录)。

C:\ >RD　D:\WWW ↙

5）删除文件及目录命令

【格式】DELTREE [驱动器号] [路径] <文件名或目录名>

【类型】外部命令。

【功能】删除指定位置下的所有的文件及子目录。

【说明】命令中如果不指定驱动器号或路径，则分别默认为当前驱动器或当前目录。

举例：删除 D 盘的 WWW 目录(该目录下还有文件和子目录)。

C:\ >DELTREE　D:\WWW ↙

DELTREE 命令可以删除指定目录下及其子目录下的所有文件，包括隐含文件和只读文件，在使用时需要小心。

6）复制文件及目录

【格式】XCOPY　[源驱动器号] [源路径] <源文件名或目录名> [目标驱动器号]

[目录路径] <目标文件名或目录名> [/S]

【类型】外部命令。

【功能】将指定源位置下的所有文件及各级子目录复制到目标位置下。

【说明】如果源驱动器号或目标驱动器号缺省，则默认为当前驱动器；如果源路径或目标路径缺省，则默认为当前目录。

使用参数“/S”表示将指定目录下的所有的文件和各级子目录都进行复制，否则只复制指定目录下的文件，而不复制其子目录下的文件。

举例：将 D 盘的 WWW 目录(该目录下还有文件和子目录)下的所有内容复制到 E 盘的 FILE 目录下。

C:\ >XCOPY　D:\WWW*.*　E:\FILE ↙

4. 文件操作命令

1）显示文本文件内容命令

【格式】TYPE [驱动器号] [路径] <文本文件名>

【类型】内部命令。

【功能】在屏幕上显示指定文本文件的内容。

【说明】命令中如果不指定驱动器号或路径，则分别默认为当前驱动器或当前目录。

TYPE 命令只能显示文本文件的内容。另外，它一次只能显示一个文件的内容，即在命令中不能使用通配符。

举例：显示 E 盘 FILE 目录下的 MY.TXT 文件的内容。

C:\ >TYPE　E:\FILE\MY.TXT ↙

2）文件复制命令

【格式】COPY [源驱动器号] [路径] <源文件名> [目录驱动器号] [路径] <目标文件名>

【类型】内部命令。

【功能】将指定的文件复制到目标位置上。

【说明】命令中如果不指定驱动器号或路径，则分别默认为当前驱动器或当前目录。

与 TYPE 命令不同之处是，在 COPY 命令中，可以使用通配符，把具有某些相同特点的若干文件复制到目标位置上。

举例：将当前目录下所有扩展名为 TXT 的文件复制到 E 盘的 FILE 目录下。

C:\ >COPY　*.TXT　E:\FILE ↙

3）删除文件命令

【格式】DEL [驱动器号] [路径] <文件名>

【类型】内部命令。

【功能】删除指定位置下的指定文件。

【说明】命令中如果不指定驱动器号或路径，则分别默认为当前驱动器或当前目录。

在 DEL 命令中，可以使用通配符“*”或“?”来删除具有某些相同特点的若干个文件。

需要注意的是，DEL 命令不能删除只读文件、隐含文件和系统文件。

举例：将 D 盘 WWW 目录下所有扩展名为.DOC 的文件删除。

C:\ >DEL　D:\WWW*.DOC ↙

9.2　Windows 操作系统

Windows 操作系统是一款由美国微软公司开发的窗口化操作系统。采用了 GUI 图形化操作模式，与命令操作系统如 DOS 等相比更为人性化。Windows 操作系统是目前世界上使用最广泛的操作系统。最新的版本是 Windows 8。

9.2.1　Windows 操作系统概况

Microsoft 公司从 1983 年开始研制 Windows 系统，最初的研制目标是在 MS-DOS 的基础上提供一个多任务的图形用户界面。第一个版本的 Windows 1.0 于 1985 年问世，它是一个具有图形用户界面的系统软件。1987 年推出了 Windows 2.0 版，最明显的变化是采用了相互叠盖的多窗口界面形式。但这一切都没有引起人们的关注。直到 1990 年推出 Windows 3.0 是一个重要的里程碑，它以压倒性的商业成功确定了 Windows 系统在 PC 领域的垄断地位。现今流行的 Windows 窗口界面的基本形式也是从 Windows 3.0 开始基本确定的。1992 年主要针对 Windows 3.0 的缺点推出了 Windows 3.1，为程序开发提供了功能强大的窗口控制能力，使 Windows 和在其环境下运行的应用程序具有了风格统一、操纵灵活、使用简便的用户界面。Windows 3.1 在内存管理上也取得了突破性进展。它使应用程序可以超过常规内存空间限制，不仅支持 16MB 内存寻址，而且在 80386 及以上的硬件配置上通过虚拟存储方式可以支持几倍于实际物理存储器大小的地址空间。Windows 3.1 还提供了一定程度的网络支持、多媒体管理 、超文本形式的联机帮助设施等，对应用程序的开发有很大影响。

在随后的时间里，随着用户人数的不断增长以及用户需求的增多，Windows 操作系统发展迅速，其家族构成以及发布年份如表 9-1 所示。

表 9-1　Windows 家族成员

<table>
<tr><td rowspan="4">早期版本</td><td rowspan="2">For DOS</td><td colspan="2">Windows 1.0（1985）</td><td colspan="2">Windows 2.0（1987）</td><td colspan="2">Windows 2.1（1988）</td></tr>
<tr><td colspan="2">Windows 3.0（1990）</td><td colspan="2">Windows 3.1（1992）</td><td colspan="2">Windows 3.2（1994）</td></tr>
<tr><td rowspan="2">Windows 9x</td><td colspan="2">Windows 95（1995）</td><td colspan="2">Windows 98（1998）</td><td colspan="2">Windows 98 SE（1999）</td></tr>
<tr><td colspan="2">Windows Me（2000）</td><td colspan="2"></td><td colspan="2"></td></tr>
<tr><td rowspan="9">NT 系列</td><td rowspan="2">早期版本</td><td colspan="2">Windows NT 3.1（1993）</td><td colspan="2">Windows NT 3.5（1994）</td><td colspan="2">Windows NT 3.51（1995）</td></tr>
<tr><td colspan="2">Windows NT 4.0（1996）</td><td colspan="2">Windows 2000（2000）</td><td colspan="2"></td></tr>
<tr><td rowspan="2">客户端</td><td colspan="3">windows xp（2001）</td><td colspan="3">Windows Vista（2005）</td></tr>
<tr><td colspan="3">Windows 7（2009）</td><td colspan="3">Windows 8（2011）</td></tr>
<tr><td rowspan="3">服务器</td><td colspan="3">Windows Server 2003（2003）</td><td colspan="3">Windows Server 2008（2008）</td></tr>
<tr><td colspan="3">Windows Home Server（2008）</td><td colspan="3">Windows HPC Server 2008（2010）</td></tr>
<tr><td colspan="3">Windows Small Business Server（2011）</td><td colspan="3">Windows Essential Business Server</td></tr>
<tr><td rowspan="2">特别版本</td><td colspan="3">Windows PE</td><td colspan="3">Windows Azure</td></tr>
<tr><td colspan="3">Windows Fundamentals for Legacy PCs</td><td colspan="3"></td></tr>
<tr><td colspan="2">嵌入式系统</td><td colspan="2">Windows CE</td><td colspan="2">Windows Mobile</td><td colspan="2">Windows Phone（2010）</td></tr>
</table>

下面介绍 Windows XP，以及目前使用较为广泛的 Windows 7 和 Windows 8。

1. Windows XP 概述

Windows XP 是微软公司发布的一款视窗操作系统。它发行于 2001 年 8 月 25 日，原来的名称是 Whistler。微软最初发行了两个版本：家庭版(Home)和专业版(Professional)。家庭版的消费对象是家庭用户，专业版则在家庭版的基础上添加了新的为面向商业的设计的网络认证、双处理器等特性。且家庭版只支持 1 个处理器，专业版则支持 2 个。字母 XP 表示英文单词的“体验”(experience)。

Windows XP 是基于 Windows 2000 代码的产品，同时拥有一个新的用户图形界面(被称为月神 Luna)，它包括了一些细微的修改，其中一些看起来是从 Linux 的桌面环境中获得的灵感。带有用户图形的登录界面就是一个例子。此外，Windows XP 还引入了一个“基于人物”的用户界面，使得工具条可以访问任务的具体细节。

它包括了简化了的 Windows 2000 的用户安全特性，并整合了防火墙，以用来解决长期以来困扰微软的安全问题。

2. Windows 7 概述

Windows 7 是由微软公司开发的操作系统，核心版本号为 Windows NT 6.1。Windows 7 可供家庭及商业工作环境、笔记本电脑、平板电脑、多媒体中心等使用。2009 年 7 月 14 日 Windows 7 RTM（Build 7600.16385）正式上线，2009 年 10 月 22 日微软于美国正式发布 Windows 7。Windows 7 同时也发布了服务器版本——Windows Server 2008 R2。2011 年 2 月 23 日凌晨，微软面向大众用户正式发布了 Windows 7 升级补丁——Windows 7 SP1（Build7601.17514.101119-1850），另外还包括 Windows Server 2008 R2 SP1 升级补丁。

微软在开发 Windows 7 的过程中，始终将性能放在首要的位置。Windows 7 不仅仅在系统启动时间上进行了大幅度的改进，并且连从休眠模式唤醒系统这样的细节也进行了改善，使 Windows 7 成为一款反应更快速、令人感觉清爽的操作系统。Windows 7 具有系统运行更加快速、革命性的工具栏设计、更个性化的桌面、智能化的窗口缩放、无缝的多媒体体验等特点。

3. Windows 8 概述

Windows 8 是由微软公司开发的、具有革命性变化的操作系统。该系统旨在让人们的日常计算机操作更加简单和快捷，为人们提供高效易行的工作环境。Windows 8 支持来自 Intel、AMD 和 ARM 的芯片架构。Windows Phone 8 采用和 Windows 8 相同的 NT 内核并且内置诺基亚地图。2011 年 9 月 14 日，Windows 8 开发者预览版发布，宣布兼容移动终端，微软将苹果的 IOS、谷歌的 Android 视为 Windows 8 在移动领域的主要竞争对手。2012 年 8 月 2 日，微软宣布 Windows 8 开发完成，正式发布 RTM 版本；10 月 25 号正式推出 Windows 8，微软自称触摸革命将开始。

9.2.2 Windows 操作系统家族的特点

Windows 之所以如此流行，是因为它有强大的功能以及系统的易用性。

1. 界面图形化

以前 DOS 的字符界面使得一些用户操作起来十分困难，Mac 首先采用了图形界面和使用鼠标，这就使得人们不必学习太多的操作系统知识，只要会使用鼠标就能进行工作，就连几岁的小孩子都能使用。这就是界面图形化的好处。在 Windows 中的操作可以说是“所见即所得”，所有的东西都摆在用户眼前，只要移动鼠标，单击、双击即可完成。

2. 多用户、多任务

Windows 系统可以使多个用户用同一台计算机而不会互相影响。 Windows 9x 在此方面做得很不好，多用户设置形同虚设，根本起不到作用。Windows 2000 在此方面就做得比较完善，管理员（Administrator）可以添加、删除用户，并设置用户的权利范围。多任务是现在许多操作系统都具备的，这意味着可以同时让计算机执行不同的任务，并且互不干扰。比如一边听歌一边写文章，同时打开数个浏览器窗口进行浏览等都是利用了这一点。这对现在的用户是必不可少的。

3. 网络支持良好

Windows 9x 和 Windows 2000 中内置了 TCP/IP 协议和拨号上网软件，用户只需进行一些简单的设置就能上网浏览、收发电子邮件等。同时它对局域网的支持也很出色，用户可以很方便地在 Windows 中实现资源共享。

4. 出色的多媒体功能

这也是 Windows 吸引人们的一个亮点。在 Windows 中可以进行音频、视频的编辑/播放工作，可以支持高级的显卡、声卡使其“声色俱佳”。MP3 以及 ASF、SWF 等格式的出现使计算机在多媒体方面更加出色，用户可以轻松地播放最流行的音乐或观看影片。

5. 硬件支持良好

Windows 95 以后的版本包括 Windows 2000 都支持即插即用(Plug and Play)技术，这使得新硬件的安装更加简单。用户将相应的硬件和计算机连接好后，只要有其驱动程序 Windows 就能自动识别并进行安装。用户再也不必像在 DOS 中一样去改写 Config.sys 文件，并且有时候需要手动解决中断冲突。几乎所有的硬件设备都有 Windows 下的驱动程序。随着 Windows 的不断升级，它能支持的硬件和相关技术也在不断增加，如 USB 设备、AGP 技术等。

6. 众多的应用程序

在 Windows 下有众多的应用程序可以满足用户各方面的需求。Windows 下有数种编程软件，有无数的程序员在为 Windows 编写着程序。

9.3 UNIX 操作系统

UNIX 系统最初(1969～1970 年)是在小型计算机上开发的，后来不断地向微型机、大、中型机以及多处理机系统领域渗透，并获得巨大成功。尽管 UNIX 系统也遭到 Windows NT 的严峻挑战，但 UNIX 在技术上的成熟程度及其在稳定性和可靠性等方面，均领先于 NT，因而使之在目前仍是唯一能在从微型机到巨型机中的各种硬件平台上稳定运行的多用户、多任务 OS。进入 20 世纪 90 年代后，由于在 UNIX 系统中又增添了一套可有效支持计算机网络和 Internet 的网络软件，因而还可将 UNIX 系统配置在企业网络中作为网络 OS，以提供支持 Internet 和 Intranet 服务。

9.3.1 UNIX 系统的发展与历史

1. UNIX 系统的发展史

UNIX 系统是美国电报电话公司 Bell 实验室的 Dennis Ritchie 和 Ken Thompson 合作设计和实现的。他们在设计时，充分地吸取了以往 OS(其中包括著名的 CTSS 和 MULTICS 系统)设计和实践中的各种成功经验和教训。在 DEC 公司的小型机 PDP-7 上实现并于 1971 年正式移植到 PDP-11 计算机上。

最初 UNIX 版本是用汇编语言编写的。不久，Thompson 用一种较高级的 B 语言重写了该系统。1973 年 Ritchie 又用 C 语言对 UNIX 进行了重写，形成了最早的正式文件 UNIX V5 版本。1976 年正式公开发表了 UNIX V6 版本，还开始向美国各大学及研究机构颁发了使用 UNIX 的许可证，并提供了源代码，以鼓励他们对 UNIX 加以改进，因而又推动了 UNIX 的迅速发展。

1978 年发表了 UNIX V7 版本，它是在 PDP 11/70 上运行的，后来移植到 DEC 公司的 VAX

系列计算机上。1982～1983 年期间，又先后宣布了 UNIX System Ⅲ和 UNIX System Ⅴ；1984 年推出了 UNIX System Ⅴ2.0；1987 年发布了 UNIX System Ⅴ3.0 版本，分别称为 UNIX SVR 2 和 UNIX SVR 3；1989 年宣布了 UNIX SVR 4；1992 年又发表了 UNIX SVR 4.2 版本。

随着微机性能的提高，人们又将 UNIX 移植到微机上。在 1980 年前后，首先是将第 7 版本移植到基于 Motorola 公司的 MC680XX 芯片的微机上，与此同时，Microsoft 公司也同样基于 UNIX 第 7 版本，推出了相当简洁的、用于 Intel8080 微机上的 UNIX 版本，称为 Xenix。1986 年 Microsoft 又发表了 Xenix 系统 V；SCO 公司也公布了 SCO Xenix 系统 V 版本，使 UNIX 可以在 386 微机上运行。

值得说明的是，在 UNIX 进入各大学和研究机构后，他们在第 6 版本和第 7 版本的基础上做了改进，于是又形成了许多 UNIX 版本。其中，最有影响的工作是加州大学 Berkeley 分校做的，他们在原来的 UNIX 中加入了具有请求调页和页面置换功能的虚拟存储器功能，从而在 1978 年形成了 3BSD UNIX 版本，1979 年推出了 4BSD UNIX 版本，1986 年发表了 4.3BSD，1993 年 6 月推出了 4.4BSD UNIX 版本。

2. 两大集团对峙

在 UNIX 系统的发展史上必须说明的是，由于 UNIX 的开放性、发展概念和商业利益等因素，使 UNIX 呈现出“百家争鸣”的盛况，后又进一步形成了两大阵营对峙的局面。此即，由 IBM 和 DEC 等公司于 1988 年 5 月结成了开放软件基金会 OSF 集团，以及由 AT&T、SUN 和 NCR 等公司于同年 12 月结成了 UI 集团。他们分别推出了自己的 UNIX 系统产品。其中，UI 推出的是“SVR 4”，而 OSF 推出的是“OSF/I”。虽然两者都是 UNIX，但它们在系统构架、命令操作以及管理方式上，都有所不同。两者在市场上展开了激烈的竞争。

应当看到，虽然两种 UNIX 系统并存，但在他们之间并不相互兼容，这对用户非常不利。因而，这无疑会影响到 UNIX 对用户的吸引力，加之，随着 Microsoft 公司的迅速崛起， 并以惊人的速度由传统的 PC 市场向工作站和网络市场扩张，迫使 UI 和 OSF 两大集团不得不相互让步、携手言和，从而共同制定了应用程序接口 API(Application Program Interface)标准技术规范，并联合开发共同开放软件环境 COSE(Common Open Software Environment)。

由于 UNIX 这一名字已被 X/Open 用作注册商标，因而其他公司所开发的 UNIX 产品不能再用 UNIX 这一名字，致使不同的 UNIX 系统在不同的公司，甚至是在不同的机器上，都各用自己的名字，如 IBM RS/6000 上的“AIX”(System Ⅴ)操作系统、SUN 公司的“SUN OS”和“Solarix”操作系统、HP 公司的“HPUX”(System Ⅴ)以及 SCO 公司的“SCO UNIX”操作系统等。

3. 网络操作系统 UNIX

UNIX 凭借其“开放性”、“先进性”以及先入为主的优势，使 20 世纪 70 年代成为 UNIX 时代。20 世纪 70 年代同时也是网络的萌芽时代，相应地，1976 年人们便开发了一个 UNIX 网络应用程序。该程序随着 UNIX V7 版本一并发行。1980 年 9 月 Bell 实验室等又为美国国防部在 Berkeley 的 UNIX 上开发了 TCP/IP 协议系统，于 1983 年 8 月对外发行，该协议得以很快发表和普及，从而成为后来的 Internet 上最重要的网络协议。到 20 世纪 80 年代中期，他们已在 UNIX System Ⅴ上开发出多种基于 TCP/IP 的网络软件，并将它们构成一个 TCP/IP 协议软件包。

20 世纪 80 年代是 LAN 快速发展的 10 年。1984 年，Novell 公司推出了以 LAN 为环境的 Netware V1.0，继之它经过了不断的改进并增强了其功能，相应的版本由 V1.0 经过 V2.X 到 V3.X。仅经历短短的 3 年，到 1987 年时，其销量已占居全球第一位，并由于此后它长期保持优势而使之成为网络工业界的标准。

进入 20 世纪 90 年代后，企业网络和 Internet 得到极其迅速的发展和广泛应用，致使计算机网络已经无所不在，也形成了巨大的网络软件市场。此时，一些主要的 UNIX 系统开发商也加强了在网络方面更深入的研究，于是也不断地推出用于企业网络的 UNIX 网络 OS 版本，如 SCO 公司的 UNIXware NOS 和 SUN 公司的 Solaris NOS 等。

9.3.2 UNIX 操作系统的特点

UNIX 系统之所以得到如此广泛的应用，是与其特点分不开的。其主要特点表现在：

1. 开放性

UNIX 系统最为本质的特征是开放性。所谓开放性，是指系统遵循国际标准规范；凡遵循国际标准所开发的硬件和软件，均能彼此兼容，并可方便地实现互联。开放性已成为 20 世纪 90 年代计算机技术的核心问题，也是一个新推出的系统或软件能否被广泛应用的重要因素。人们普遍认为，UNIX 是目前开放性最好的 OS，是目前唯一能稳定运行在从微型机到大、中型等各种机器上的 OS，而且还能方便地将已配置了 UNIX OS 的机器互联成计算机网络。

2. 多用户、多任务环境

UNIX 系统是一个多用户、多任务 OS，它既可以同时支持数十个乃至数百个用户通过各自的联机终端同时使用一台计算机，而且还允许每个用户同时执行多个任务。例如，在进行字符图形处理时，用户可建立多个任务，分别用于处理字符的输入、图形的制作和编辑等任务。

3. 功能强大且高效

UNIX 系统提供了精选的、丰富的系统功能，使用户可方便、快速地完成许多其他 OS 所难于实现的功能。UNIX 已成为世界上功能最强大的操作系统之一，而且它在许多功能的实现上还有其独到之处，并且是高效的。例如，UNIX 的目录结构、磁盘空间的管理方式、I/O 重定向和管道功能等。其中，不少功能及其实现技术已被其他 OS 所借鉴。

4. 丰富的网络功能

UNIX 系统还提供了十分丰富的网络功能。作为 Internet 网络技术基础的 TCP/IP 协议，便是在 UNIX 系统上开发出来的，并已成为 UNIX 系统不可分割的部分。UNIX 系统还提供了许多最常用的网络通信协议软件，其中包括网络文件系统 NFS 软件、客户/服务器协议软件 Lan Manager Client/Server 及 IPX/SPX 软件等。通过这些产品可以实现在各 UNIX 系统之间，UNIX 与 Novell 的 Netware，以及 MS-Windows NT、IBM LAN Server 等网络之间的互联和互操作。

5. 支持多处理器功能

与 Windows NT 及 Netware 等 OS 相比较，UNIX 是最早提供支持多处理器功能的 OS，它所能支持的多处理器数目也一直处于领先水平。例如，1996 年推出的 NT 4.0 只能支持 1～4 个处理器，而 Windows 2000 最多也只支持 16 个处理器，然而 UNIX 系统在 20 世纪 90 年代中期便已能支持 32～64 个处理器，而且拥有数百个乃至数千个处理器的超级并行机也普遍支持 UNIX。

9.3.3 UNIX 命令格式

用户对某一操作系统的认识，往往是从使用和接触操作系统开始的，而接触操作系统最常用的方法就是使用操作系统的命令。

尽管现代操作系统都对用户提供交互式的图形界面，但在使用操作系统时仍不可避免地要用到命令操作方式，这是因为图形界面的处理也是建立在命令处理的基础之上的。

有经验的人都知道，使用命令处理的效率往往会比使用图形界面处理高出很多，而可视化的图形界面主要解决的问题是提供友好交互和摆脱枯燥的命令记忆方式。

下面以 UNIX 操作系统所使用的命令为例，介绍命令格式及其使用方法。

当某个用户正确地通过了系统注册和登录后，就进入到 UNIX 命令管理程序 shell 的第一个进程中。shell 可以完成 UNIX 命令的解释执行过程，它大体上可以分成两类：一类是 shell 的内部命令，另一类是 shell 的外部命令。对用户来讲，内、外部命令在使用方法上没有太多的差异，只是在响应时间上略有不同。

当用户发出内部命令时，系统可直接从内存中选择调用与执行。而 shell 的外部命令是那些功能较强、占用空间较大的扩展命令，它们一般不包含在 shell 中，因此在系统启动时并不被装入内存，只是在使用时才从系统的指定存储介质中调入内存，用完后就释放所占用的内存空间。

外部命令往往功能强大，因此所占用的磁盘空间和内存空间都比较大，甚至有些外部命令实际上就是一个实用程序，它所占用的空间和处理过程的复杂度可以与一个小型系统规模相比，因此对外部命令的管理通常包含着对内、外存空间的控制和管理。

1. 命令格式

UNIX 系统有它的命令格式。一般而言，UNIX 操作系统将每个命令行分成 3 个字段：命令名、命令选项和命令参数。

Command [-options] [arguments]

其中：Command 表示 UNIX 命令名；[options]表示命令的执行选项，可以取默认值；[arguments]表示命令的执行参数，可以默认。

2. UNIX 系统的登录和退出

1）登录

当屏幕上出现 login 提示符时，用户可以输入用户自己的用户注册名，并按回车键，口令输入正确后，用户登录成功。这时屏幕上会显示出一些信息和命令提示符。

注意：UNIX 不会显示用户输入的口令；UNIX 严格区分大小写。

2）修改口令

格式：passwd [用户]

说明：修改密码，指定用户则修改指定用户密码。

3）退出

当用户完成了在 UNIX 中的工作，退出自己的计算机账号时，可在系统提示符下输入 exit 或按 Ctrl+D 键。

对于字符用户界面，当屏幕出现 login 时，用户可以安全地离开计算机了。

对于图形用户界面，在终端输入 exit 则会退出该终端。

3. 目录及文件操作命令

UNIX 常用命令较多，现列举两条操作命令，并详细介绍其格式与用法，读者可以作为参考。

1）ls 命令

【格式】ls [-options][names]

【功能】列出指定目录中的内容。

【说明】ls 命令的选项非常丰富，在此只列出常用选项。其中，命令选项[options]可以取以下值：-a 列出所有文件，包括以“.”打头的隐藏文件；-d 列出目录文件本身的状态，而不是列出目录下包括的文件内容，常与-l 选项联用；-l 以长列表方式列出文件及目录信息；-R 递归地列出其中包含的子目录中的文件信息及内容。

names 可以是目录名或文件名。作为目录名时可列出指定目录下的所有内容，作为文件名时则表示列出指定文件的相关信息。

在使用中，当命令不带任何选项和参数时，表示列出当前目录下的所有文件和目录信息。

ls 命令各项参数的意义如下：

ls 命令列出指定目录下的文件，缺省目录为当前目录“./”，缺省输出顺序为纵向按字符顺序排列。

-a 显示所有文件及目录(ls 内定将文件名或目录名称开头为“.”的视为隐藏文档，不会列出)。

-l 除文件名称外，亦将文件形态、权限、拥有者、文件大小等信息详细列出。

-r 将文件以相反次序显示(原定依英文字母次序)。

-t 将文件依建立时间之先后次序列出。

-A 同-a，但不列出“.”(当前目录)及“..”(父目录)。

-F 在列出的文件名称后加一符号；例如可执行文件则加“*”，目录则加“/”。

-R 若目录下有文件，则此目录下的文件都依序列出。

将/bin 目录以下所有目录及文件详细资料列出：ls -lR /bin 。

列出目前工作目录下所有文件及目录；目录于名称后加“/”，可执行文件于名称后加“*”：ls -AF。

2）chdir(cd)命令

【格式】cd [dirName]

【功能】变换工作目录。

【说明】变换工作目录至 dirName。其中 dirName 表示法可为绝对路径或相对路径。若目录名称省略，则变换至使用者的 home directory(也就是刚登录时所在的目录)。

另外，“～”也表示为 home directory 的意思，“.”则是表示目前所在的目录，“..”则表示目前目录位置的上一层目录。

cd 回到注册进入时的目录。

cd /tmp 进入 /tmp 目录。

cd ../ 进入上级目录。

9.4 Linux 操作系统

Linux 操作系统是目前发展最快的操作系统。从 1991 年诞生到现在的二十多年间，Linux 逐步完善和发展。Linux 操作系统在服务器、嵌入式等方面获得了长足的发展，并在个人操作系统方面有着大范围的应用，这主要得益于其开放性。

9.4.1 自由软件

根据自由软件基金会的定义，自由软件是一种可以不受限制地自由使用、复制、研究、修改和分发的软件。这方面的不受限制正是自由软件最重要的本质。要将软件以自由软件的形式发表，通常是让软件以“自由软件授权协议”的方式被分配发布，以及公开软件源代码。自由软件对全世界的商业发展有巨大的贡献。自由软件使成千上万的人的日常工作更加便利，为了满足用户的各种应用需要，它以一种不可思议的速度发展。自由软件是信息社会下以开放创新、共同创新为特点的创新 2.0 模式在软件开发与应用领域的典型体现。主要许可证有 GPL 和 BSD 许可证两种。

自由软件的英文为“free software”,“free”一词有“自由”、“免费”的双重含意，因此要如何分辨自由软件(libre)和免费软件(gratis)呢？自由软件运动的创始人理查德•斯托曼提供了以下的定义：自由软件的重点在于自由权，而非价格。要了解其所代表的概念，应该将“自由”想成是“自由演讲”，而不是“免费啤酒”。更精确地说，自由软件代表计算机使用者拥有选择和任何人合作之自由，拥有掌控他们所用的软件之自由。

自由软件赋予使用者四种自由：

(1) 不论目的为何，有使用该软件的自由。

(2) 有研究该软件如何运作的自由，并且得以改写该软件来符合使用者自身的需求。取得该软件的源代码为达成此目的之前提。

(3) 有重新发布该软件的自由，所以每个人都可以借由散布自由软件来敦亲睦邻。

(4) 有改善再利用该软件的自由，并且可以发表改写版供公众使用，如此一来，整个社群都可以受惠。如前项(2)，取得该软件之源码为达成此目的之前提。

大部分自由软件都是在线发布，并且不收任何费用；或是以离线实体的方式发行，有时会酌收最低限度的费用，而人们可用任何价格来贩售这些软件。然而，自由软件与商业软件是可以共同并立存在的，因为禁止贩卖软件是违反了自由软件的定义。

最早的开放源代码(Open source)定义是在 1998 年创建，来自 Debian 的自由软件指引。当时大多数的开放源代码软件同时也是自由软件，反之亦然。

基于自由 BSD 的操作系统都是使用类似自由软件的授权协议，如 FreeBSD、OpenBSD 以及 NetBSD，不同的是它们对于“Copyleft”的阐述。这些操作系统的使用者常认为“Copyleft”是一种对自由的过度限制，是一种自由的侵害。

“免费软件”(freeware)是一种不须付费就可取得的软件，但是通常有其他的限制，使用者并没有使用、复制、研究、修改和分发的自由。该软件的源代码不一定会公开，也有可能会限制重制及再发行的自由，所以免费软件的重点是不需要花钱，而不是自由的软件。

自由软件基金会(FSF)对免费软件的定义首次于 1989 年发表。这份定义后来被布鲁斯·裴伦斯(Bruce Perens)改写为《Debian Free Software Guidelines》(DFSG，Debian 自由软件指引)。

9.4.2 Linux 操作系统的发展

在 1981～1991 年十年间，微软公司的 MS-DOS 系统一直主宰操作系统的市场，其价格十分昂贵，另一个操作系统 UNIX 的经销商为了高利润，也把价格抬得很高。曾经一段时间，市面上一直没有廉价的操作系统，而且 UNIX 的源代码一直被小心地守卫着不公开，许多程序爱好者想要研究却无从下手。正在此时，出现了 MINIX 操作系统，并有一本详细的书本描述它的设计实现原理。由于 AST 的书写得非常详细，并且叙述有条有理，几乎全世界的计算机爱好者都在看这本书以理解操作系统的工作原理。其中也包括 Linux 系统的创始者 Linus Benedict Torvalds。但是 MINIX 只是很简单的操作系统，功能有限，不是很实用。到 1991 年，GNU 计划已经开发出了许多工具软件。最受期盼的 Gnu C 编译器已经出现，但还没有开发出免费的 GNU 操作系统。即使是 MINIX 也开始有了版权，需要购买才能得到源代码。而 GNU 的操作系统 HURD 一直在开发之中，但并不能在几年内完成。对于 Linus 来说，已经不能等待了。从 1991 年 4 月份起，他开始酝酿并着手编制自己的操作系统。1991 年 9 月，Linus 发布了 Linux 0.01。来自各地的力量开始在 Linux 附近聚集，大家下载、测试代码，并将反馈和改进的代码发回，Linus 则根据反馈进一步改进系统。很快，10 月 5 日 0.02 就出现了，0.03 也在几周内出现，12 月发布了 0.10。这时的 Linux 还像是一个雏形，仅仅支持 AT 硬盘，无法登录(直接启动到 bash)。Linux 0.11 带来了多语言键盘、软驱、VGA 等一系列更新，接下来版本号从 0.12 直接跳到了 0.95、0.96。接下来，代码通过芬兰的 FTP 站点传播到世界各地，世界各地的开发者下载使用并建立 FTP 镜像，这一切进行得几近梦幻。

工作在继续进行，很快上百人加入了 Linux 阵营，然后是上千人，接下来是几十万人。无数黑客们仅仅通过调制解调器联系在一起，在世界各地贡献代码和补丁，形成巨大的力量。看似一团散沙的分布式开发模式写出了优质的代码和稳定的内核。在此之前，从没有这样一个软件项目由如此之多而又不在同一地点的人同时参加，Linux 缔造了奇迹。在考虑良久之后，Linus 使用 GNU 通用公共许可证将 Linux 重新授权，这保证了可以完全自由地复制、学习和修改源代码。在微软崇尚的代码专有时代，一个程序员如果修改、发布专有的代码，可能将面临长时间的监禁。而 Linux 的到来则标志着自由，Linux 和 GNU 的世界鼓励人们自由修改代码、分享程序，这就像是一片美好的新大陆，完全颠覆了人们曾经对计算机世界的认识。此时的 GNU 计划尚缺一个可用的开源内核，而几近完成的 Linux 内核刚好补足了这个空缺。Linux 与 GNU 的外界应用程序一起构成了完整的 GNU 系统(由此可见，一个完整的 Linux 系统是由 Linux 内核和 GNU 系统共同组成的，因此一些人认为应该称作 GNU/Linux)。在 1992 年和 1993 年中，Linux 开始支持包括 TCP/IP 网络、图形窗口系统(X Windows 系统)在内的许多重要功能，已足以替代 UNIX 工作站。1994 年 3 月，Linux 里程碑版本 1.0 发布，标志着 Linux 的真正成熟。

Linux 的应用领域不断扩展，从最早的 Web、FTP、邮件服务开始，逐步扩展到个人桌面应用、网络安全、电子商务、远程教育、集群计算、网络计算、嵌入式系统等各个领域。更是吸引了像 IBM、SUN、惠普这样的 IT 巨头积极参与到 Linux 应用的开发和推广中来。Linux 之前主要应用于服务器及计算集群，未来应该在个人计算机上有所发展，优化目前的图形化界面，加快各种应用的开发，以及在智能终端的应用。

作为桌面操作系统，Linux受到更多的挑战和考验。首先，微软不会甘心让出市场让Linux来壮大，所以Linux必须发挥其本身的优势，赢得更多的用户，已达到其能不断地开发和更新。再者，由于开源软件的商业模式及技术模式没有前例可循，注定了Linux的前路不会是一帆风顺的。

当前Linux的发展主要面临以下几个问题：一是Linux企业众多但未形成规模，也还没有找到有效的赢利途径，并且版本繁多，互不兼容，削弱了竞争力；二是随着逐渐流行而引发的安全问题；三是人才不足的隐忧。Linux的最大优势在于它是开源的，也即开放的。但出于各自的商业利益，各企业分别在其发行的版本上加载各种不同的功能，彼此之间不兼容。这些不同的版本意味着厂商和用户测试的工作量加大，意味着硬件厂商需要为每一个版本的Linux提供驱动程序。这种情形目前正在削弱整个Linux的市场竞争力。安全方面，随着Linux越来越受欢迎，越来越多针对Linux的蠕虫、病毒和恶意软件也会层出不穷。虽然开放源代码社区都在及时响应并修补Linux上存在的漏洞，但Linux的非集中管理本质特性使Linux升级的发布和审查变得非常困难。一旦Linux由于安全问题给用户特别是企业用户造成损失，其不良影响及对用户信心的打击是巨大的。当前制约着Linux发展的还有一个关键因素，那就是人才。相比前几年，国内懂Linux的技术人员已经多了很多。但是作为一个快速发展的产业，人才的广度和深度都远远不够。能够对内核有所研究的人才少之又少，多数都是一知半解。有限的人才又都集中在Linux厂商内，系统集成商、代理商、应用软件开发商等拥有的人才更少，制约着完整的Linux产业链的形成。

9.4.3 Linux的系统架构

Linux系统从应用角度来看，分为内核空间和用户空间两个部分。内核空间是Linux操作系统的主要部分，但是仅有内核的操作系统是不能完成用户任务的。丰富并且功能强大的应用程序包是一个操作系统成功的必要条件。

1. Linux内核的主要模块

Linux内核主要由5个子系统组成：进程调度、内存管理、虚拟文件系统、网络接口、进程间通信。下面依次讲解这5个子系统。

1）进程调度SCHED

进程调度指的是系统对进程的多种状态之间转换的策略。Linux下的进程调度有3种策略：SCHED_OTHER、SCHED_FIFO和SCHED_RR。

SCHED_OTHER是用于针对普通进程的时间片轮转调度策略。这种策略中，系统给所有运行状态的进程分配时间片。在当前进程的时间片用完之后，系统从进程中优先级最高的进程中选择进程运行。

SCHED_FIFO是针对运行的实时性要求比较高、运行时间短的进程调度策略。这种策略中，系统按照进入队列的先后进行进程的调度，在没有更高优先级进程到来或者当前进程没有因为等待资源而阻塞的情况下，会一直运行。

SCHED_RR是针对实时性要求比较高、运行时间比较长的进程调度策略。这种策略与SCHED_OTHER的策略类似，只不过SCHED_RR进程的优先级要高得多。系统分配给SCHED_RR进程时间片，然后轮循运行这些进程，将时间片用完的进程放入队列的末尾。

由于存在多种调度方式，Linux进程调度采用的是“有条件可剥夺”调度方式。普通进程中采用的是 SCHED_OTHER 的时间片轮循方式，实时进程可以剥夺普通进程。如果普通进程在用户空间运行，则普通进程立即停止运行，将资源让给实时进程；如果普通进程运行在内核空间，需要等系统调用返回用户空间后方可剥夺资源。

2）内存管理 MMU

内存管理是多个进程间的内存共享策略。在 Linux 系统中，内存管理的主要概念是虚拟内存。

虚拟内存可以让进程拥有比实际物理内存更大的内存，可以是实际内存的很多倍。每个进程的虚拟内存有不同的地址空间，多个进程的虚拟内存不会冲突。

虚拟内存的分配策略是每个进程都可以公平地使用虚拟内存。虚拟内存的大小通常设置为物理内存的两倍。

3）虚拟文件系统 VFS

在 Linux 下支持多种文件系统，如 ext、ext2、minix、umsdos、msdos、vfat、ntfs、proc、smb、ncp、iso9660、sysv、hpfs、affs 等。目前 Linux 下最常用的文件格式是 ext2 和 ext3。ext2 文件系统用于固定文件系统和可活动文件系统，是 ext 文件系统的扩展。ext3 文件系统是在 ext2 上增加日志功能后的扩展，它兼容 ext2。两种文件系统之间可以互相转换，ext2 不用格式化就可以转换为 ext3 文件系统，而 ext3 文件系统转换为 ext2 文件系统也不会丢失数据。

4）网络接口

Linux 是在 Internet 飞速发展的时期成长起来的，所以 Linux 支持多种网络接口和协议。网络接口分为网络协议和驱动程序，网络协议是一种网络传输的通信标准，而网络驱动则是对硬件设备的驱动程序。Linux 支持的网络设备多种多样，几乎目前所有网络设备都有驱动程序。

5）进程间通信

Linux 操作系统支持多进程，进程之间需要进行数据的交流才能完成控制、协同工作等功能，Linux 的进程间通信是从 UNIX 系统继承过来的。Linux 下的进程间通信方式主要有管道方式、信号方式、消息队列方式、共享内存和套接字等方法。

2. Linux 的文件结构

与 Windows 下的文件组织结构不同，Linux 不使用磁盘分区符号来访问文件系统，而是将整个文件系统表示成树状的结构，Linux 系统每增加一个文件系统都会将其加入到这个树中。

操作系统文件结构的开始，只有一个单独的顶级目录结构，叫做根目录。所有一切都从“根”开始，用“/”代表，并且延伸到子目录。DOS/Windows 下文件系统按照磁盘分区的概念分类，目录都存于分区上。Linux 则通过“挂接”的方式把所有分区都放置在“根”下各个目录里。一个 Linux 系统的文件结构如图 9-1 所示。

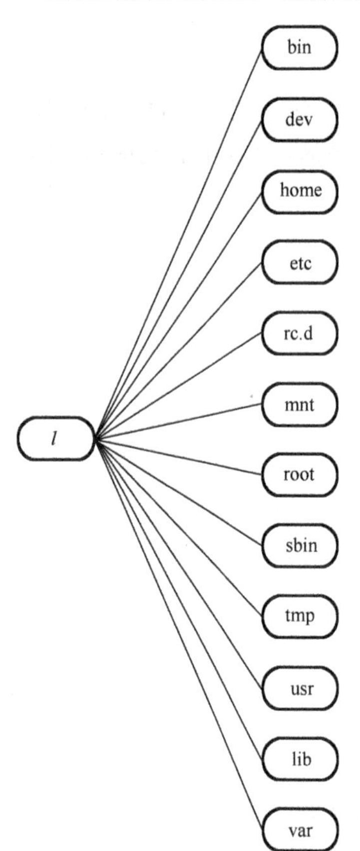

图 9-1　Linux 文件系统结构示意图

不同 Linux 发行版本的目录结构和具体的实现功能存在一些细微的差别。但是主要的功能都是一致的。一些常用目录的作用如下：

/etc：包括绝大多数 Linux 系统引导所需要的配置文件，系统引导时读取配置文件，按照配置文件的选项进行不同情况的启动，例如 fstab、host.conf 等。

/lib：包含 C 编译程序需要的函数库，是一组二进制文件，例如 glibc 等。

/usr：包括所有其他内容，如 src、local。Linux 的内核就在/usr/src 中。其下有子目录/bin，存放所有安装语言的命令，如 gcc、perl 等。

/var：包含系统定义表，以便在系统运行改变时可以只备份该目录，如 cache。

/tmp：用于临时性的存储。

/bin：大多数命令存放在这里。

/home：主要存放用户账号，并且可以支持 FTP 的用户管理。系统管理员增加用户时，系统在 home 目录下创建与用户同名的目录，此目录下一般默认有 Desktop 目录。

/dev：这个目录下存放一种设备文件的特殊文件，如 fd0、had 等。

/mnt：在 Linux 系统中，它是专门给外挂的文件系统使用的，里面有两个文件 cdrom、floopy，登录光驱、软驱时要用到。

刚开始使用 Linux 的人比较容易混淆的是 Linux 下使用斜杠“/”，而在 DOS/Windows 下使用的是反斜杠“\”。例如在 Linux 中，由于从 UNIX 集成的关系，路径用“/usr/src/Linux”表示，而在 Windows 下则用“\usr\src\Linux”表示。在 Linux 下更加普遍的问题是大小写敏感，这样字母的大小写变得十分重要，例如文件 Hello.c 和文件 hello.c 在 Linux 下不是一个文件，而在 Windows 下则表示同一个文件。

9.4.4 Linux 操作系统的特点

Linux 操作系统在短时间内得到迅猛的发展，这与该操作系统良好的特性是分不开的。Linux 包含了 UNIX 操作系统的全部功能和特性。简单地说，Linux 具有 UNIX 的所有特性并且具有自己独特的魅力，主要表现在以下几个方面。

1）开放性

开放性是指遵循世界标准规范，特别是遵循开放系统互连(OSI)国际标准。凡遵循国际标准所开发的硬件和软件，都能彼此兼容，可方便地实现互联。

2）多用户

多用户是指操作系统可以被不同的用户各自拥有并使用，即使每个对自己的资源(如文件、设备)有特定权限，也互不影响，Linux 和 UNIX 都具有多用户特性。

3）多任务

多任务是现代计算机最主要的一个特点，它是指计算机同时执行多个程序，而且各个程序的运行相互独立。Linux 操作系统调试每一个进程平等地访问 CPU。由于 CPU 的处理速度非常快，其结果是启动的应用程序看起来好像在并行运行。事实上，从 CPU 执行的一个应用程序中的一组指令到 Linux 调试 CPU，与再次运行这个程序之间只有很短的时间延迟，用户是感觉不出来的。

4）友好的用户界面

Linux 向用户提供两种界面：用户界面和系统调用界面。Linux 的传统用户界面基于文本的命令行界面，即 Shell。它既可以联机使用，又可以存储在文件上脱机使用。Shell 有很强的程序设计能力，用户可方便地使用它编写程序，从而为用户扩充系统功能提供了更高级的手段。Linux 还提供了图形用户界面，它利用鼠标、菜单和窗口等设施，给用户呈现一个直观、易操作、交互性强的友好图形化界面。

5）设备独立性

设备独立性是指操作系统把所有外部设备统一当做文件来看，只要安装它们的驱动程序，任何用户都可以像使用文件那样操作并使用这些设备，而不必知道它们的具体存在形式。设备独立性的关键在于内核的适应能力，其他的操作系统只允许一定数量或一定种类的外部设备连接，因为每一个都是通过与其内核的专用连接独立地进行访问的。Linux 是具有设备独立的操作系统，它的内核具有高度的适应能力，随着更多程序员加入 Linux 编程，会有更多硬件设备加入到各种 Linux 内核和发行版本中。

6）丰富的网络功能

完善的内置网络是 Linux 的一大特点，Linux 在通信和网络功能方面优于其他操作系统。其他操作系统不包含如此紧密的内核结合在一起的连接网络的能力，也没有内置这些联网特性的灵活性。而 Linux 为用户提供了完善的、强大的网络功能。

7）可靠的安全性

Linux 操作系统采取了很多安全措施，包括对读、写操作进行权限控制，带保护的子系统，审计跟踪和内核授权，这为用户提供了必要的安全保障。

8）良好的可移植性

可移植性是指将操作系统从一个平台转移到另一个平台，使它仍然能按其自身的方式运行的能力。Linux 是一款具有良好可移植性的操作系统，能够在微型计算机到大型计算机的任何环境中和平台上运行。该特性为 Linux 操作系统的不同计算机平台与其他任何机器进行准确而有效的通信提供了保障，而不需要另外增加特殊的通信接口。

9）X Window 系统

X Window 系统是用于 UNIX 机器的一个图形系统，该系统拥有强大的界面系统，并支持许多应用程序，是业界标准界面。

10）内存保护模式

Linux 使用处理器内存保护模式来避免进程访问分配给系统内核或者其他进程的内存。对于系统安全来说，这是一个主要的贡献，一个不正确的程序因此不能够再使用系统而崩溃。

11）共享程序库

共享程序库是一个程序工作所需要的例程的集合，有许多同时被多于一个使用的标准库，因此使用户觉得需要将这些库的程序载入内存一次，而不是一个进程一次，通过共享程序库使这些成为可能，因为这些程序库只有当进程运行的时候才被载入，所以它们被称为动态链接库。

9.5 典型例题讲解

9.5.1 单项选择题

【例 9.1】Windows 操作系统是一款（　　）操作系统。

A．窗口化　　　　B．命令行

C．源代码开放　　　　　　　D．免费

解析：Windows 操作系统是一款由美国微软公司开发的窗口化操作系统。采用了 GUI 图形化操作模式，比起指令操作系统如 DOS 更为人性化。Windows 操作系统是一款收费操作系统，且源代码不公开。故本题答案是 A。

【例 9.2】(　　)没有多道程序设计的特点。

A．MS-DOS　　　　　　　B．Windows

C．UNIX　　　　　　　　D．OS/2

解析：MS-DOS 是 Microsoft 公司为 IBM-PC 系列机开发的一个单用户、单任务 16 位的操作系统。故本题答案为 A。

【例 9.3】Linux 操作系统是一种(　　)软件。

A．免费　　　　　　　　B．收费

C．自由　　　　　　　　D．免费和收费两种形式

解析：Linux 操作系统是自由软件。自由是一种可以不受限制地自由使用、复制、研究、修改和分发的软件。这方面的不受限制正是自由软件最重要的本质。免费软件是一种不须付费就可取得的软件，但是通常有其他的限制，使用者并没有使用、复制、研究、修改和分发的自由，且该软件的源代码不一定会公开，也有可能会限制重制及再发行的自由，所以免费软件的重点是不需要花钱，而不是自由的软件。故本题答案是 C。

9.5.2　填空题

【例 9.4】UNIX 是一个_______的操作系统。

解析：UNIX 是一个可供多个用户同时使用的会话式分时处理系统。故本题答案为：分时处理。

【例 9.5】UNIX 把执行状态分为两种：一种是_______执行，另一种是核心态执行。

解析：UNIX 把执行状态分为核心态执行和用户态执行。故本题答案为：用户态。

【例 9.6】DOS 系统下的命令按照执行方式可以分为两种：_______和_______。

解析：DOS 系统下的命令可以分为两种：内部命令和外部命令。内部命令包含在命令文件 COMMAND.COM 中，它们在启动 DOS 的时候就被装入内存。外部命令存放于外部磁盘上，是独立的可执行文件，在安装 DOS 系统时，默认存放的位置是 C 盘的 DOS 目录下。故本题答案为：内部命令、外部命令。

9.5.3　综合题

【例 9.7】在相同的硬件条件下，为什么一个程序可以在 DOS 和 Windows 上运行却不能在 UINX 上运行？

解析：虽然硬件环境相同，但是程序的运行需要 OS 的支持。由于 Windows 系统向下兼容 DOS，因此，一个程序能在 DOS 上运行，也能在 Windows 上运行。但 DOS、Windows 与 UNIX 在系统结构、用户接口的约定、接口的功能、API 等是不兼容的。如该程序使用的是 Windows 的 API 系统调用，而 UNIX 下没有此系统调用，故这个程序在 UNIX 系统中无法执行。

【例 9.8】DOS 命令中的内部命令与外部命令有什么区别？

解析：DOS 系统下的命令可以分为两种：内部命令和外部命令。内部命令包含在命令文

件 COMMAND.COM 中，它们在启动 DOS 的时候就被装入内存。外部命令存放于外部磁盘上，是独立的可执行文件，在安装 DOS 系统时，默认存放的位置是 C 盘的 DOS 目录下。

内部命令和外部命令的区别还在于：不管当前目录是什么，内部命令都可以直接被调用执行。在执行一个外部命令时，如果命令文件不在当前目录下，并且没有将它所在的目录设置为搜索路径，则必须写清楚它所在的路径。

【例 9.9】自由软件和免费软件的区别是什么？

解析：根据自由软件基金会的定义，自由软件是一种可以不受限制地自由使用、复制、研究、修改和分发的软件。这方面的不受限制正是自由软件最重要的本质。要将软件以自由软件的形式发表，通常是让软件以“自由软件授权协议”的方式被分配发布，以及公开的软件原始码。

免费软件是一种不须付费就可取得的软件，但是通常有其他的限制，使用者并没有使用、复制、研究、修改和分发的自由。该软件的源代码不一定会公开，也有可能会限制重制及再发行的自由，所以免费软件的重点是不需要花钱，而不是自由的软件。

9.6 本章小结

在本章中，首先介绍了 DOS 操作系统的发展历史、功能结构及其特点。磁盘操作系统英文简称是 DOS，全称是 Disk Operating System。它是个人计算机上的一种操作系统附加继承下来操作系统的载体。在 DOS 操作系统下，按照命令的执行方式分类，可以分为内部命令和外部命令两种。如果按照命令所针对的对象，则可以分为磁盘操作命令、文件操作命令、目录操作命令等几种类型，并详细讲解了几种常用 DOS 命令的用法。

其次，针对当前占据着个人用户市场首位的 Windows 操作系统进行了介绍。Windows 操作系统是一款由美国微软公司开发的窗口化操作系统。采用了 GUI 图形化操作模式，比起指令操作系统如 DOS 更为人性化。Windows 操作系统是目前世界上使用最广泛的操作系统。最新的版本是 Windows 8。

本章节随后讨论了 UNIX 操作系统及其特点。UNIX 系统最初是在小型计算机上开发的，后来不断地向微型机、大、中型机以及多处理机系统领域渗透，并获得巨大成功。尽管 UNIX 系统也遭到 Windows NT 的严峻挑战，由于 UNIX 在技术上的成熟程度及其在稳定性和可靠性等方面均领先于 NT，因而使之在目前仍是唯一能在从微型机到巨型机中的各种硬件平台上稳定运行的多用户、多任务 OS。进入 20 世纪 90 年代后，由于在 UNIX 系统中又增添了一套可有效地支持计算机网络和 Internet 的网络软件，因而还可将 UNIX 系统配置在企业网络中作为网络 OS，以提供支持 Internet 和 Intranet 的服务。

最后，重点介绍了自由软件的概念。根据自由软件基金会的定义，自由软件是一种可以不受限制地自由使用、复制、研究、修改和分发的软件。这方面的不受限制正是自由软件最重要的本质。要将软件以自由软件的形式发表，通常是让软件以“自由软件授权协议”的方式被分配发布，以及公开的软件原始码。并对 Linux 操作系统进行了详细的说明。Linux 系统从应用角度来看，分为内核空间和用户空间两个部分。内核空间是 Linux 操作系统的主要部分，但是仅有内核的操作系统是不能完成用户任务的。丰富并且功能强大的应用程序包是一个操作系统成功的必要条件。Linux 操作系统在短时间内得到迅猛的发展，这与该操作系统良好的特性是分不开的。Linux 包含了 UNIX 操作系统的全部功能和特性。

习　　题

一、单项选择题

1．下列关于 UNIX 的叙述中，(　　)是不正确的。

A．UNIX 是一个多道的分时操作系统　　B．提供可动态装卸的文件卷是 UNIX 的特色之一

C．PIPE 机制是 UNIX 贡献之一　　D．路径名是 UNIX 特有的实现文件共享的机制

2．(　　)不是操作系统。

A．Windows　　B．UNIX

C．EXCEL　　D．OS/2

3．UNIX 操作系统允许用户在(　　)上使用系统调用。

A．汇编语言　　B．C 语言

C．英语　　D．所有程序设计语言

4．主要由于(　　)原因，使 UNIX 易于移植。

A．UNIX 使用机器指令书写的　　B．UNIX 大部分用汇编、少部分用 C 语言编写

C．UNIX 使用汇编语言书写的　　D．UNIX 小部分用汇编、大部分用 C 语言编写

二、填空题

1．UNIX 系统是一种________操作系统，DOS 系统是一种________操作系统。

2．现代操作系统通常为用户提供三种使用界面：________、________、________。

3．DOS 操作系统由一个引导程序和三个模块组成，它们是：________、________、________。

4．Linux 操作系统将整个文件系统表示成________状的结构。

三、综合题

1．DOS 有哪些基本特征？

2．Windows 操作系统的基本特征是什么？

3．UNIX 和 Linux 的特征有哪些？

4．试说明 Linux 的系统架构。

5．试说明自由软件与 Linux 的联系。

参 考 文 献

陈莉君, 冯锐, 牛欣源译. 2004. 深入理解 Linux 内核. 2 版. 北京：中国电力出版社

黄刚, 徐小龙, 段卫华. 2009. 操作系统教程. 北京：人民邮电出版社

柯丽芳. 2007. 操作系统教程. 北京：机械工业出版社

刘腾红. 2008. 操作系统. 北京：中国铁道出版社

刘振鹏, 王煜，张明. 2010. 操作系统. 3 版. 北京：中国铁道出版社

罗克露, 刘辉, 俸志刚等. 2009. 计算机组成原理. 2 版. 北京：电子工业出版社

罗宇, 邹鹏, 邓胜兰. 2011. 操作系统. 3 版. 北京：电子工业出版社

孟庆昌, 牛欣源. 2009. 操作系统. 2 版. 北京：电子工业出版社

孙钟秀, 费翔林, 骆斌. 2003. 操作系统教程. 3 版. 北京：高等教育出版社

汤小丹, 梁红兵, 哲凤屏等. 2007. 计算机操作系统. 3 版. 西安：西安电子科技大学出版社

屠祁, 屠立德. 2000. 操作系统基础. 3 版. 北京：清华大学出版社

王诚, 郭超峰. 2009. 计算机组成原理. 北京：人民邮电出版社

张尧学, 史美林. 2000. 计算机操作系统教程. 北京：清华大学出版社

赵敬. 2012. 操作系统. 2 版. 北京：中国铁道出版社

邹恒明. 2009. 操作系统之哲学原理. 北京：机械工业出版社

Abraham Silberschatz. 2002. Operating System Concepts.Sixth Edition.New York：John Wiley&Sons,Inc

Andrew S.Tanenbaum, Albert S. Woodhull. 2008. 操作系统设计与实现. 3 版. 北京：清华大学出版社